개정판

해 석 학

전인홍 지음

教友社

머리말

Preface

해석학은 수학을 전공하는 학생들이 필히 이수해야 할 필수 기초 과목일 뿐만 아니라 컴퓨터학, 전자공학, 기계공학, 물리학, 화학, 경영학, 경제학 등의 학문을 공부하는데도 크게 도움이 되는 과목이다. 저자는 20년 가까이 해석학을 강의한 경험을 토대로 강의 노트를 정리하여 학생들이 예제를 통해 어려운 정리들을 쉽게 이해함으로서 흥미를 갖고 해석학 과목을 공부할 수 있도록 2006년 이 책의 초판본을 출간하였다. 그 후 이 책을 교재로 강의해 오면서 몇 가지 개선해야 할 점을 발견하여 이번 개정판에서 초판본을 수정 보완하였다.

이 책은 수학 전공 학생은 물론 대학에 와서 수학과목을 전혀 이수하지 않은 타 전공 학생들도 어려움 없이 공부할 수 있도록 아주 쉽게 저술한 책이다. 연습 문제에 대하여 학생들에게 당부하고 싶은 것은 학생들이 책의 내용을 공부하고 생각하여 연습문제를 스스로 풀어 봄으로서 책의 내용을 완전히 이해하라 부탁하고 싶다.

끝으로 이 책의 출간을 쾌히 승낙하시고 출간되기까지 모든 일을 협조해 주신 교우사 오판근 사장님과 직원들께 감사드린다.

2012년 2월

저자

차 례

Contents

제 1 장

실수계 (Real Number System)

1장에서는 실수계(real number system)의 기본적인 공리(axioms)와 성질들을 다룬다. 즉, 체 공리(field axioms), 순서 공리(order axioms), 실수의 순서 공리, 수학적 귀납법(mathematical induction), 정렬 정리(well ordering principle), 아르키키미디언 체(Archimedean field), 정수(integers), 유리수(rational numbers) 등에 대하여 설명한다.

제 1.1 절 실수에 대한 공리

체 공리(Field axioms): F를 다음 12개의 공리를 만족하는 공집합이 아닌 집합이라 하자.

1. 모든 $x, y \in F$ 에 대하여 $x + y \in F$이다.
2. 모든 $x, y, z \in F$ 에 대하여 $x + (y + z) = (x + y) + z$ 이다.
3. 모든 $x, y \in F$에 대하여 $x + y = y + x$ 이다.
4. 모든 $x \in F$에 대하여 $x + 0 = 0 + x = x$ 를 만족하는 $0 \in F$이 존재한다. 여기서 0을 덧셈에 대한 항등원(identity element)이라 한다.
5. 모든 $x \in F$에 대하여 $x + y = y + x = 0$ 을 만족하는 $y \in F$이 존재한다.
6. 모든 $x, y \in F$ 에 대하여 $x \cdot y \in F$이다.
7. 모든 $x, y, z \in F$ 에 대하여 $x \cdot (y \cdot z) = (x \cdot y) \cdot z$ 이다.
8. 모든 $x, y, z \in F$ 에 대하여 $x \cdot (y + z) = x \cdot y + x \cdot z$이고 $(x + y) \cdot z = x \cdot z + y \cdot z$ 이다.
9. 모든 $x \in F$ 에 대하여 $x \cdot 1 = 1 \cdot x = x$ 를 만족하는 $1 \in F$ 이 존재한다. 여기서 1을 곱셈에 대한 항등원이라 한다.
10. 0이 아닌 모든 $x \in F$에 대하여 $x \cdot y = y \cdot x = 1$을 만족하는 $y \in F$가 존재한다.
11. 모든 $x, y \in F$에 대하여 $x \cdot y = y \cdot x$ 이다.
12. 덧셈에 대한 항등원 0과 곱셈에 대한 항등원 1은 다르다.

위와같이 F가 위의 12개의 공리를 만족할 때 $(F, +, \cdot)$를 **체(field)**라고 부른다.

실수들(real numbers)의 집합을 $\mathbb{R}$로 나타내고, 유리수들(rational numbers)의 집합을 $\mathbb{Q}$로 나타내고, 정수(integers)들의 집합을 $\mathbb{Z}$로 나타내고, 자연수들(natural numbers)의 집합을 $\mathbb{N}$으로 나타내고, 복소수들(complex numbers)의 집합을 $\mathbb{C}$로 나타낸다.

예제 1.1.1 : 모든 실수들의 집합 $\mathbb{R}$은 체이다. 또한 모든 유리수들의 집합 $\mathbb{Q}$도 체이다. 그러나 모든 정수들의 집합 $\mathbb{Z}$는 체가아니다.

순서 공리(Order axioms): 체 F에서 다음 6개의 성질을 만족하는 관계 $\prec$가 존재하면 F를 **순서 체(ordered field)**라고 한다.

1. 모든 $x \in F$ 에 대하여 $x \prec x$ 이다.

2. $x \prec y$ 이고 $y \prec x$ 이면 $x = y$ 이다.

3. $x \prec y$ 이고 $y \prec z$ 이면 $x \prec z$ 이다.

4. 모든 $x, y \in F$ 에 대하여 $x \prec y$ 또는 $y \prec x$ 이다.

5. $x \prec y$ 이면 모든 z에 대하여 $x + z \prec y + z$ 이다.

6. $0 \prec x$ 이고 $0 \prec y$ 이면 $0 \prec xy$ 이다.

예제 1.1.2 : 모든 실수들의 집합 $\mathbb{R}$은 순서 체(ordered field)이다. 모든 유리수들의 집합 $\mathbb{Q}$도 순서 체이다.

실수의 순서 공리(Order axioms of real numbers): 아래의 (1)과 (2)를 만족하는 양의 실수들(positive real numbers)이라 불리우는 $\mathbb{R}$의 부분 집합 $\mathbb{P}$가 존재한다.

(1) $x, y \in \mathbb{P}$ 이면 $x + y \in \mathbb{P}$ 이고 $x \cdot y \in \mathbb{P}$ 이다.

(2) $x \in \mathbb{R}$ 이면 $x \in \mathbb{P}$ 또는 $x = 0$ 또는 $-x \in \mathbb{P}$ 중 하나가 성립한다.

정의 1.1.1 $x \in \mathbb{P}$이면 x를 **양의 실수** **(positive real number)**이라 하고 $x > 0$이라 쓴다. $-x \in \mathbb{P}$이면 x를 **음의 실수(negative real number)**라 하고 $x < 0$이라 쓴다. $x \in \mathbb{P} \cup \{0\}$이면 x를 **음수 아닌 실수(non-negative real number)**라 하고 $x \geq 0$이라 쓴다.

수학적 귀납법(mathematical induction): $P(n)$을 자연수 n에 대한 명제라하자.

(1) $P(1)$이 성립하고

(2) 임의의 $k \geq 1$에 대해 $P(k)$가 성립함을 가정했을 때 $P(k+1)$이 성립하면 모든 자연수 n에 대하여 $P(n)$이 성립하는 것을 수학적 귀납법이라 한다.

정리 1.1.2 (정렬정리(well ordering principle)) $N = \{0, 1, 2, 3, \ldots\}$이라 하고 S를 공집합이 아닌 N의 부분 집합이라 하면 모든 $x \in S$에 대해 $p \leq x$를 만족하는 $p \in S$가 존재한다.

증명 모든 $x \in S$에 대해 $p \leq x$를 만족하는 원소 p가 S안에 존재하지 않는다고 가정하자. $0 \in S$라 하면 0은 S의 최소 원소(the smallest element)가 되어 모순이 되어 $0 \notin S$ 이다. $V = N - S$라 하고

$$W = \{n \in N : \{0, 1, 2, \ldots, n\} \subseteq V\}$$

라 하자. $0 \in V$이므로 $0 \in W$ 이다. $k \in W$라 가정하자. $\{0, 1, 2, \ldots, k\} \subseteq V$가 된다. 즉, $0 \in V$, $1 \in V$, $\ldots$, $k \in V$이 되고 $V = N - S$이므로 $0 \notin S$, $1 \notin S$, $\ldots$, $k \notin S$이 된다. $k + 1 \in S$라 하면 $k + 1$가 S의 최소 원소가 되어 증명의 가정과 모순이 일어나므로 $k + 1 \notin S$ 이다. 즉, $k + 1 \in V$가 되므로 $k + 1 \in W$이다. 수학적 귀납법에 의하여 $W = N$이 되어 $V = N$이 된다. S가 공집합이 되어 정리가 증명된다.

정의 1.1.3 F를 체(field)라고 하자. 모든 $x \in F$에 대하여 $x < n$을 만족하는 정수 n이 존재할 때 F를 **아르키미디언 체(Archimedean field)**라고 한다.

예제 1.1.3 : 실수들의 집합 $\mathbb{R}$은 아르키미디언 체이다. 또한 유리수들의 집합 $\mathbb{Q}$도 아르키미디언 체이다.

예제 1.1.4 : $x, y \in \mathbb{R}$이고 모든 $\epsilon > 0$에 대하여 $x < y + \epsilon$이면 $x \leq y$를 증명하라.

풀이 : $x > y$라 가정하자.

$$\epsilon = \frac{x - y}{2}$$

라 하면 $\epsilon > 0$이다. 그러면

$$x - \epsilon - y = x - \frac{x-y}{2} - y = \frac{x-y}{2} > 0$$

이다. 즉, $x > y + \epsilon$이다. 이것이 전제 "모든 $\epsilon > 0$에 대하여 $x < y + \epsilon$"을 모순시킨다. 그러므로 $x \le y$이다.

예제 1.1.5 : $x \in \mathbb{R}$이고 모든 $\epsilon > 0$에 대하여 $0 \le x < \epsilon$이면 $x = 0$임을 증명하라.

풀이 : $x > 0$이라 하자. 그러면 $0 < \frac{x}{2} < x$이다. $\epsilon = \frac{x}{2} > 0$이라면 $0 \le x < \frac{x}{2}$이다. 모순이 일어나 $x = 0$이다.

연습 문제 1.1

1. $x, y \in \mathbb{R}$가 $x + y = y$를 만족하면 $x = 0$가 됨을 증명하라.

2. $x, y \in \mathbb{R}$가 $x + y = 0$를 만족하면 $x = -y$가 됨을 증명하라.

3. 모든 $x \in \mathbb{R}$에 대하여 $-(-x) = x$가 됨을 증명하라.

4. 모든 $x \in \mathbb{R}$에 대하여 $x \cdot 0 = 0$가 됨을 증명하라.

5. 모든 $x \in \mathbb{R}$에 대하여 $(-1)x = -x$가 됨을 증명하라.

6. $\frac{1}{p} > 0$를 임의로 주어진 실수라고 할 때 $\frac{1}{N} < \frac{1}{p}$를 만족하는 양의 정수 N이 존재함을 증명하라.

제 1.2 절 정수와 유리수

정의 1.2.1 $f : X \to Y$ 를 함수라 하자. 임의의 $y \in Y$ 에 대하여 $f(x) = y$ 를 만족하는 $x \in X$ 가 존재할 때 f 를 **전사(surjective)** 또는 **위에로(onto)** 라고 한다. 임의의 $a, b \in X$에 대하여 $f(a) = f(b)$일 때 $a = b$이면 f를 **단사(injective)** 또는 **일대일 함수**라고 한다. 함수 f가 전사이면서 단사이면 f를 **전단사 함수**라 한다.

정의 1.2.2 X를 집합이라 하자. 전단사 함수 $f : \mathbb{N} \to X$ 가 존재할 때 X를 **가산집합(countable set)**이라고 한다.

정리 1.2.3 정수들의 집합 $\mathbb{Z}$는 가산 집합이다.

증명 $f : \mathbb{N} \to \mathbb{Z}$를

$$f(n) = \begin{cases} \frac{n}{2}, & \text{if n is even} \\ \frac{-(n-1)}{2}, & \text{if n is odd} \end{cases}$$

로 정의된 함수라 하자. 그러면 f는 전단사 함수가 되어 $\mathbb{Z}$는 가산집합이 된다.

유리수들의 집합 $\mathbb{Q}$도 가산 집합이다. 증명은 집합론 책을 참조 하면 된다.

연습 문제 1.2

1. 유리수들의 집합 $\mathbb{Q}$가 가산 집합임을 증명하라.

2. x와 y가 유리수로서 $x < y$라 할 때 $x < r < y$를 만족하는 유리수 r이 존재함을 증명하라.

3. x와 y가 실수로서 $x < y$라 할 때 $x < r < y$를 만족하는 유리수 r이 존재함을 증명하라.

제 2 장

실수열 (Real Sequences)

2장에서는 수학의 기본 개념의 하나인 실수열(sequence of real numbers)을 다룬다. 즉, 수열의 수렴(convergence), 수렴하는 수열의 성질, 수열의 최소 상계(least upper bound)와 최대 하계(greatest lower bound), 코시 수열(Cauchy sequences), 클러스터 포인트(cluster point), 수열의 상극한(limit superior)과 하극한(limit inferior) 등에 대하여 설명한다.

제 2.1 절 수열의 수렴

정의 2.1.1 함수 $f: \mathbb{N} \to S$ 를 집합 S에서의 **수열(sequence)**이라고 한다. $f(n) \in S$을 x_n으로 나타내어 수열을 $\{x_n\}_{n=1}^{\infty}$로 나타낸다.

예제 2.1.1 :

$$\frac{1}{3}, \frac{1}{9}, \frac{1}{27}, \frac{1}{81}, \frac{1}{243}, \ldots$$

위의 수열은 $x_n = \frac{1}{3^n}$로 나타낼 수 있다.

정의 2.1.2 $\{x_n\}_{n=1}^{\infty}$를 수열이라 하고 $h: \mathbb{N} \to \mathbb{N}$ 를 순증가 함수라고 하자. $\{x_{h(n)}\}_{n=1}^{\infty}$을 수열 $\{x_n\}_{n=1}^{\infty}$의 **부분수열(subsequence)**이라 한다. 부분수열은 $x_{n_1}, x_{n_2}, x_{n_3}, \ldots$ 또는 $\{x_{n_k}\}_{k=1}^{\infty}$로 나타낸다.

정의 2.1.3 $\{x_n\}_{n=1}^{\infty}$를 수열이라 하자. 임의로 주어진 $\epsilon > 0$에 대하여

$$n \geq N \Rightarrow |x_n - x| < \epsilon$$

을 만족하는 양의 정수 N이 존재할 때 수열 x_n이 **극한값(limit)** x**로 수렴**한다고 하고 $x_n \to x$로 나타낸다.

$\{x_{n_k}\}_{k=1}^{\infty}$를 $\{x_n\}_{n=1}^{\infty}$의 부분수열이라 하자. 임의로 주어진 $\epsilon > 0$에 대하여

$$k \geq N \Rightarrow |x_{n_k} - x| < \epsilon$$

을 만족하는 양의 정수 N이 존재할 때 부분수열 x_{n_k}가 극한값 x로 수렴한다고 한다.

정리 2.1.4 $\mathbb{R}$에 있는 수열 x_n이 x와 y로 수렴한다고 하면 $x = y$이다. 즉, 수열이 수렴하는 극한은 유일하다.

증명 $x \neq y$라 하자. 그러면 $|x-y| > 0$이 되어 $\frac{|x-y|}{2} > 0$이다. x_n 이 x로 수렴하므로

$$n \geq N_1 \Rightarrow |x - x_n| < \frac{|x-y|}{2}$$

을 만족하는 양의 정수 N_1이 존재한다. x_n 이 y로 수렴하므로

$$n \geq N_2 \Rightarrow |y - x_n| < \frac{|x-y|}{2}$$

을 만족하는 양의 정수 N_2이 존재한다. $N = \max(N_1, N_2)$라 하자. 그러면

$$n \geq N \Rightarrow |x-y| \leq |x - x_n| + |x_n - y| < \frac{|x-y|}{2} + \frac{|x-y|}{2} = |x-y|$$

이 되므로 모순이 일어나 $x = y$이다.

정리 2.1.5 $\mathbb{R}$에 있는 수열 x_n이 x로 수렴한다고 하면 x_n의 모든 부분수열도 x로 수렴한다.

증명 $\{x_{n_k}\}_{k=1}^{\infty}$를 $\{x_n\}_{n=1}^{\infty}$의 부분수열이라 하자. 임의의 ϵ이 주어졌다 하자. x_n이 x로 수렴하므로

$$n \geq N \Rightarrow |x - x_n| < \epsilon$$

을 만족하는 양의 정수 N이 존재한다. $n_k \geq k$이므로 $k \geq N$이면 $n_k \geq N$이다. 그러므로 $k \geq N \Rightarrow |x - x_{n_k}| < \epsilon$을 만족하는 양의 정수 N이 존재한다. 즉, x_{n_k}가 x로 수렴한다.

정리 2.1.6 $\mathbb{R}$에 있는 수열 x_n이 x로 수렴하고 수열 y_n이 y로 수렴한다고 하자. 그러면 $x_n + y_n$은 $x + y$로 수렴한다.

증명 임의의 $\epsilon > 0$이 주어졌다 하자. x_n이 x로 수렴하므로

$$n \geq N_1 \Rightarrow |x - x_n| < \frac{\epsilon}{2}$$

을 만족하는 양의 정수 N_1이 존재한다. y_n이 y로 수렴하므로

$$n \geq N_2 \Rightarrow |y - y_n| < \frac{\epsilon}{2}$$

을 만족하는 양의 정수 N_2이 존재한다. $N = \max(N_1, N_2)$라 하자. 그러면

$$n \geq N \Rightarrow |(x_n + y_n) - (x + y)| = |(x_n - x) + (y_n - y)|$$

$$\leq |x_n - x| + |y_n - y| < \frac{\epsilon}{2} + \frac{\epsilon}{2} = \epsilon$$

을 만족하는 양의 정수 N이 존재한다.

정리 2.1.7 $\mathbb{R}$에 있는 수열 x_n이 x로 수렴한다고 하고 k를 상수라 하자. 그러면 kx_n은 kx로 수렴한다.

증명 임의의 $\epsilon > 0$이 주어졌다 하자. x_n이 x로 수렴하므로

$$n \geq N \Rightarrow |x - x_n| < \frac{\epsilon}{|k|}$$

을 만족하는 양의 정수 N이 존재한다. 그러므로

$$n \geq N \Rightarrow |kx_n - kx| = |k||x_n - x| < |k|\tfrac{\epsilon}{|k|} = \epsilon$$

을 만족하는 양의 정수 N이 존재한다.

정의 2.1.8 x_n을 $\mathbb{R}$에 있는 수열이라 하자. 모든 자연수 n에 대하여 $x_n \le M$을 만족하는 $M < \infty$이 존재할 때 x_n이 **위로 유계(bounded above)**라고 하고 모든 자연수 n에 대하여 $x_n \ge N$을 만족하는 $N > -\infty$이 존재할 때 x_n이 **아래로 유계(bounded below)**라고 한다. x_n이 위로 유계이고 아래로 유계이면 x_n을 **유계(bounded)**라고 한다.

정리 2.1.9 수열 $x_n \in \mathbb{R}$이 x로 수렴한다고 하자. 그러면 수열 x_n은 유계이다.

증명 x_n이 x로 수렴하므로

$$n \ge N \Rightarrow |x - x_n| < 1$$

을 만족하는 양의 정수 N이 존재한다. $|x_n| = |(x_n - x) + x| \le |x_n - x| + |x|$로부터 $|x_n| - |x| \le |x_n - x|$이다. 그러므로

$$n \ge N \Rightarrow |x_n| - |x| < 1$$

을 만족하는 양의 정수 N이 존재한다. 즉, $n \ge N$에 대하여

$$|x_n| < |x| + 1$$

이다. x_n이 x로 수렴하므로 $|x|$은 유한 수이다.

$$M = \max\{|x_1|, |x_2|, \ldots, |x_{N-1}|, |x| + 1\}$$

이라 하자. 그러면 M은 유한 수이고 모든 n에 대하여 $|x_n| \le M$ 이다.

정리 2.1.10 $\mathbb{R}$에 있는 수열 x_n이 x로 수렴하고 수열 y_n이 y로 수렴한다고 하자. 그러면 $x_n y_n$은 xy로 수렴한다.

증명 $y = 0$인 경우 증명이 분명하므로 $y \neq 0$이라 하자. 임의의 $\epsilon > 0$이 주어졌다 하자. x_n이 x로 수렴하므로 정리 2.1.9에 의하면 모든 n에 대하여 $|x_n| \leq M < \infty$이다. x_n이 x로 수렴하므로

$$n \geq N_1 \Rightarrow |x - x_n| < \frac{\epsilon}{2\,|y|}$$

을 만족하는 양의 정수 N_1이 존재한다. y_n이 y로 수렴하므로

$$n \geq N_2 \Rightarrow |y - y_n| < \frac{\epsilon}{2M}$$

을 만족하는 양의 정수 N_2가 존재한다. $N = \max\,(N_1, N_2)$이라 하자. 그러면

$$n \geq N \Rightarrow |x_n y_n - xy| = |x_n y_n - x_n y| + |x_n y - xy|$$
$$= |x_n||y_n - y| + |y||x_n - x| < \frac{M\epsilon}{2M} + \frac{\epsilon|y|}{2\,|y|} = \epsilon$$

을 만족하는 양의 정수 N이 존재한다.

정리 2.1.11 $\mathbb{R}$에 있는 수열 x_n이 x로 수렴하고 수열 y_n이 y로 수렴한다고 하자. $y_n \neq 0$이고 $y \neq 0$이면

$$\frac{x_n}{y_n} \to \frac{x}{y}$$

이다.

증명 정리 2.1.10의 증명과 유사하여 생략한다.

정리 2.1.12 x_n을 $\mathbb{R}$에 있는 수열이라 하자. 다음은 동치이다.

(1) 수열 x_n이 x로 수렴하지 않는다.

(2) 모든 양의 정수 k에 대하여 $n_k \geq k$이고 $|x_{n_k} - x| \geq \epsilon$을 만족하는 양의 정수 n_k가 존재하고 $\epsilon > 0$이 존재한다. (There exists an $\epsilon > 0$ such that for any $k \in \mathbb{N}$, there exists $n_k \in \mathbb{N}$ such that $n_k \geq k$ and $|x_{n_k} - x| \geq \epsilon$.)

(3) 모든 양의 정수 n에 대하여 $|x_{n_r} - x| \geq \epsilon$을 만족하는 $\epsilon > 0$과 부분수열 x_{n_r}이 존재한다. (There exists an $\epsilon > 0$ and a subsequence x_{n_r} of x_n such that $|x_{n_r} - x| \geq \epsilon$ for all $n \in \mathbb{N}$.)

증명 (1) $\Rightarrow$ (2): "임의의 $\epsilon > 0$에 대하여 $n \geq k \Rightarrow |x - x_n| < \epsilon$을 만족하는 양의 정수 k가 존재한다"의 부정문을 만들면 "모든 양의 정수 k에 대하여 $n_k \geq k$와 $|x - x_{n_k}| \geq \epsilon$을 만족하는 양의 정수 n_k와 $\epsilon > 0$이 존재한다"이다.

(2) $\Rightarrow$ (3): ϵ을 (2)의 것과 같다하고 n_1 을 $n_1 \geq 1$과 $|x_{n_1} - x| \geq \epsilon$을 만족하는 양의 정수라 하자. n_2 을 $n_2 > n_1$과 $|x_{n_2} - x| \geq \epsilon$을 만족하는 양의 정수라 하자. 이 과정을 반복하면 $|x_{n_r} - x| \geq \epsilon$을 만족하는 부분수열 x_{n_r}이 존재한다.

(3) $\Rightarrow$ (1): x_n이 x로 수렴한다 가정하자. 정리 2.1.5에 의하면 x_n의 모든 부분수열이 x로 수렴한다. 그러므로 x_{n_r}이 x로 수렴한다. 이는 (3)과 모순이다. 그러므로 x_n이 x로 수렴하지 않는다.

위의 정리 2.1.12는 어떤 수열이 수렴하지 않는다는 것을 증명할 때 이용할 수 있는 중요한 정리이다.

정리 2.1.13 x_n을 $\mathbb{R}$에 있는 수열이라 하자. $x_n \to x$가 되는 필요충분 조건은 x_n의 모든 부분 수열이 x로 수렴하는 것이다.

증명 ($\Rightarrow$) x_{n_k}가 x_n의 부분 수열이라 하자. $\epsilon > 0$이 주어졌다 하자. $x_k \to x$이므로

$$k > N \Rightarrow |x_k - x| < \epsilon$$

을 만족하는 양의 정수 N이 존재한다. $n_k \geq k$이므로

$$k > N \Rightarrow n_k \geq N \Rightarrow |x_{n_k} - x| < \epsilon$$

을 만족하는 양의 정수 N이 존재한다. 그러므로 x_n의 모든 부분 수열이 x로 수렴한다.

($\Leftarrow$) x_n도 x_n의 부분수열이므로 $x_n \to x$이다.

예제 2.1.2 : 실수열 x_n이 모든 양의 정수 n에 대하여 $x_n \geq 0$이고 $x_n \to x$이면 $x \geq 0$이 됨을 증명하라.

풀이 : $x < 0$이라 가정하자. 그러면 $\frac{-x}{2} > 0$이다. $x_n \to x$이므로

$$n \geq K \Rightarrow |x_n - x| < \frac{-x}{2}$$

를 만족하는 양의 정수 K가 존재한다. 그러므로

$$|x_K - x| < \frac{-x}{2}$$

이다. 따라서 $x_K < \frac{x}{2} < 0$이다. 이것이 $x_k \geq 0$이라는 조건에 모순되므로 $x \geq 0$이다.

예제 2.1.3 : 실수열 x_n이 모든 양의 정수 n에 대하여 $x_n \geq 0$이고 $x_n \to x$이면

$$\sqrt{x_n} \to \sqrt{x}$$

이 됨을 증명하라.

풀이 : (i) $x = 0$인 경우

$\epsilon > 0$이 주어졌다 하자. $x_n \to 0$이므로

$$n \geq K \Rightarrow |x_n - 0| = x_n < \epsilon^2$$

를 만족하는 양의 정수 K가 존재한다. 그러므로

$$n \geq K \Rightarrow |\sqrt{x_n} - 0| = \sqrt{x_n} < \epsilon$$

를 만족하는 양의 정수 K가 존재한다.

(ii) $x > 0$인 경우

$\epsilon > 0$이 주어졌다 하자. $x_n \to 0$이므로

$$n \geq K \Rightarrow |x_n - x| < \epsilon\sqrt{x}$$

를 만족하는 양의 정수 K가 존재한다. 그러므로

$$n \geq K \Rightarrow |\sqrt{x_n} - \sqrt{x}| = \frac{|(\sqrt{x_n} - \sqrt{x})(\sqrt{x_n} + \sqrt{x})|}{|\sqrt{x_n} + \sqrt{x}|} \leq \frac{|x_n - x|}{\sqrt{x}} < \frac{\sqrt{x}\,\epsilon}{\sqrt{x}} = \epsilon$$

를 만족하는 양의 정수 K가 존재한다.

정의 2.1.14 $x_n \in \mathbb{R}$을 수열이라 하자. 임의의 $\epsilon > 0$에 대해

$$|x_n - x| < \epsilon$$

을 만족하는 n이 무한히 많을 때 x를 수열 x_n의 **클러스터 포인트(cluster point)**라고 한다.

다음 정리 2.1.15는 클러스터 포인트의 정의로도 이용될 수 있는 중요한 정리이다.

정리 2.1.15 x_n을 $\mathbb{R}$에 있는 수열이라 하자. x가 x_n의 클러스터 포인트가 되는 필요충분조건은 임의의 $\epsilon > 0$과 모든 N에 대하여

$$|x_n - x| < \epsilon$$

을 만족하는 $n > N$이 존재하는 것이다.

증명 ($\Rightarrow$) $\epsilon > 0$과 N이 주어졌다 하자. 무한히 많은 n에 대하여 $|x_n - x| < \epsilon$이 성립되고 N이 유한수 이므로 $|x_n - x| < \epsilon$ 을 만족하는 $n > N$이 존재한다.

($\Leftarrow$) $|x_{n_1} - x| < \epsilon$ 을 만족하는 n_1이 존재한다. 전제에 의하여 $|x_{n_2} - x| < \epsilon$ 와 $n_2 > n_1$을 만족하는 n_2가 존재한다. 이 과정을 반복하면 모든 $k = 1, 2, \ldots$ 에 대하여

$$|x_{n_k} - x| < \epsilon$$

을 만족하는 $n_1 < n_2 < \ldots$ 이 존재한다. 그러므로 x는 클러스터 포인트이다.

정리 2.1.16 x_n을 $\mathbb{R}$에 있는 수열이라 하자. x가 x_n의 클러스터 포인트가 되는 필요충분조건은 x_n의 적어도 하나의 부분 수열이 x로 수렴하는 것이다.

증명 $(\Rightarrow)$ x를 x_n의 클러스터 포인트라 하자. 그러면 정의 2.1.14에 의하여 $|x_{n_1} - x| < 1$ 을 만족하는 n_1이 존재한다. 정리 2.1.15에 의하여

$$|x_{n_2} - x| < \frac{1}{2}$$

와 $n_2 > n_1$을 만족하는 n_2가 존재한다. 이 과정을 반복하면 모든 $k = 1, 2, \ldots$에 대하여

$$|x_{n_k} - x| < \frac{1}{k}$$

을 만족하는 $n_1 < n_2 < \ldots$이 존재한다. $\epsilon > 0$이 주어졌다 하자. 그러면

$$k > N \Rightarrow |x_{n_k} - x| < \frac{1}{k} < \frac{1}{N} < \epsilon$$

을 만족하는 양의 정수

$$N > \frac{1}{\epsilon}$$

이 존재한다. 즉, x_{n_k}는 x로 수렴한다.

$(\Leftarrow)$ $\epsilon > 0$이 주어졌다 하자. $x_{n_k} \to x$이므로

$$k > N \Rightarrow |x_{n_k} - x| < \epsilon$$

을 만족하는 양의 정수 N이 존재한다. 그러므로 $|x_{n_k} - x| < \epsilon$ 을 만족하는 무한히 많은 k가 존재한다.

연습 문제 2.1

1. 실수열 x_n이 $x_n \to x$이고 실수열 y_n이 $y_n \to y$이라 하자. 모든 양의 정수 n에 대하여 $x_n \geq y_n$이면 $x \geq y$임을 증명하라.

2. 실수열 x_n과 y_n이 $x_n \to x$이고 $y_n \to y$일 때

$$x_n + 2y_n \to x + 2y$$

임을 증명하라.

3. 실수열 x_n, y_n, z_n이 모든 양의 정수 n에 대하여 $x_n \leq y_n \leq z_n$이고 $\lim_{n\to\infty} x_n = \lim_{n\to\infty} z_n$라 하면

$$\lim_{n\to\infty} x_n = \lim_{n\to\infty} y_n = \lim_{n\to\infty} z_n$$

임을 증명하라.

4. 실수열 x_n이 $x_n \to x$일 때

$$|x_n| \to |x|$$

임을 증명하라.

5. 실수열 $x_n = \frac{1}{n}$의 모든 크러스터 포인트를 구하여라.

6. 실수열

$$x_n = (-1)^n(3 - \frac{1}{n})$$

의 모든 크러스터 포인트를 구하여라.

제 2.2 절 최소 상계와 최대 하계

정의 2.2.1 $\mathbb{R}$에 있는 수열 x_n이 모든 자연수 n에 대하여 $x_n \leq x_{n+1}$을 만족할 때 수열 x_n을 **증가한다(increasing)**라고 하고 모든 자연수 n에 대하여 $x_n \geq x_{n+1}$을 만족할 때 x_n을 **감소한다(decreasing)**라고 한다. 수열 x_n이 증가 또는 감소할 때 **단조(monotone)**라고 한다. 수열 x_n이 모든 자연수 n에 대하여 $x_n < x_{n+1}$을 만족할 때 수열 x_n을 **순증가한다(strictly increasing)**라고 하고 모든 자연수 n에 대하여 $x_n > x_{n+1}$을 만족할 때 x_n을 **순감소한다(strictly decreasing)**라고 한다. 수열 x_n이 엄격히 증가 또는 엄격히 감소할 때 **순단조(strictly monotone)**라고 한다.

정의 2.2.2 X를 $\mathbb{R}$의 공집합이 아닌 부분 집합이라 하자. 모든 점 $x \in X$에 대하여 $x \leq s$를 만족하는 $s \in \mathbb{R}$가 존재할 때 s를 X의 **상계(upper bound)**라고 한다. 모든 점 $x \in X$에 대하여 $x \geq t$를 만족하는 $t \in \mathbb{R}$가 존재할 때 t를 X의 **하계(lower bound)**라고 한다. $a \in \mathbb{R}$가 X의 상계이고 a가 모든 X의 상계 v에 대하여 $a \leq v$를 만족할 때 a를 X의 **최소 상계(least upper bound)**라 한다. $b \in \mathbb{R}$가 X의 하계이고 b가 모든 X의 하계 w에 대하여 $b \geq w$를 만족할 때 b를 X의 **최대 하계(greatest lower bound)**라 한다. X의 최소 상계를 **sup(X)** 또는 **lub(X)**로 나타내고 X의 최대 하계를 **inf(X)** 또는 **glb(X)**로 나타낸다.

다음의 정리 2.2.3과 정리 2.2.4는 아주 많이 이용되는 기본 정리들이다.

정리 2.2.3 A를 $\mathbb{R}$에 있는 공집합이 아닌 집합이라 하자. $p = \sup(A)$일 필요충분 조건은 p가 A의 상계이고 임의의 $\epsilon > 0$에 대하여 $x > p - \epsilon$를 만족하는 $x \in A$가 존재하는 것이다.

증명 $(\Rightarrow)$ $p = \sup(A)$라 하자. 임의의 $\epsilon > 0$이 주어졌다 하자. 증명하고자 하는 결론 "임의의 $\epsilon > 0$에 대하여 $x > p - \epsilon$ 를 만족하는 $x \in A$가 존재한다"의 부정문인 "모든 $x \in A$에 대하여 $x \leq p - \epsilon$이다"를 가정하자. 그러면 $p - \epsilon$는 A의 상계이다. $p - \epsilon < p$이므로 p는 A의 최소 상계가 아니다. 모순이 일어나 $x > p - \epsilon$를 만족하는 $x \in A$가 존재한다.

$(\Leftarrow)$ p가 A의 상계이고 임의의 $\epsilon > 0$에 대하여 $x > p-\epsilon$를 만족하는 $x \in A$가 존재한다고 하자. k를 A의 상계라 하자. $p \leq k$를 보이기 위하여 반대로 $p > k$라 가정하자. 그러면 $p - k > 0$이다. $\epsilon = p - k > 0$라 하면 전제에 의하여 $x > p - \epsilon = p - (p - k) = k$를 만족하는 $x \in A$가 존재한다. 이는 k가 A의 상계라는 것과 모순이 된다. 즉, $p \leq k$이다. 그러므로 $p = \sup(A)$이다.

정리 2.2.4 A를 $\mathbb{R}$에 있는 공집합이 아닌 집합이라 하자. $p = \inf(A)$일 필요충분 조건은 p가 A의 하계이고 임의의 $\epsilon > 0$에 대하여 $x < p + \epsilon$를 만족하는 $x \in A$가 존재하는 것이다.

증명 정리 2.2.3의 증명과 유사하다.

다음 정리 2.2.5는 $\mathbb{R}$의 **완비성(completeness property)** 또는 **최소상계성(supremum property)**으로 불리우는 중요 정리다. 증명은 생략한다.

정리 2.2.5 S를 $\mathbb{R}$의 임의의 공집합이 아닌 부분집합으로서 S가 상계(upper bound)를 갖는다 하자. 그러면 S는 $\mathbb{R}$ 안에 최소 상계(least upper bound)를 갖는다.

다음 정리 2.2.6은 정리 2.2.5의 대칭 개념의 정리이다.

정리 2.2.6 S를 $\mathbb{R}$의 임의의 공집합이 아닌 부분집합으로서 S가 하계(lower bound)를 갖는다 하자. 그러면 S는 $\mathbb{R}$ 안에 최대 하계(greatest lowerer bound)를 갖는다.

정리 2.2.7 $\mathbb{R}$에서는 모든 위로 유계인 단조증가 수열이 수렴한다. 마찬가지로 $\mathbb{R}$에서 모든 아래로 유계인 단조감소 수열이 수렴한다.

증명 $\{x_1, x_2, x_3, \dots\}$이 위로 유계이고 모든 n에 대하여 $x_n \le x_{n+1}$이라 하자. 정리 2.2.5에 의하여 $\{x_1, x_2, x_3, \dots\}$는 $\mathbb{R}$안에 최소 상계를 갖는다. x를 $\{x_1, x_2, x_3, \dots\}$의 최소 상계(least upper bound)라 하자. 그러면 정리 2.2.3에 의하여 $x_n \le x$이고 임의의 $\epsilon > 0$에 대하여 $x - \epsilon < x_N$을 만족하는 $x_N \in \{x_1, x_2, x_3, \dots\}$가 존재한다. $x_n \le x$이고 $x_n \le x_{n+1}$이므로 모든 $n \ge N$에 대하여 $x - \epsilon < x_n \le x$이다. 즉, $n \ge N \Rightarrow |x - x_n| < \epsilon$이다. 그러므로 수열 x_n이 x로 수렴한다. $\mathbb{R}$에서 아래로 유계인 단조감소 수열이 수렴하는 것도 앞에서 보인 것과 같은 방법으로 증명할 수 있다.

$\mathbb{R}$의 완비성(completeness property)이 다음의 정리 2.2.8의 증명에서도 중요한 역할을 한다.

정리 2.2.8 $\mathbb{R}$은 아르키미디언 체(Archimedean field)이다. 즉, 모든 $x \in \mathbb{R}$에 대하여 $x < n$을 만족하는 정수 n이 존재한다.

증명 $\mathbb{R}$이 아르키미디언 체(Archimedean field)가 아니라고 가정하자. 그러면 모든 정수 n에대하여 $x \geq n$을 만족하는 $x \in \mathbb{R}$이 존재한다. 즉, x는 $\mathbb{Z}$의 상계이다. 정리 2.2.5에 의하여 $\mathbb{Z}$는 최소 상계 k를 $\mathbb{R}$안에 갖는다. 즉, $\sup(\mathbb{Z}) = k$이다. $\epsilon = 1 > 0$이라 하자. 정리 2.2.3에 의하여 $p > k - 1$을 만족하는 $p \in \mathbb{Z}$가 존재한다. $k < p + 1$이고 $p + 1 \in \mathbb{Z}$이므로 k는 $\mathbb{Z}$의 상계가 될 수 없다. 이것과 $\sup(\mathbb{Z}) = k$간에 모순이 일어나 정리가 증명된다.

예제 2.2.1 : $x \in \mathbb{R}$이면 $x = \sup\{r \in \mathbb{Q} : r < x\}$이다.

풀이 : $B = \{r \in \mathbb{Q} : r < x\}$라 하자. 그러면 x는 B의 상계이다. $\epsilon > 0$이 주어졌다 하자. 그러면 $x - \epsilon < x$이고 연습 문제 1.2의 3번에 의하여 $x - \epsilon < p < x$를 만족하는 $p \in \mathbb{Q}$가 존재한다. 즉, $x - \epsilon < p$를 만족하는 $p \in B$가 존재한다. 정리 2.2.3에 의하여 $x = \sup B$이다.

예제 2.2.2 : 아르키미디언 체에서 $\frac{1}{n} \to 0$인 것을 보이시오.

풀이: 임의의 $\epsilon > 0$이 주어졌다고 하자. $\frac{1}{\epsilon} > 0$이다. 아르키미디언 성질에 의하여 $N > \frac{1}{\epsilon}$을 만족하는 정수 N이 존재한다. 그러므로

$n \geq N \Rightarrow \frac{1}{n} \leq \frac{1}{N} < \epsilon$이다. 즉,

$$n \geq N \Rightarrow \left|\frac{1}{n} - 0\right| = \frac{1}{n} \leq \frac{1}{N} < \epsilon$$

을 만족하는 양의 정수 N이 존재한다.

예제 2.2.3 : $S \subseteq \mathbb{R}$와 $T \subseteq \mathbb{R}$를 위로 유계인 집합이고

$$S + T = \{s + t : s \in S,\ t \in T\}$$

이라 할 때 $\sup(S + T) = \sup(S) + \sup(T)$를 증명하라.

증명 : $\sup(S) = a,\ \sup(T) = b$라 하자. $\epsilon > 0$이 주어졌다 하자. 그러면 a는 S의 상계이고

$$a - \frac{\epsilon}{2} < p$$

를 만족하는 $p \in S$가 존재한다. 또한 b는 T의 상계이고

$$b - \frac{\epsilon}{2} < q$$

를 만족하는 $q \in T$가 존재한다. 그러므로 $a + b$는 $S + T$의 상계이고

$$(a + b) - \epsilon < p + q$$

를 만족하는 $p + q \in S + T$가 존재한다. 따라서 $\sup(S + T) = a + b$이다. 즉, $\sup(S) + \sup(T) = \sup(S + T)$이다.

예제 2.2.4 : $I_n = (0, \frac{1}{n}) \subseteq \mathbb{R}$이라 할 때

$$\bigcap_{n=1}^{\infty} I_n = \emptyset$$

임을 증명하라.

증명 : $p \in \cap_{n=1}^{\infty} I_n$이라 하자. 그러면 모든 양의 정수 n에 대하여 $0 < p < \frac{1}{n}$이다. 그러므로 모든 양의 정수 n에 대하여 $0 < n < \frac{1}{p}$이다. 이것은 아르키미디언 성질과 모순이다. 그러므로 $\cap_{n=1}^{\infty} I_n = \emptyset$이다.

예제 2.2.5 : 실수 공간 $\mathbb{R}$에서 수열 x_n이 $x_1 = \sqrt{3}$, $x_2 = \sqrt{3+x_1}$, $\ldots$, $x_n = \sqrt{3+x_{n-1}}, \ldots$ 같이 귀납적으로 정의된다고 하자. 수열 x_n이 수렴함을 증명하고 x_n의 극한(limit)을 구하여라.

풀이: (i) $s_n = x_{n+1} - x_n$이라 하자. 그러면 $s_1 = x_2 - x_1 = \sqrt{3+\sqrt{3}} - \sqrt{3} > 0$이다. $s_k > 0$이라 가정하자. 그러면

$$s_{k+1} = x_{k+2} - x_{k+1} = \sqrt{3+x_{k+1}} - \sqrt{3+x_k}$$

$$= \frac{x_{k+1} - x_k}{\sqrt{3+x_{k+1}} + \sqrt{3+x_k}} = \frac{s_k}{\sqrt{3+x_{k+1}} + \sqrt{3+x_k}} > 0$$

이다. 수학적 귀납법에 의하면 모든 자연수 n에 대하여 $s_n > 0$ 이다. 즉, x_n은 증가 수열이다. 분명히 $x_1 = \sqrt{3} < 3$이다. $x_k < 3$이라 가정하자. 그러면

$$x_{k+1} = \sqrt{3+x_k} < \sqrt{3+3} < 3$$

이다. 수학적 귀납법에 의하면 모든 자연수 n에 대하여 $x_n < 3$이다. 즉, x_n은 $\mathbb{R}$에 있는 위로 유계인 증가 수열이다. 정리 2.2.7에 의하여 x_n은 수렴한다.

(ii) x_n이 p로 수렴한다고 하자. 그러면

$$\lim_{n\to\infty} x_n = \lim_{n\to\infty} \sqrt{3+x_{n-1}}$$

이 되어 $p = \sqrt{3+p}$이다. 즉, $p^2 = 3+p$이다. 이를 풀면 $p = \frac{1+\sqrt{13}}{2}$ 또는 $p = \frac{1-\sqrt{13}}{2}$이다. $p \geq 0$이므로 $p = \frac{1+\sqrt{13}}{2}$이다.

정리 2.2.9 다음은 동치이다.

(1) $\mathbb{R}$에 있는 모든 아래로 유계인 단조 감소 수열은 수렴한다.

(2) $\mathbb{R}$의 공집합이 아닌 부분집합으로서 상계(upper bound)를 갖는 모든 집합은 $\mathbb{R}$안에 최소 상계(least upper bound)를 갖는다.

증명 (1) $\Rightarrow$ (2): A를 $\mathbb{R}$의 공집합이 아닌 부분집합으로서 상계(upper bound)를 갖는 집합이라 하자. $x \in A$라 하자. $k = 0, 1, 2, \ldots$ 일 때 N_k를 모든 $a \in A$에 대하여

$$a \leq x + \frac{N_k}{2^k}$$

를 만족하는 최소 자연수라 하자. $y_k = x + \frac{N_k}{2^k}$라 하면 y_k는 A의 상계이고 아래로 유계(bounded below)인 감소 수열이다. (1)에 의하여 y_k는 $\mathbb{R}$에 있는 한 점으로 수렴한다. y_k의 극한을 y라 하자.

$z > y$를 만족하는 $z \in A$가 존재한다고 하자. $y_k \to y$이므로 $\epsilon = z - y > 0$에 대하여

$$k \geq N \Rightarrow y_k - y < z - y$$

을 만족하는 자연수 N이 존재한다. 즉, $k \geq N \Rightarrow y_k < z$이고 $z \in A$이므로 이것이 y_k가 A의 상계인것과 모순된다. 그러므로 모든 $z \in A$에 대하여 $z \leq y$이다. 즉, y는 A의 상계이다.

임의의 $\epsilon > 0$이 주어졌다 하자. $\frac{1}{2^k} < \epsilon$을 만족하는 k를 선택하자. N_k가 모

든 $a \in A$에 대하여 $a \le x + \frac{N_k}{2^k}$를 만족하는 최소 자연수이므로

$$p > x + \frac{N_k}{2^k} - \frac{1}{2^k} = y_k - \frac{1}{2^k}$$

를 만족하는 $p \in A$가 존재한다. 그러므로 임의의 $\epsilon > 0$에 대하여

$$p > y_k - \frac{1}{2^k} > y - \epsilon$$

을 만족하는 $p \in A$가 존재한다. 즉, $\sup(A) = y \in \mathbb{R}$이다.

(2) $\Rightarrow$ (1): 정리 2.2.7에 의하여 증명된다.

정리 2.2.10 다음은 동치이다.

(1) $\mathbb{R}$에 있는 모든 위로 유계인 단조 증가 수열은 수렴한다.

(2) $\mathbb{R}$에 있는 모든 아래로 유계인 단조 감소 수열은 수렴한다.

(3) $\mathbb{R}$의 공집합이 아닌 부분집합으로서 상계(upper bound)를 갖는 모든 집합은 $\mathbb{R}$안에 최소 상계(least upper bound)를 갖는다.

(4) $\mathbb{R}$의 공집합이 아닌 부분집합으로서 하계(lower bound)를 갖는 모든 집합은 $\mathbb{R}$안에 최대 하계(greatest lowerer bound)을 갖는다.

증명 (1) $\Rightarrow$ (2): $x_1, x_2, x_3, \ldots$를 아래로 유계인 감소 수열이라 하자. 그러면 $-x_1, -x_2, -x_3, \ldots$는 위로 유계인 증가 수열이다. (1)에 의하여 수열 $-x_1, -x_2, -x_3, \ldots$은 수렴한다. 그러므로 수열 $x_1, x_2, x_3, \ldots$이 수렴한다.

(2) $\Rightarrow$ (1): (1) $\Rightarrow$ (2)의 증명과 비슷하다.

(2) $\Leftrightarrow$ (3): 정리 2.2.9의 증명이다.

(3) $\Rightarrow$ (4): S를 $\mathbb{R}$의 공집합인 아닌 부분집합으로 아래로 유계인 집합이라 하자. 그러면 $T = \{-s : s \in S\}$는 위로 유계인 공집합이 아닌 $\mathbb{R}$의 부분집합이다. (3)에 의하여 T는 $\mathbb{R}$안에 최소 상계 $-\alpha$를 갖는다. 그러므로 S는 $\mathbb{R}$안에 최대 하계 α를 갖는다.

(4) $\Rightarrow$ (3): (3) $\Rightarrow$ (4)의 증명과 비슷하다.

정리 2.2.10 (1)의 $\mathbb{R}$에 있는 모든 위로 유계인 단조 증가수열은 수렴한다는 성질을 단조 수열성(monotone sequence property)이라 한다. 정리 2.2.10에 의하여 $\mathbb{R}$의 단조 수열성과 $\mathbb{R}$의 최소 상계성과 동치이다. 그러므로 $\mathbb{R}$의 단조 수열성을 $\mathbb{R}$의 완비성이라 부른다.

예제 2.2.6 : $S \subseteq \mathbb{R}$를 공집합이 아닌 유계 집합이라 하자. 수열 $x_n \in S$이 $x_n \to x$일 때 $\inf S \leq x \leq \sup S$임을 증명하라.

풀이 : 분명히 $\inf S \leq x_n \leq \sup S$이다. $x > \sup S$라 가정하자. $\epsilon = \frac{x - \sup S}{2}$라 하자. $x_n \to x$이므로

$$n \geq K \Rightarrow |x - x_n| < \epsilon = \frac{x - \sup S}{2}$$

을 만족하는 양의 정수 K가 존재한다. 그러므로

$$x_K > \frac{x + \sup S}{2} > \sup S$$

이다. 이것은 $x_n \in S$라는 조건과 모순된다. 따라서 $x \leq \sup S$이다. 같은 방법으로 $x \geq \inf S$도 보일 수 있다.

정리 2.2.11 자연수들의 집합 $\mathbb{N}$는 위로 유계가 아니다.

증명 $\mathbb{N}$가 위로 유계라고 하자. 정리 2.2.5에 의하여 $\mathbb{N}$가 최소 상계 m을 갖는다. $m-1$은 $\mathbb{N}$의 최소 상계가 아니므로 $k > m-1$을 만족하는 $k \in \mathbb{N}$가 존재한다. 즉, $k+1 > m$이 되어 m이 $\mathbb{N}$의 상계라는 사실과 모순된다.

정리 2.2.12 다음은 동치이다.

(1) $\mathbb{R}$은 아르키 미디언 체이다. 즉, 모든 $x \in \mathbb{R}$에 대하여 $x < n$을 만족하는 정수 n이 존재한다.

(2) $0 < x < y$을 만족하는 모든 $x, y \in \mathbb{R}$에 대하여 $nx > y$를 만족하는 양의 정수 n이 존재한다.

(3) $0 < x$을 만족하는 모든 $x \in \mathbb{R}$에 대하여 $0 < \frac{1}{n} < x$를 만족하는 정수 $n > 0$이 존재한다.

증명 (1) $\Rightarrow$ (2): $x, y \in \mathbb{R}$가 $0 < x < y$를 만족한다고 하자. 그러면 $\frac{y}{x} \in \mathbb{R}$이다. (1)에 의하여 $\frac{y}{x} < n$을 만족하는 정수 n이 존재한다. 즉, $nx > y$를 만족하는 정수 n이 존재한다.

(2) $\Rightarrow$ (3): $x \in \mathbb{R}$가 $x > 0$을 만족한다고 하자. $x < 1$이면 (2)에 의하여 $nx > 1$을 만족하는 정수 $n > 0$이 존재한다, 즉 $0 < \frac{1}{n} < x$를 만족하는 정수 $n > 0$이 존재한다. $x \geq 1$이면 분명히 $0 < \frac{1}{n} < x$를 만족하는 정수 $n > 0$이 존재한다.

(3) $\Rightarrow$ (1): $x > 0$이면 $\frac{1}{x} > 0$이 되어 (3)에 의하여 $0 < \frac{1}{n} < \frac{1}{x}$를 만족하는 정수 $n > 0$이 존재한다. 즉 $x < n$을 만족하는 정수 $n > 0$이 존재한다.

정리 2.2.13 수열 x_n을

$$x_1 = 1$$

$$x_2 = 1 + \frac{1}{2}$$

$n = 3, 4, \ldots$에 대하여

$$x_n = 1 + \frac{1}{2} + \frac{1}{3} + \cdots + \frac{1}{n}$$

으로 정의된다고 하자. 그러면 수열 x_n은 수렴하지 않는다. 이 수열을 **하모닉 수열(harmonic sequence)**이라 부른다.

증명

$$x_2 = 1 + \frac{1}{2}$$

$$x_4 = 1 + \frac{1}{2} + \frac{1}{3} + \frac{1}{4} > 1 + \frac{1}{2} + \frac{1}{4} + \frac{1}{4} = 1 + \frac{1}{2} + \frac{1}{2}$$

$$\begin{aligned} x_8 = 1 + \frac{1}{2} + \cdots + \frac{1}{8} &> 1 + \frac{1}{2} + \frac{1}{2} + \frac{1}{8} + \frac{1}{8} + \frac{1}{8} + \frac{1}{8} \\ &= 1 + \frac{1}{2} + \frac{1}{2} + \frac{1}{2} \end{aligned}$$

그러므로

$$x_{2^n} > 1 + \frac{n}{2}$$

이다. 즉, x_n의 부분 수열 x_{2^n}은 수렴하지 않는다. 정리 2.1.13에 의하면 $x_n \to x$가 되는 필요충분조건은 x_n의 모든 부분 수열이 수렴하는 것이다. 정리 2.1.13에 의하여 x_n은 수렴하지 않는다.

정리 2.2.14 (볼자이노-바이어슈트라스 정리(Bolzano-Weierstrass Theorem)) $\mathbb{R}$에 있는 유계 수열(bounded sequence)은 $\mathbb{R}$에 있는 한 점으로 수렴하는 부분 수열(subsequence)을 갖는다.

증명 x_n을 $\mathbb{R}$에 있는 유계인 수열이라 하자. 그러면 모든 n에 대하여 $-M < x_n < M$을 만족하는 양의 정수 M이 존재한다. 폐구간 $[-M, M]$을 $[-M, 0]$과 $[0, M]$의 두 구간으로 나누면 두 구간 중의 적어도 하나의 구간이 무한개의 첨수들(indices)의 수열 x_n을 포함한다. 무한개의 첨수들(indices) n의 수열 x_n을 포함하는 구간을 L_1이라 하자. $x_{n_1} \in L_1$을 만족하는 n_1을 선택하자. L_1을 다시 두 개로 나누고 L_2를 무한개의 첨수들(indices) n의 수열 x_n을 포함하는 구간이라 하자. L_2안에 무한히 많은 x_n들이 있으므로 $x_{n_2} \in L_2$를 만족하고 $n_2 > n_1$인 n_2를 선택하자. 이러한 과정을 계속하면

$$L_1 \supset L_2 \supset L_3 \supset L_4 \supset L_5 \supset \dots$$

$$n_1 < n_2 < n_3 < n_4 < n_5 \dots$$

$$x_{n_k} \in L_k \quad \text{for } k = 1, 2, 3, \dots$$

이 된다. $L_k = [a_k, b_k]$라 하면 $b_k - a_k = \frac{M}{2^{k-1}}$이고 $-M \le a_1 \le a_2 \le \cdots \le M$이다. 즉, a_n은 위로 유계인 단조증가 수열이다. 정리 2.2.7에 의하여 a_n은 $\mathbb{R}$내의 한점으로 수렴한다. a_n의 극한을 $x \in \mathbb{R}$라 하자.

$\epsilon > 0$이 주어졌다 하자. $\frac{1}{2^{k-1}} \to 0$이므로

$$k \ge N_1 \Rightarrow \left| \frac{1}{2^{k-1}} - 0 \right| = \frac{1}{2^{k-1}} < \frac{\epsilon}{2M}$$

을 만족하는 양의 정수 N_1이 존재한다. 즉,

$$k \geq N_1 \Rightarrow |x_{n_k} - a_k| \leq |b_k - a_k| \leq \frac{M}{2^{k-1}} < M\frac{\epsilon}{2M} = \frac{\epsilon}{2}$$

을 만족하는 양의 정수 N_1이 존재한다. $a_k \to x$이므로

$$k \geq N_2 \Rightarrow |a_k - x| < \frac{\epsilon}{2}$$

을 만족하는 양의 정수 N_2가 존재한다. $N = \max(N_1, N_2)$라 하자. 그러면

$$k \geq N \Rightarrow |x_{n_k} - x| \leq |x_{n_k} - a_k| + |a_k - x| < \frac{\epsilon}{2} + \frac{\epsilon}{2} = \epsilon$$

을 만족하는 양의 정수 N이 존재한다. 그러므로 x_{n_k}이 $x \in \mathbb{R}$로 수렴한다.

위의 정리 2.2.14는 앞으로 여러 곳에서 자주 이용될 중요 정리이다. 또한 위의 정리 2.2.14의 증명과 같은 방법으로 " $\mathbb{R}^n$에 있는 유계 수열(bounded sequence)도 $\mathbb{R}^n$에 있는 한 점으로 수렴하는 부분 수열(subsequence)을 갖는다 "는 것을 보일 수 있다.

연습 문제 2.2

1.

$$B = \{x \in \mathbb{R} : x^2 - 3x < -2\}$$

라 할 때 $\sup B$와 $\inf B$를 구하라.

2. $S \subseteq \mathbb{R}$이라 하고 $r \in \mathbb{R}$이라 할 때 $\sup(r + S) = r + \sup S$ 를 증명하라.

3. $S \subseteq \mathbb{R}$를 유계라 하면

$$\lim_{n\to\infty} x_n = \sup(S)$$

를 만족하는 수열 $x_n \in S$이 존재함을 증명하라.

4. $I_n = [0, \frac{1}{n}] \subseteq \mathbb{R}$이라 할 때 $\cap_{n=1}^{\infty} I_n = \{0\}$임을 증명하라.

5. 실수열 x_n이

$$x_1 > 1,\ x_{n+1} = 2 - \frac{1}{x_n}\ for\ n \geq 1$$

를 만족할 때 x_n이 수렴하는 것을 증명하고 $\lim_{n\to\infty} x_n$을 구하여라.

6. 다음을 증명하라.

$$\lim_{n\to\infty} \frac{1}{3^n} = 0$$

제 2.3 절 상극한과 하극한

정의 2.3.1 x_n을 $\mathbb{R}$에 있는 위로 유계인 수열이라 하자. 수열 x_n의 모든 크러스터 포인트들의 집합을 C라 하자. $\sup(C)$를 x_n의 **상극한(limit superior)**라고 하고 $\limsup_{n\to\infty} x_n$ 또는 $\overline{\lim_{n\to\infty}} x_n$ 으로 나타낸다.

정의 2.3.2 x_n을 $\mathbb{R}$에 있는 아래로 유계인 수열이라 하자. 수열 x_n의 모든 크러스터 포인트들의 집합을 C라 하자. $\inf(C)$를 x_n의 **하극한(limit inferior)**라고 하고 $\liminf_{n\to\infty} x_n$ 또는 $\underline{\lim}_{n\to\infty} x_n$ 으로 나타낸다.

정리 2.3.3 x_n을 $\mathbb{R}$에 있는 위로 유계인 수열이라 하자.

$$\limsup_{n\to\infty} x_n = L$$

가 되는 필요충분 조건은 임의의 $\epsilon > 0$에 대하여

$$n \geq N \Rightarrow x_n < L + \epsilon$$

을 만족하는 양의 정수 N이 존재하고 $L - \epsilon < x_n$을 만족하는 무한히 많은 양의 정수 n이 존재하는 것이다.

증명 ($\Rightarrow$): $\limsup_{n\to\infty} x_n = L$라 하자. 즉 L을 x_n의 모든 크러스터 포인트들의 집합의 최소 상계라 하자. $\epsilon > 0$이 주어졌다 하자. 정리 2.2.3에 의하면 $L - \frac{\epsilon}{2} < x$를 만족하는 크러스터 포인트 x가 존재한다. x가 크러스터 포인트이므로 무한히 많은 n에 의하여 $|x_n - x| < \frac{\epsilon}{2}$이다. 그러므로 무한히 많은 n에 의하여

$$L - \epsilon < x - \frac{\epsilon}{2} < x_n$$

이다. 얻고자 하는 결론 "임의의 $\epsilon > 0$에 대하여 $n \geq N \Rightarrow x_n < L + \epsilon$을 만족하는 양의 정수 N이 존재한다"의 부정문은 "$x_n \geq L + \epsilon$을 만족하는 $\epsilon > 0$과 무한히 많은 n이 존재한다" 이다. $x_n \geq L+\epsilon$을 만족하는 $\epsilon > 0$과 무한히 많은 n이 존재한다라 가정하자. 그러면 $x_{n_k} \geq L + \epsilon$을 만족하는 부분수열 x_{n_k}이 존재한다. x_n이 위로 유계이므로 x_{n_k}은 유계이다. 정리 2.2.14에 의하여 부분수열 x_{n_k}가 x로 수렴하는 부분-부분수열을 갖는다. 그러므로 x는 $x \geq L + \epsilon$인 크러스터 포인트가 된다. 이것이 L이 x_n의 모든 크러스터

포인트들의 집합의 최소 상계이라는 것과 모순이 일어난다. 그러므로 모든 $\epsilon > 0$에 대하여 $n \geq N \Rightarrow x_n < L + \epsilon$을 만족하는 양의 정수 N이 존재한다

($\Leftarrow$) $\epsilon > 0$이 주어졌다 하자. 전제에 의하여 $n \geq N \Rightarrow x_n < L + \epsilon$을 만족하는 양의 정수 N이 존재하고 $L - \epsilon < x_n$을 만족하는 무한히 많은 양의 정수 n이 존재한다. 그러므로 L이 x_n의 크러스터 포인트이다. p를 수열 x_n의 임의의 크러스터 포인트라 하자. 그러면 무한히 많은 n에 대하여 $|x_n - p| < \epsilon$이 성립된다. N이 유한수이므로 $|x_k - p| < \epsilon$을 만족하는 $k > N$이 존재한다. 따라서 $x_k > p - \epsilon$을 만족하는 $k > N$이 존재한다. 그러므로 $p - \epsilon < x_k < L + \epsilon$이다. 즉, 임의의 $\epsilon > 0$에 대하여 $p < L + 2\epsilon$이다. $p > L$이라 가정하자. $\epsilon = \frac{p-L}{2}$라 하면 $p < L + (p - L)$이 된다. 이는 모순이므로 $L \geq p$이다. 따라서 $L = \limsup_{n\to\infty} x_n$이다.

정리 2.3.4 x_n을 $\mathbb{R}$에 있는 아래로 유계인 수열이라 하자.

$$\liminf_{n\to\infty} x_n = L$$

가 되는 필요충분 조건은 임의의 $\epsilon > 0$에 대하여

$$n \geq N \Rightarrow x_n > L - \epsilon$$

을 만족하는 양의 정수 N이 존재하고 $L + \epsilon > x_n$을 만족하는 무한히 많은 양의 정수 n이 존재하는 것이다.

증명 정리 2.3.3의 증명과 유사하다.

정리 2.3.3과 정리 2.3.4는 수열 x_n의 상극한과 하극한을 규명하는 정리들로 정의 2.1.3에서 정의된 수열 x_n의 극한과 어떻게 다른지 보여주고 있다.

다음 정리 2.3.5는 수렴하는 점과 크러스터 포인트의 연관성을 규명하는 중요 정리이다.

정리 2.3.5 x_n을 $\mathbb{R}$에 있는 수열이라 하자. $x_n \to x$가 되는 필요충분 조건은 x_n이 유계이고 x가 수열 x_n의 유일한 크러스터 포인트인 것이다.

증명 ($\Rightarrow$): 정리 2.1.9에 의하여 x_n이 유계이다. 정리 2.1.13에 의하여 x_n의 모든 부분수열이 x로 수렴한다. 정리 2.1.16에 의하면 x가 x_n의 유일한 크러스터 포인트이다.

($\Leftarrow$) 수열 x_n이 유계이고 x가 수열 x_n의 유일한 크러스터 포인트라 하자. x_n이 x로 수렴하지 않는다 가정하자. 정리 2.1.12에 의하면 모든 양의 정수 n에 대하여 $|x_{n_r} - x| \geq \epsilon$을 만족하는 $\epsilon > 0$과 부분수열 x_{n_r}이 존재한다. x_{n_r}이 유계이므로 정리 2.2.14에 의하여 부분수열 x_{n_r}이 수렴하는 부분-부분수열을 갖는다. 정리 2.1.16에 의하면 부분수열 x_{n_r}의 부분-부분수열이 수렴하는 점은 크러스터 포인트이다. 앞의 식에 의하면 부분수열 x_{n_r}의 부분-부분수열이 수렴하는 점은 x가 아니다. 즉, 수열 x_n이 x아닌 크러스터 포인트를 갖는다. 이것이 x가 수열 x_n의 유일한 크러스터 포인트라는 전제와 모순이 된다. 그러므로 x_n이 x로 수렴한다.

정리 2.3.6 x_n과 y_n을 $\mathbb{R}$에 있는 유계인 수열이라 하고 모든 양의 정수 n에 대하여 $x_n \le y_n$이라 하자. 그러면 다음이 성립한다.

$$\lim_{n\to\infty}\sup\ x_n \le \lim_{n\to\infty}\sup y_n$$

$$\lim_{n\to\infty}\inf\ x_n \le \lim_{n\to\infty}\inf y_n$$

증명 p를 수열 x_n의 임의의 클러스터 포인트라 하자. 그러면 정리 2.1.16에 의하여 $x_{n_k} \to p$인 x_n의 부분수열 x_{n_k}가 존재한다. 또한 y_{n_k}는 y_n의 부분수열으로서 유계이다. 정리 2.2.14에 의하면 y_{n_k}는 수렴하는 부분-부분 수열 $y_{n_{k_j}}$를 갖는다. x_{n_k}가 p로 수렴하므로 정리 2.1.5에 의하여 $x_{n_{k_j}}$도 p로 수렴한다. $x_{n_{k_j}} \le y_{n_{k_j}}$이고 $x_{n_{k_j}}$와 $y_{n_{k_j}}$가 모두 수렴하므로 $\lim_{j\to\infty} x_{n_{k_j}} \le \lim_{j\to\infty} y_{n_{k_j}}$이다. 정리 2.3.5에 의하여 $\lim_{j\to\infty} y_{n_{k_j}} = \lim_{j\to\infty}\sup\ y_{n_{k_j}}$이다. 그러므로

$$p = \lim_{j\to\infty} x_{n_{k_j}} \le \lim_{j\to\infty} y_{n_{k_j}} = \lim_{j\to\infty}\sup\ y_{n_{k_j}} \le \lim_{n\to\infty}\sup y_n$$

이다. 그러므로 $\lim_{n\to\infty}\sup\ x_n \le \lim_{n\to\infty}\sup y_n$이다.
같은 방법으로 $\lim_{n\to\infty}\inf\ x_n \le \lim_{n\to\infty}\inf y_n$도 보일 수 있다.

다음의 정리 2.3.7에서는 앞에서 증명한 정리 2.3.3, 정리 2.3.5, 정리 2.3.6등을 이용하여 "정의 2.3.1과 정의 2.3.2이 정리 2.3.7과 동치"라는 것을 증명한다. 그러므로 정리 2.3.7에서 정의된 것을 $\lim_{n\to\infty}\sup\ x_n$과 $\lim_{n\to\infty}\inf\ x_n$의 정의로 해도 된다. 실제로 정리 2.3.7을 $\lim_{n\to\infty}\sup\ x_n$과 $\lim_{n\to\infty}\inf\ x_n$의 정의로 한 책들이 많이 있다.

정리 2.3.7 x_n을 $\mathbb{R}$에 있는 유계인 수열이라 하고 $S_n = \{x_n, x_{n+1}, x_{n+2}, \dots\}$, $b_n = \sup\,(S_n)$, $a_n = \inf\,(S_n)$이라 하자. 그러면

$$\limsup_{n\to\infty}\ x_n = \lim_{n\to\infty}\ b_n = \inf\,\{b_1, b_2, \dots\}$$

$$\liminf_{n\to\infty}\ x_n = \lim_{n\to\infty}\ a_n = \sup\,\{a_1, a_2, \dots\}$$

가 성립한다.

증명 모든 양의 정수 n에 대하여 $x_n \le b_n$이므로 정리 2.3.6에 의하면

$$\limsup_{n\to\infty} x_n \le \limsup_{n\to\infty}\ b_n$$

이다. b_n이 단조 감소 수열이고 유계이므로 b_n이 수렴하고

$$\lim_{n\to\infty} b_n = \inf\,\{b_1, b_2, \dots\}$$

이다. 정리 2.3.5에 의하여 $\limsup\limits_{n\to\infty}\ b_n = \lim\limits_{n\to\infty}\ b_n$이다. 그러므로

$$\limsup_{n\to\infty}\ x_n \le \lim_{n\to\infty}\ b_n = \inf\,\{b_1, b_2, \dots\}$$

이다. $\epsilon > 0$이 주어졌다 하자. 정리 2.3.3에 의하면

$$n \ge N \Rightarrow x_n < \limsup_{n\to\infty}\ x_n + \epsilon$$

을 만족하는 N이 존재한다. 그러므로 $n \ge N$에 대하여

$$b_n < \limsup_{n\to\infty}\ x_n + \epsilon$$

이다. 즉 임의의 $\epsilon > 0$에 대하여 $\lim\limits_{n\to\infty}\ b_n < \limsup\limits_{n\to\infty}\ x_n + \epsilon$이므로

$$\lim_{n\to\infty} b_n \le \limsup_{n\to\infty}\ x_n$$

이다. 그러므로 $\limsup\limits_{n\to\infty}\ x_n = \lim\limits_{n\to\infty}\ b_n = \inf\,\{b_1, b_2, \dots\}$이다.

정리 2.3.8 x_n을 $\mathbb{R}$에 있는 수열이라 하자. 그러면 $x_n \to x$일 필요충분 조건은 $\lim_{n\to\infty} \sup\ x_n = \lim_{n\to\infty} \inf\ x_n = x$ 이다.

증명 ($\Rightarrow$) $\epsilon > 0$이 주어졌다 하자. $S_n = \{x_n, x_{n+1}, x_{n+2}, \ldots\}$, $b_n = \sup\ (S_n)$, $a_n = \inf\ (S_n)$이라 하자. $x_n \to x$이므로

$$n \geq K \Rightarrow x - \epsilon < x_n < x + \epsilon$$

을 만족하는 양의 정수 K가 존재한다. $b_n = \sup\ (S_n)$이므로

$$n \geq K \Rightarrow x - \epsilon \leq b_n \leq x + \epsilon$$

을 만족하는 양의 정수 K가 존재한다. $a_n = \inf\ (S_n)$이므로

$$n \geq K \Rightarrow x - \epsilon \leq a_n \leq x + \epsilon$$

을 만족하는 양의 정수 K가 존재한다. 따라서

$$\lim_{n\to\infty} \sup x_n = \lim_{n\to\infty} \inf x_n$$

이다. 다른 간접 증명 방법으로는 정리 2.3.5에 의하여 x가 x_n의 유일한 크러스터 포인트이므로 정의 2.3.1과 2.3.2에 의하여 $\lim_{n\to\infty} \sup x_n = \lim_{n\to\infty} \inf x_n$이다.

($\Leftarrow$) $x = \lim_{n\to\infty} a_n = \lim_{n\to\infty} b_n$라 하자. $\epsilon > 0$이 주어졌다 하자. 그러면

$$n \geq N_1 \Rightarrow x - \epsilon < a_n < x + \epsilon$$

을 만족하는 N_1이 존재하고

$$n \geq N_2 \Rightarrow x - \epsilon < b_n < x + \epsilon$$

을 만족하는 N_2가 존재한다. 그러므로

$$n \geq N_1 \Rightarrow x - \epsilon < x_n$$

을 만족하는 N_1이 존재하고

$$n \geq N_2 \Rightarrow x_n < x + \epsilon$$

을 만족하는 N_2가 존재한다. $N = \max(N_1, N_2)$라 하자. 그러면

$$n \geq N \Rightarrow x - \epsilon < x_n < x + \epsilon$$

을 만족하는 N이 존재한다. 따라서 $x_n \to x$이다.

다른 간접 증명 방법으로 $\epsilon > 0$이 주어졌다 하자. 정리 2.3.3에 의하면

$$n \geq N_1 \Rightarrow x_n < x + \epsilon$$

을 만족하는 N_1이 존재한다. 정리 2.3.4에 의하면

$$n \geq N_2 \Rightarrow x_n > x - \epsilon$$

을 만족하는 N_2가 존재한다. $N = \max(N_1, N_2)$라 하자. 그러면

$$n \geq N \Rightarrow x - \epsilon < x_n < x + \epsilon$$

을 만족하는 N이 존재한다. 따라서 $x_n \to x$이다.

2.3 연습 문제

1. $\lim_{n\to\infty} \sup\, (-1)^n$을 구하여라.

2.
$$x_n = (-1)^n(1 + \frac{1}{n})$$
이라 하자. $\lim_{n\to\infty} \inf x_n$을 구하여라.

3.
$$x_n = 3 - (-1)^n(1 + \frac{1}{n})$$
이라 하자. $\lim_{n\to\infty} \sup x_n$을 구하여라.

4. 실수열 x_n과 y_n이 유계라고 하자.
$$\lim_{n\to\infty} \sup\, (x_n + y_n) \le \lim_{n\to\infty} \sup\; x_n + \lim_{n\to\infty} \sup\; y_n$$
을 증명하라.

5. x_n이 유계인 실수열일 때
$$\lim_{n\to\infty} \sup\; x_n = -\lim_{n\to\infty} \inf\, (-x_n)$$
임을 증명하라.

6. $x_n \in [1, 2] \subseteq \mathbb{R}$을 수렴하지 않는 수열이라 하자. B를 x_n의 부분 수열이 수렴하는 점들로 구성되는 집합이라 하자. B가 적어도 2 개의 원소를 갖는 집합임을 보여라.

제 2.4 절 코시 수열

정의 2.4.1 x_n을 $\mathbb{R}$에 있는 수열이라 하자. 임의의 $\epsilon > 0$에 대하여

$$n, m \geq N \Rightarrow |x_n - x_m| < \epsilon$$

을 만족하는 양의 정수 N이 존재할 때 x_n을 **코시수열(Cauchy sequence)** 라 한다.

정리 2.4.2 $\mathbb{R}$에 있는 모든 수렴하는 수열은 코시수열이다.

증명 x_n을 수렴하는 수열이라 하자. $\epsilon > 0$이 주어졌다 하자. x_n이 수렴하므로

$$n \geq N \Rightarrow |x_n - x| < \frac{\epsilon}{2}$$

를 만족하는 양의 정수 N이 존재한다. 그러므로

$$n, m \geq N \Rightarrow |x_n - x_m| = |x_n - x + x - x_m|$$

$$\leq |x_n - x| + |x - x_m| < \frac{\epsilon}{2} + \frac{\epsilon}{2} = \epsilon$$

을 만족하는 양의 정수 N이 존재한다. 즉, 임의의 $\epsilon > 0$에 대하여

$$n, m \geq N \Rightarrow |x_n - x_m| < \epsilon$$

을 만족하는 양의 정수 N이 존재한다. 따라서 $\mathbb{R}$에 있는 수렴하는 수열 x_n이 코시 수열이다.

정리 2.4.3 $\mathbb{R}$에 있는 모든 코시수열은 유계(bounded)이다.

증명 x_n을 코시수열이라 하자. 그러면

$$n, m \geq N \Rightarrow |x_n - x_m| < 1$$

을 만족하는 양의 정수 N이 존재한다.

$$|x_n| = |(x_n - x_N) + x_N| \leq |x_n - x_N| + |x_N|$$

로부터 $|x_n| - |x_N| \leq |x_n - x_N|$이다. 그러므로 $n \geq N$에 대하여

$$|x_n| - |x_N| < 1$$

이다. 즉, $n \geq N$에 대하여

$$|x_n| < |x_N| + 1$$

이다.

$$M = \max\{|x_1|, |x_2|, \ldots, |x_{N-1}|, |x_N| + 1\}$$

이라 하자. 그러면 M은 유한 수이고 모든 n에 대하여

$$|x_n| \leq M$$

이다. 따라서 코시 수열 x_n이 유계이다.

다음 정리 2.4.4는 $\mathbb{R}$이 완비 공간이라는 것을 증명하는데 주요 역할을 하는 정리이다.

정리 2.4.4 코시수열 x_n의 부분수열이 x로 수렴하면 코시수열 x_n도 x로 수렴한다.

증명 $\epsilon > 0$이 주어졌다 하자. x_n이 코시수열이므로

$$n, m \geq N_1 \Rightarrow |x_n - x_m| < \frac{\epsilon}{2}$$

을 만족하는 양의 정수 N_1이 존재한다. x_{n_k}이 수렴하므로

$$k \geq N_2 \Rightarrow |x_{n_k} - x| < \frac{\epsilon}{2}$$

을 만족하는 양의 정수 N_2가 존재한다. $L = \max\,(N_1, N_2)$라 하자. 그러면

$$|x_{n_L} - x| < \frac{\epsilon}{2}$$

이다. $n_L \geq L \geq N_1$이므로

$$n \geq N_1 \Rightarrow |x_n - x| \leq |x_n - x_{n_L}| + |x_{n_L} - x| < \frac{\epsilon}{2} + \frac{\epsilon}{2} = \epsilon$$

을 만족하는 양의 정수 N_1이 존재한다.

정리 2.4.5 $\mathbb{R}$에 있는 모든 코시수열은 $\mathbb{R}$내의 한 원소로 수렴한다.

증명 정리 2.4.3에 의해 코시 수열은 유계이다. 정리 2.2.14에 의하여 코시 수열은 수렴하는 부분수열을 갖는다. 정리 2.4.4에 의하여 코시수열은 $\mathbb{R}$내의 한 원소로 수렴한다.

정의 2.4.6 X를 공간(space)이라 하자. X 안의 모든 코시수열이 수렴하면 X를 **완비공간(complete space)**이라 한다.

위의 정리 2.4.5와 정의 2.4.6에 의하여 $\mathbb{R}$은 완비 공간이다.

예제 2.4.1 $x_n \in \mathbb{R}$과 $y_n \in \mathbb{R}$을 코시 수열이라 할 때 $|x_n - y_n|$가 코시 수열인 것을 증명하라.

증명 :

$$|X| = |X - Y + Y| \leq |X - Y| + |Y|$$

이므로 $|X| - |Y| \leq |X - Y|$이다.

$$|Y| = |Y - X + X| \leq |X - Y| + |X|$$

이므로 $|Y| - |X| \leq |X - Y|$이다. 즉, $||X| - |Y|| \leq |X - Y|$이다. 따라서

$$||x_n - y_n| - |x_m - y_m|| \leq |(x_n - y_n) - (x_m - y_m)| \leq |x_n - x_m| + |y_n - y_m|$$

이다. $\epsilon > 0$이 주어졌다 하자. x_n이 코시수열이므로

$$n, m \geq K_1 \Rightarrow |x_n - x_m| < \frac{\epsilon}{2}$$

를 만족하는 양의 정수 K_1이 존재한다. y_n이 코시수열이므로

$$n, m \geq K_2 \Rightarrow |x_n - x_m| < \frac{\epsilon}{2}$$

를 만족하는 양의 정수 K_2이 존재한다. $K = \max(K_1, K_2)$라 하자. 그러면

$$n, m \geq K \Rightarrow ||x_n - y_n| - |x_m - y_m|| < \epsilon$$

를 만족하는 양의 정수 K가 존재한다.

예제 2.4.2 $x_n \in \mathbb{R}$을 수열이라 하자.

$$\lim_{n\to\infty} |x_n - x_{n+1}| = 0$$

일 때 x_n이 코시수열인지 또는 아닌지 판별하라.

풀이 : 코시 수열이 아니다. 다음과 같은 반례(counterexample)가 있다.

$$x_n = \sum_{k=1}^{n} \frac{1}{k}$$

라 하면 x_n은 하모닉 수열이 되어 발산하므로 코시 수열이 아니고

$$\lim_{n\to\infty} |x_n - x_{n+1}| = \lim_{n\to\infty} \frac{1}{n+1} = 0$$

이다.

연습 문제 2.4

1. 실수열 x_n과 y_n이 코시수열이면 $x_n + y_n$도 코시수열임을 증명하라.

2. 실수열 x_n이 코시수열이고 k를 상수라 할 때 kx_n이 코시수열임을 증명하라.

3. x_n을 코시수열이라 하자. 모든 $\epsilon > 0$에 대하여

   $$|x_n| < \epsilon$$

   을 만족하는 $n > \frac{1}{\epsilon}$이 존재한다고 할 때 코시 수열 x_n이 0으로 수렴함을 증명하라.

4.

$$x_n = \frac{n+1}{n}$$

이 코시 수열인 것을 증명하라.

5. $x_n \in \mathbb{R}$을 유계이고 단조 증가 수열이라 할 때 x_n이 코시 수열임을 증명하라.

제 3 장

내적 공간과 놈 공간

내적 공간은 직교 측정 함수, 즉, 내적(inner product)을 갖는 벡터 공간이고 놈 공간은 길이 측정 함수, 즉, 놈(norm)을 갖는 벡터 공간이다. 우리가 주로 다루는 $\mathbb{R}^n$ 공간은 간단하면서도 대표적인 내적 공간인 동시에 놈 공간이다. 3장에서는 내적 공간과 놈 공간을 정의하고 이 들의 예와 성질을 설명한다.

제 3.1 절 내적 공간

정의 3.1.1 $\{(x_1,\ldots,x_n) : x_1,\ldots,x_n \in \mathbb{R}\}$을 **유크리디안** n **공간(Euclidean n-space)**이라 하고 $\mathbb{R}^n$으로 나타낸다.

정의 3.1.2 F를 체(field)라하고 V를 공집합이 아닌 집합이라 하자. 모든 $v, w \in V$에 대하여 $v+w \in V$가 되는 벡터덧셈(vectoa addition) $+ : V\times V \to V$과 모든 $v \in V$와 모든 $\alpha \in F$에 대하여 $\alpha \cdot v \in V$가 되는 스케일러 곱(scaler multiplication) $\cdot : F \times V \to V$이 있다 하자. V가 아래 8 개의 성질을 만족하면 V를 F에서의 **벡터 공간(vector space)**이라고 한다.

(1) 모든 $v, w \in V$에 대하여 $v + w = w + v$.

(2) 모든 $u, v, w \in V$에 대하여 $(u + v) + w = u + (v + w)$.

(3) 모든 $v \in V$에 대하여 $v + 0 = v$를 만족하는 영벡터(zero vector) $0 \in V$가 존재한다.

(4) 모든 $v \in V$에 대하여 $v + (-v) = 0$를 만족하는 벡터 $-v \in V$가 존재한다.

(5) 모든 $\alpha \in F$과 모든 $v, w \in V$에 대하여 $\alpha \cdot (v + w) = \alpha \cdot v + \alpha \cdot w$.

(6) 모든 $\alpha, \beta \in F$과 모든 $v \in V$에 대하여 $\alpha \cdot (\beta \cdot v) = (\alpha\beta) \cdot v$.

(7) 모든 $\alpha, \beta \in F$과 모든 $v \in V$에 대하여 $(\alpha + \beta) \cdot v = \alpha \cdot v + \beta \cdot v$.

(8) 모든 $v \in V$에 대하여 $1 \cdot v = v$.

$\mathbb{R}$에서의 벡터 공간을 **실벡터 공간(real vector space)**이라 한다.

정의 3.1.3 V를 실벡터 공간이라 하자. 아래의 5 개의 성질을 만족하는 함수 $\langle \cdot, \cdot \rangle : V \times V \to \mathbb{R}$를 V에서의 **내적(inner product)**이라 한다.

(1) 모든 $v \in V$에 대하여 $\langle v, v \rangle \geq 0$

(2) 모든 $v \in V$에 대하여 $\langle v, v \rangle = 0$ iff $v = 0$

(3) 모든 $v, w \in V$와 $\alpha \in \mathbb{R}$에 대하여 $\langle \alpha v, w \rangle = \alpha \langle v, w \rangle$

(4) 모든 $u, v, w \in V$에 대하여 $\langle v, u + w \rangle = \langle v, u \rangle + \langle v, w \rangle$

(5) 모든 $v, w \in V$에 대하여 $\langle v, w \rangle = \langle w, v \rangle$

이 때 $(V, \langle \cdot, \cdot \rangle)$를 **내적공간(inner product space)**이라 한다.

정리 3.1.4 (코시 슈바르츠 부등식(Cauchy-Schwarz Inequaity)) $(V, \langle \cdot, \cdot \rangle)$를 내적공간이라 하자. 그러면 모든 $x, y \in V$에 대하여 다음이 성립한다.

$$|\langle x, y \rangle| \leq \sqrt{\langle x, x \rangle} \sqrt{\langle y, y \rangle}.$$

증명 $x = 0$ 또는 $y = 0$이면 $\langle x, y \rangle = 0$이 되어 증명된다.

$x \neq 0$이고 $y \neq 0$라 가정하자. 정의 3.1.3에 의하여 $\langle x, x \rangle > 0$, $\langle y, y \rangle > 0$이다.

$$\langle \alpha x + y, \alpha x + y \rangle = \alpha^2 \langle x, x \rangle + \alpha \langle x, y \rangle + \alpha \langle y, x \rangle + \langle y, y \rangle = \langle x, x \rangle \alpha^2 + 2 \langle x, y \rangle \alpha + \langle y, y \rangle$$

이고 $\langle \alpha x + y, \alpha x + y \rangle \geq 0$이므로 모든 α에 대하여

$$\langle x, x \rangle \alpha^2 + 2 \langle x, y \rangle \alpha + \langle y, y \rangle \geq 0$$

이다. 그러므로 $\langle x, y \rangle^2 - \langle x, x \rangle \langle y, y \rangle \leq 0$이다. 즉, $\langle x, x \rangle \langle y, y \rangle \geq |\langle x, y \rangle|^2$이다.

따라서 $|\langle x, y \rangle| \leq \sqrt{\langle x, x \rangle} \sqrt{\langle y, y \rangle}$ 이다.

예제 3.1.1 x_k와 y_k를 $x_k \to x$와 $y_k \to y$를 만족하는 실수열이라 할 때 $\langle x_k, y_k\rangle \to \langle x, y\rangle$를 증명하라.

풀이 : $\epsilon > 0$이 주어졌다 하자.

$$|\langle x_k, y_k\rangle - \langle x, y\rangle| = |\langle x_k, y_k\rangle - \langle x, y_k\rangle + \langle x, y_k\rangle - \langle x, y\rangle|$$

$$\leq |\langle x_k - x, y_k\rangle| + |\langle x, y_k - y\rangle| \leq |x_k - x||y_k| + |x||y_k - y|$$

이다. $y_k \to y$이므로

$$k \geq N_1 \Rightarrow |y_k - y| < 1$$

을 만족하는 양의 정수 N_1이 존재한다. 그러므로

$$k \geq N_1 \Rightarrow |y_k| < |y| + 1$$

을 만족하는 양의 정수 N_1이 존재한다. $x_k \to x$이므로

$$k \geq N_2 \Rightarrow |x_k - x| < \frac{\epsilon}{2(|y| + 1)}$$

을 만족하는 양의 정수 N_2가 존재한다. $y_k \to y$이므로

$$k \geq N_3 \Rightarrow |y_k - y| < \frac{\epsilon}{2(|x| + 1)}$$

을 만족하는 양의 정수 N_3가 존재한다. $N = \max(N_1, N_2, N_3)$라 하자. 그러면

$$k \geq N \Rightarrow |\langle x_k, y_k\rangle - \langle x, y\rangle| < \epsilon$$

을 만족하는 양의 정수 N이 존재한다.

연습 문제 3.1

1. $C([a,b])$를 구간 $[a,b]$ 위에 정의된 모든 연속 함수들의 집합이라 하자.

   $f,g \in C([a,b])$에 대하여

$$\langle f,g\rangle = \int_a^b f(x)g(x)\ dx$$

   로 정의하자. 이 때 $\langle\ \cdot\ \rangle$이 내적임을 증명하라.

2. $x=(x_1,x_2,\ldots,x_n),\ y=(y_1,y_2,\ldots,y_n)\in\mathbb{R}^n$이라 하고

   함수 $\langle\cdot,\cdot\rangle:\mathbb{R}^n\times\mathbb{R}^n\to\mathbb{R}$를

$$\langle x,y\rangle = x_1y_1+x_2y_2+\cdots+x_ny_n$$

   으로 정의하자. $(\mathbb{R}^n,\langle\cdot,\cdot\rangle)$이 내적 공간인 것을 증명하라.

제 3.2 절 놈 공간

정의 3.2.1 V를 벡터 공간이라 하자. 아래의 4 개의 성질을 만족하는 함수 $\|\cdot\|:V\to\mathbb{R}$를 **놈(norm)**이라 한다.

(1) 모든 $x\in V$에 대하여 $\|x\|\geq 0$.

(2) 모든 $x\in V$에 대하여 $\|x\|=0$ iff $v=0$.

(3) 모든 $x\in V$와 $\alpha\in R$에 대하여 $\|\alpha x\|=|\alpha|\|x\|$.

(4) 모든 $x,y\in V$에 대하여 $\|x+y\|\leq\|x\|+\|y\|$.

$(V,\|\cdot\|)$를 **놈 공간(normed space)**이라 한다.

예제 3.2.1 : 함수 $\|\cdot\| : \mathbb{R} \to \mathbb{R}$를 $\|x\| = |x|$로 정의하자. 그러면 $(\mathbb{R}, \|\cdot\|)$는 놈 공간이다.

풀이: (1) $\|x\| = |x| \geq 0$

(2) $\|x\| = 0$ iff $|x| = 0$ iff $x = 0$.

(3) $\|\alpha x\| = |\alpha x| = |\alpha||x| = |\alpha|\|x\|$.

(4) $\|x + y\| = |x + y| \leq |x| + |y| = \|x\| + \|y\|$이다.

그러므로 $(\mathbb{R}, \|\cdot\|)$가 놈 공간이다.

정리 3.2.2 $(V, \langle\cdot,\cdot\rangle)$를 내적공간이라 하자. 함수 $\|\cdot\| : V \to \mathbb{R}$를 $\|x\| = \sqrt{\langle x, x\rangle}$로 정의하자. 그러면 $\|\cdot\|$는 놈이다.

증명 (1) $\|x\| = \sqrt{\langle x, x\rangle} \geq 0$

(2) $\|x\| = 0$ iff $\sqrt{\langle x, x\rangle} = 0$ iff $x = 0$.

(3) $\|\alpha x\| = \sqrt{\langle \alpha x, \alpha x\rangle} = \sqrt{\alpha^2\langle x, x\rangle} = |\alpha|\sqrt{\langle x, x\rangle} = |\alpha|\|x\|$.

(4) 코시-슈바르츠 부등식에 의하여

$$|\langle x, y\rangle| \leq \sqrt{\langle x, x\rangle}\sqrt{\langle y, y\rangle} = \|x\|\ \|y\|$$

이다. 그러므로

$$\|x + y\|^2 = \langle x + y, x + y\rangle = \langle x, x\rangle + \langle x, y\rangle + \langle y, x\rangle + \langle y, y\rangle$$

$$= \|x\|^2 + 2\langle x, y\rangle + \|y\|^2 \leq \|x\|^2 + 2\|x\|\|y\| + \|y\|^2$$

이다. 그러므로 $\|x + y\| \leq \|x\| + \|y\|$이다.

예제 3.2.2 : V를 벡터 공간이라 하고 $\|\cdot\|_1$와 $\|\cdot\|_2$를 각각 V에서의 놈이라 하자. $\|\cdot\| : V \times V \to R$를 $\|\cdot\| = \|\cdot\|_1 + \|\cdot\|_2$로 정의하자. $(V, \|\cdot\|)$가 놈 공간인 것을 증명하라.

풀이 : (1) $\|x\| = \|x\|_1 + \|x\|_2 \geq 0$

(2) $\|x\| = 0 \Leftrightarrow \|x\|_1 + \|x\|_2 = 0 \Leftrightarrow \|x\|_1 = 0 \ and \ \|x\|_2 = 0 \Leftrightarrow x = 0$

(3) $\|kx\| = \|kx\|_1 + \|kx\|_2 = |k|(\|x\|_1 + \|x\|_2) = |k| \ \|x\|$

(4) $\|x+y\| = \|x+y\|_1 + \|x+y\|_2 \leq \|x\|_1 + \|y\|_1 + \|x\|_2 + \|y\|_2 = \|x\| + \|y\|$

예제 3.2.3 : $x, y \in \mathbb{R}^2$이라 하자. $\|x+y\| = \|x\| + \|y\|$일 때 x와 y는 원점을 지나는 동일 직선 위에 있음을 보여라.

풀이 : $(\|x+y\|)^2 = (\|x\| + \|y\|)^2$로부터

$$\|x\|^2 + \|y\|^2 + 2\langle x, y\rangle = \|x\|^2 + \|y\|^2 + 2\|x\| \ \|y\|$$

이다. 즉, $\langle x, y\rangle = \|x\| \ \|y\|$이다. $x = (x_1, x_2) \in \mathbb{R}^2, y = (y_1, y_2) \in \mathbb{R}^2$라 하면 $x_1y_1 + x_2y_2 = \sqrt{x_1^2 + x_2^2}\sqrt{y_1^2 + y_2^2}$이므로

$$(x_1y_1 + x_2y_2)^2 = (x_1^2 + x_2^2)(y_1^2 + y_2^2)$$

이다. 즉, $(x_1y_2 - x_2y_1)^2 = 0$이다. 그러므로

$$\frac{x_2}{x_1} = \frac{y_2}{y_1}$$

가 되어 x와 y는 원점을 지나는 동일 직선 위에 있다.

예제 3.2.4 $x = (x_1, x_2, \ldots, x_n),\ y = (y_1, y_2, \ldots, y_n) \in \mathbb{R}^n$이라 하자. 함수 $\|\cdot\| : \mathbb{R}^n \to \mathbb{R}$를

$$\|x\| = \sqrt{x_1^2 + x_2^2 + \cdots + x_n^2}$$

으로 정의하자. 그러면 $(\mathbb{R}^n, \|\cdot\|)$는 놈 공간이다.

증명 (1) $\|x\| = \sqrt{x_1^2 + x_2^2 + \cdots + x_n^2} \geq 0$.

(2) $\|x\| = 0$ iff $\sqrt{x_1^2 + x_2^2 + \cdots + x_n^2} = 0$ iff $x_1 = x_2 = \cdots = x_n = 0$ iff $x = 0$.

(3) $\|\alpha x\| = \sqrt{(\alpha x_1)^2 + (\alpha x_2)^2 + \cdots + (\alpha x_n)^2} = |\alpha| \sqrt{x_1^2 + x_2^2 + \cdots + x_n^2}$

$= |\alpha| \|x\|$.

(4) 정리 3.2.2에 의하여

$$\|x + y\| \leq \|x\| + \|y\|$$

이다. 그러므로 $(\mathbb{R}^n, \|\cdot\|)$가 놈 공간이다.

정의 3.2.3 $(V, \|\cdot\|)$를 놈 공간(normed space)이라 하고 v_k를 V에 있는 수열이라 하자. 임의의 $\epsilon > 0$ 대하여

$$k \geq N \to \|v_k - v\| < \epsilon$$

을 만족하는 양의 정수 N이 존재하면 수열 v_n이 v로 **수렴한다**고 한다.

다음 정리 3.2.4는 놈 공간에서의 수렴에 대한 기본 정리로 증명은 정리 2.1.6, 정리 2.1.7, 정리 2.1.10, 정리 2.1.11의 경우와 유사하다. 여기서는 처음 하나만 증명하고 나머지는 생략한다.

정리 3.2.4 x_k와 y_k를 각각 놈 공간(normed space)에 있는 수열이라 하고 α_k를 실 수열이라 하자. $x_k \to x$, $y_k \to y$, $\alpha_k \to \alpha$라 하면 다음이 성립한다.

(1) $x_k + y_k \to x + y$

(2) $\alpha x_k \to \alpha x$

(3) $\alpha_k y_k \to \alpha y$

(4) $\frac{x_k}{\alpha_k} \to \frac{x}{\alpha}$, 여기서 $\alpha_k \neq 0$이고 $\alpha \neq 0$이다.

증명 (1) 임의의 $\epsilon > 0$이 주어졌다 하자. x_k가 x로 수렴하므로

$$k \geq N_1 \Rightarrow \|x - x_k\| < \frac{\epsilon}{2}$$

을 만족하는 양의 정수 N_1이 존재한다. y_k가 y로 수렴하므로

$$k \geq N_2 \Rightarrow \|y - y_k\| < \frac{\epsilon}{2}$$

을 만족하는 양의 정수 N_2이 존재한다. $N = \max\,(N_1, N_2)$이라 하자. 그러면 다음이 성립한다.

$$k \geq N \Rightarrow \|(x_k + y_k) - (x + y)\| = \|(x_k - x) + (y_k - y)\|$$

$$\leq \|x_k - x\| + \|y_k - y\| < \frac{\epsilon}{2} + \frac{\epsilon}{2} = \epsilon.$$

(2), (3), (4)의 증명은 정리 2.1.7, 정리 2.1.10, 정리 2.1.11의 증명과 유사하다.

$x, x_k \in \mathbb{R}^n$이면 $x = (x^{(1)}, x^{(2)}, \ldots, x^{(n)})$과 $x_k = (x_k^{(1)}, x_k^{(2)}, \ldots, x_k^{(n)})$로 나타낼 수 있다. 여기서 $x^{(1)}, x^{(2)}, \ldots, x^{(n)} \in \mathbb{R}$이고 $x_k^{(1)}, x_k^{(2)}, \ldots, x_k^{(n)} \in \mathbb{R}$이다.

정리 3.2.5 $x_k = (x_k^{(1)}, x_k^{(2)}, \ldots, x_k^{(n)}) \in \mathbb{R}^n$, $x = (x^{(1)}, x^{(2)}, \ldots, x^{(n)}) \in \mathbb{R}^n$라 하자. 그러면 $\lim_{k\to\infty} x_k = x$일 필요 충분 조건은

$$\lim_{k\to\infty} x_k^{(1)} = x^{(1)},\ \lim_{k\to\infty} x_k^{(2)} = x^{(2)},\ \ldots,\ \lim_{k\to\infty} x_k^{(n)} = x^{(n)}$$

이다.

증명 $(\Rightarrow)$ $\lim_{k\to\infty} x_k = x$라 하자. $\epsilon > 0$이 주어졌다 하자. 그러면

$$k \geq K \Rightarrow \|x - x_k\| = \sqrt{(x^{(1)} - x_k^{(1)})^2 + (x^{(2)} - x_k^{(2)})^2 + \cdots + (x^{(n)} - x_k^{(n)})^2} < \epsilon$$

을 만족하는 양의 정수 K가 존재한다. 모든 $i = 1, 2, \ldots, n$에 대하여 $|x^{(i)} - x_k^{(i)}| \leq \|x - x_k\|$이므로

$$k \geq K \Rightarrow |x^{(i)} - x_k^{(i)}| < \epsilon$$

을 만족하는 양의 정수 K가 존재한다. 그러므로 모든 $i = 1, 2, \ldots, n$에 대하여 $\lim_{k\to\infty} x_k^{(i)} = x^{(i)}$이다.

$(\Leftarrow)$ 모든 $i = 1, 2, \ldots, n$에 대하여 $\lim_{k\to\infty} x_k^{(i)} = x^{(i)}$라 하자. $\epsilon > 0$이 주어졌다 하자. $\lim_{k\to\infty} x_k^{(1)} = x^{(1)}$이므로

$$k \geq K_1 \Rightarrow |x^{(1)} - x_k^{(1)}| < \frac{\epsilon}{\sqrt{n}}$$

을 만족하는 양의 정수 K_1가 존재한다. $\lim_{k\to\infty} x_k^{(2)} = x^{(2)}$이므로

$$k \geq K_2 \Rightarrow |x^{(2)} - x_k^{(2)}| < \frac{\epsilon}{\sqrt{n}}$$

을 만족하는 양의 정수 K_2가 존재한다. 이과정을 반복하면 $i = n$일 때는 $\lim_{k\to\infty} x_k^{(n)} = x^{(n)}$이므로

$$k \geq K_n \Rightarrow |x^{(n)} - x_k^{(n)}| < \frac{\epsilon}{\sqrt{n}}$$

을 만족하는 양의 정수 K_n가 존재한다. $K = \max(K_1, K_2, \ldots, K_n)$라 하자.

$$\begin{aligned} k \geq K \Rightarrow \|x - x_k\| &= \sqrt{(x^{(1)} - x_k^{(1)})^2 + (x^{(2)} - x_k^{(2)})^2 + \cdots + (x^{(n)} - x_k^{(n)})^2} \\ &\leq \sqrt{n \max((x^{(1)} - x_k^{(1)})^2, \ldots, (x^{(n)} - x_k^{(n)})^2)} \\ &= \sqrt{n} \max(|x^{(1)} - x_k^{(1)}|, \ldots, |x^{(n)} - x_k^{(n)}|) < \sqrt{n}\frac{\epsilon}{\sqrt{n}} = \epsilon \end{aligned}$$

을 만족하는 양의 정수 K가 존재한다.

정의 3.2.6 $(X, \|\cdot\|)$를 놈 공간이라 하고 x_k를 X에 있는 수열이라 하자. 모든 $\epsilon > 0$에 대하여 $k, l \geq N \to \|x_k - x_l\| < \epsilon$을 만족하는 양의 정수 N이 존재하면 x_k를 **코시 수열(Cauchy sequence)**이라 한다. X내에 있는 모든 코시수열이 X내의 한 점으로 수렴하면 X를 **완비 놈공간(complete normed space)** 또는 **바나하 공간(Banach space)**이라 한다.

정리 3.2.7 $(X, \|\cdot\|)$를 놈 공간이라 하자. 수열 $x_k \in X$가 수렴하면 x_k는 유계이다.

증명 $x_k \to x$라 하자. 그러면 $k \geq N \Rightarrow \|x_k - x\| < 1$을 만족하는 양의 정수 N이 존재한다. $M = \max\{\|x_1\|,\ \|x_2\|,\ \ldots\ ,\|x_{N-1}\|,\ \|x\| + 1\}$이라 하자. 그러면 M은 유한 실수이고 모든 n에 대하여 $\|x_n\| \leq M$이다.

정리 3.2.8 x_k를 $\mathbb{R}^n$에 있는 수열이라 하자. $x_k \to x \in \mathbb{R}^n$ 가 될 필요충분조건은 x_k가 코시수열이다.

증명 ($\Rightarrow$) ϵ이 주어졌다 하자. 그러면

$$k \geq N \Rightarrow \|x_k - x\| < \frac{\epsilon}{2}$$

을 만족하는 양의 정수 N이 존재한다. 그러므로

$$k, l \geq N \Rightarrow \|x_k - x_l\| = \|(x_k - x) + (x - x_l)\| \leq \|x_k - x\| + \|x - x_l\| < \frac{\epsilon}{2} + \frac{\epsilon}{2} = \epsilon$$

을 만족하는 양의 정수 N이 존재한다.

($\Leftarrow$) ϵ이 주어졌다 하자. x_k가 코시 수열이므로 $k, l \geq N \Rightarrow \|x_k - x_l\| < \epsilon$을 만족하는 양의 정수 N이 존재한다. $i = 1, 2, \ldots, n$에 대하여

$$|x_k^{(i)} - x_l^{(i)}| \leq \|x_k - x_l\|$$

이므로

$$l, k \geq N \Rightarrow |x_k^{(i)} - x_l^{(i)}| < \epsilon$$

을 만족하는 양의 정수 N이 존재한다. 그러므로 $i = 1, 2, \ldots, n$에 대하여 각 $x_k^{(i)}$가 $\mathbb{R}$에 있는 코시수열이다. 정리 2.4.5에 의하여 $\mathbb{R}$이 완비 공간이므로 $i = 1, 2, \ldots, n$에 대하여 $x_k^{(i)} \to x^{(i)} \in \mathbb{R}$이다. 정리 3.2.5에 의하여

$$x_k = (x_k^{(1)}, x_k^{(2)}, \ldots, x_k^{(n)}) \to (x^{(1)}, x^{(2)}, \ldots, x^{(n)}) = x \in \mathbb{R}^n$$

이다.

연습 문제 3.2

1. 내적 공간에서 $\|x+y\|^2 - \|x-y\|^2 = 4\langle x, y\rangle$를 증명하라.

2. 내적 공간에서 $\|x+y\|^2 + \|x-y\|^2 = 2\|x\|^2 + 2\|y\|^2$를 증명하라.

3. 내적 공간에서 $\|x+y\|\ \|x-y\| \leq \|x\|^2 + \|y\|^2$를 증명하라.

4. $x_k \in \mathbb{R}^n$를 수열이라 하고, $x_k \to x$라 하고, α를 상수라 할 때 $\alpha x_k \to \alpha x$를 증명하라.

제 4 장

무한급수 (Infinite Series)

4장에서는 무한 급수의 수렴을 정의하고, 무한 급수가 수렴하는지 또는 발산하는지를 판단하기 위한 판정법인, p-급수 판정법(p-series test), 비교 판정법(comparison test), 비 판정법(ratio test), 근 판정법(root test), 적분 판정법(integral test), 교대 급수 판정법(alternating series test) 등을 증명하고 판정법들을 적용하는 예들을 들고, 또한 멱급수(power series)의 수렴 반경(radius of convergence)에 대하여 설명한다.

제 4.1 절 무한 급수

정의 4.1.1 $(X, \|\cdot\|)$를 놈 공간이라 하고 x_k를 X에 있는 수열이라 하자.

$$S_n := \sum_{i=1}^{n} x_i$$

를 **n번째 부분합(n-th partial sum)**이라 한다. 수열 S_n이 x로 수렴하면 **무한급수** $\sum_{i=1}^{\infty} x_i$**이** x**로 수렴한다** 하고

$$\sum_{i=1}^{\infty} x_i = x$$

로 나타낸다.

정리 4.1.2 $(X, \|\cdot\|)$를 놈 공간이라 하고 x_k를 X에 있는 수열이라 하자. $\sum_{i=1}^{\infty} x_i$이 수렴하면 x_k가 0으로 수렴한다.

증명 $S_n = \sum_{i=1}^{n} x_i$이라 하면 S_n이 수렴한다. S_n이 t로 수렴한다 하자. 그러면

$$\lim_{k\to\infty} x_k = \lim_{k\to\infty} (S_k - S_{k-1}) = \lim_{k\to\infty} S_k - \lim_{k\to\infty} S_{k-1} = t - t = 0$$

이다.

정리 4.1.3 $(X, \|\cdot\|)$를 놈 공간이라 하고 x_k를 X에 있는 수열이라 하자. x_k가 0으로 수렴하지 않으면 $\sum_{i=1}^{\infty} x_i$이 발산한다.

증명 정리 4.1.2의 대우이다.

예제 4.1.1 :

$$\sum_{k=1}^{\infty} \frac{k}{k+1}$$

이 수렴하는지 또는 발산하는지 판별하라.

풀이: $\sum_{k=1}^{\infty} \frac{k}{k+1}$로부터 $x_k = \frac{k}{k+1}$가 된다.

$$\lim_{k\to\infty} x_k = \lim_{k\to\infty} \frac{k}{k+1} = 1$$

이다. 정리 4.1.3에 의하여 $\sum_{k=1}^{\infty} \frac{k}{k+1}$이 발산한다.

정리 4.1.4 $a, r \in \mathbb{R}$이라 하고 $a \neq 0$이라 하자.

(1) $|r| < 1$이면

$$\sum_{k=0}^{\infty} ar^k = \frac{a}{1-r}.$$

(2) $|r| \geq 1$이면 $\sum_{k=0}^{\infty} ar^k$는 발산한다.

증명 (1) $|r| < 1$이라하자.

$$S_n = \sum_{k=0}^{n} ar^k = \frac{a(1-r^{n+1})}{1-r}$$

이므로

$$\lim_{n\to\infty} S_n = \lim_{n\to\infty} \frac{a(1-r^{n+1})}{1-r} = \frac{a}{1-r}$$

이다.

(2) $|r| \geq 1$이면 $\lim_{k\to\infty} ar^k \neq 0$ 이므로 정리 4.1.3에 의하여 $\sum_{k=0}^{\infty} ar^k$는 발산한다.

정리 4.1.5 (비교판정법(comparison trst)) $\sum_{k=1}^{\infty} a_k$와 $\sum_{k=1}^{\infty} b_k$를 $\mathbb{R}$에 있는 무한급수라 하자. 모든 양의 정수 k에 대하여 $|a_k| \leq |b_k|$라 하자.

(1) $\sum_{k=1}^{\infty} |b_k|$가 수렴하면 $\sum_{k=1}^{\infty} |a_k|$도 수렴한다.

(2) $\sum_{k=1}^{\infty} |a_k|$가 발산하면 $\sum_{k=1}^{\infty} |b_k|$도 발산한다.

증명 (1) $\sum_{k=1}^{\infty} |b_k|$가 수렴한다고 하자. $S_n = \sum_{k=1}^{n} |a_k|$라 하고 $T_n = \sum_{k=1}^{n} |b_k|$이라 하자. 그러면 수열 $T_n \in \mathbb{R}$이 수렴하므로 T_n은 코시수열이다. 즉, 임의의 $\epsilon > 0$에 대하여

$$l, m \geq N \Rightarrow |T_l - T_m| < \epsilon$$

을 만족하는 양의 정수 N이 존재한다. 모든 양의 정수 k에 대하여 $|a_k| \leq |b_k|$이므로 임의의 $\epsilon > 0$에 대하여

$$l, m \geq N \Rightarrow |S_l - S_m| < \epsilon$$

을 만족하는 양의 정수 N이 존재한다. 즉, $S_n \in \mathbb{R}$은 코시수열이다. $\mathbb{R}$이 완비 공간이고 $S_n \in \mathbb{R}$은 코시수열이므로 S_n이 수렴한다.

(2) $\sum_{k=1}^{\infty} |a_k|$가 발산한다고 전제 하자. $\sum_{k=1}^{\infty} |b_k|$가 수렴한다고 가정하면 위의 증명에 의하여 $\sum_{k=1}^{\infty} |a_k|$가 수렴한다. 모순이 일어나 $\sum_{k=1}^{\infty} |b_k|$가 발산한다.

다음의 p-급수 판정법은 뒤의 8장에 나오는 함수의 균등 수렴을 증명하는데 중요한 역할을 하는 정리이다.

정리 4.1.6 (p-급수 판정법(p-series test)) $\mathbb{R}$에 있는 다음과 같은 무한급수는

$$\sum_{n=1}^{\infty} \frac{1}{n^p}$$

(1) $p > 1$이면 수렴하고

(2) $p \leq 1$이면 발산한다.

증명 (1) $S_k = \frac{1}{1^p} + \frac{1}{2^p} + \cdots + \frac{1}{k^p}$라 하자. 그러면 S_k는 양의 실수의 증가 수열이다.

$$\begin{aligned} S_{2^k-1} &= \frac{1}{1^p} + (\frac{1}{2^p} + \frac{1}{3^p}) + (\frac{1}{4^p} + \cdots + \frac{1}{7^p}) + \cdots + (\frac{1}{(2^{k-1})^p} + \cdots + \frac{1}{(2^k-1)^p}) \\ &\leq \frac{1}{1^p} + \frac{2}{2^p} + \frac{2^2}{4^p} + \cdots + \frac{2^{k-1}}{(2^{k-1})^p} = \frac{1}{1^{p-1}} + \frac{1}{2^{p-1}} + \cdots + \frac{1}{(2^{k-1})^{p-1}} \\ &< \frac{1}{1 - \frac{1}{2^{p-1}}} \end{aligned}$$

이다. 수열 S_k가 $\mathbb{R}$에 있는 위로 상계이고 단조 증가이므로 정리 2.2.7에 의하여 S_k는 수렴한다.

(2) $p \leq 1$이므로 모든 양의 정수 n에 대하여

$$\frac{1}{n^p} \geq \frac{1}{n}$$

이다. 정리 2.2.13에 의하여 $\sum_{n=1}^{\infty} \frac{1}{n}$가 발산한다. 비교판정법에 의하여

$$\sum_{n=1}^{\infty} \frac{1}{n^p}$$

가 발산한다.

정리 4.1.7 (비판정법(ratio test)) $\sum_{k=1}^{\infty} a_k$를 $\mathbb{R}$에 있는 무한급수라 하자.

$$L = \lim_{k\to\infty} \left| \frac{a_{k+1}}{a_k} \right|$$

라 하자.

(1) $L < 1$이면 $\sum_{k=1}^{\infty} |a_k|$가 수렴한다.

(2) $L > 1$이면 $\sum_{k=1}^{\infty} |a_k|$가 발산한다.

(3) $L = 1$이면 판정이 불가능하다.

증명 (1)

$$\lim_{k\to\infty} \left| \frac{a_{k+1}}{a_k} \right| = L < 1$$

이라 하자. 임의의 $\epsilon > 0$에 대하여

$$k \ge N \Rightarrow \left| L - \left| \frac{a_{k+1}}{a_k} \right| \right| < \epsilon$$

을 만족하는 양의 정수 N이 존재한다. 즉, 임의의 $\epsilon > 0$에 대하여

$$k \ge N \Rightarrow L - \epsilon < \left| \frac{a_{k+1}}{a_k} \right| < L + \epsilon$$

을 만족하는 양의 정수 N이 존재한다. $\epsilon = \frac{1-L}{2} > 0$라 하면

$$k \ge N \Rightarrow L - \frac{1-L}{2} < \left| \frac{a_{k+1}}{a_k} \right| < L + \frac{1-L}{2}$$

을 만족하는 양의 정수 N이 존재한다. $L' = L + \frac{1-L}{2}$라 하면 $L < L' < 1$이고

$$k \ge N \Rightarrow \left| \frac{a_{k+1}}{a_k} \right| < L'$$

을 만족하는 양의 정수 N이 존재한다. 즉, $|a_{N+1}| < L'|a_N|$, $|a_{N+2}| < L'|a_{N+1}|$, $\ldots$ 이므로 $|a_{N+p}| < (L')^p|a_N|$이다. 그러므로

$$\sum_{k=1}^{n} |a_k| \le |a_1| + \cdots + |a_{N-1}| + |a_N| + |a_N|L' + |a_N|(L')^2 + \ldots$$

$$= |a_1| + \cdots + |a_{N-1}| + \frac{|a_N|}{1-L'}$$

이다. 정리 2.2.7에 의하여 $\sum_{k=1}^{\infty} |a_k|$가 수렴한다.

(2) 위의 (1)과 같은 방법으로 $1 < L' < L$이고

$$k \ge N \Rightarrow |\frac{a_{k+1}}{a_k}| > L'$$

을 만족하는 양의 정수 N과 L'이 존재한다. $|a_{N+1}| > L'|a_N|$, $|a_{N+2}| > L'|a_{N+1}|$, $\ldots$ 이므로 $|a_{N+p}| > (L')^p|a_N|$이다. $L' > 1$이므로

$$\lim_{k\to\infty} |a_k| = \infty$$

이다. 즉, $\lim_{k\to\infty} a_k = \infty$이다. 정리 4.1.3에 의하여 $\sum_{k=1}^{\infty} |a_k|$가 발산한다.

(3)

$$\lim_{k\to\infty} \left|\frac{a_{k+1}}{a_k}\right| = 1$$

이라 하자. 모든 k에 대하여 $a_k = 1$인 수열의 경우 $\sum_{k=1}^{\infty} |a_k|$가 발산한다. $p > 1$일 때 $\sum_{k=1}^{\infty} \frac{1}{k^p}$는 p급수 판정법에 의하여 수렴한다. 이 경우

$$\lim_{k\to\infty} \left|\frac{a_{k+1}}{a_k}\right| = \lim_{k\to\infty} \frac{k^p}{(k+1)^p} = 1.$$

정리 4.1.8 (근판정법(root test)) $\sum_{k=1}^{\infty} a_k$를 $\mathbb{R}$에 있는 무한급수라 하자.

$$L = \lim_{k\to\infty} |a_k|^{\frac{1}{k}}$$

라 하자.

(1) $L < 1$이면 $\sum_{k=1}^{\infty} |a_k|$가 수렴한다.

(2) $L > 1$이면 $\sum_{k=1}^{\infty} |a_k|$가 발산한다.

(3) $L = 1$이면 판정이 불가능하다.

증명 (1) $\lim_{k\to\infty} |a_k|^{\frac{1}{k}} = L < 1$이라 하자. 정리 4.1.7과 같은 방법에 의하여 $L < L' < 1$이고

$$k \geq N \Rightarrow |a_k|^{\frac{1}{k}} < L'$$

을 만족하는 L'와 양의 정수 N이 존재한다. 즉, $|a_N| < (L')^N$, $|a_{N+1}| < (L')^{N+1}, \ldots$ 이므로

$$\begin{aligned}\sum_{k=1}^{n} |a_k| &\leq |a_1| + \cdots + |a_{N-1}| + |L'|^N + |L'|^{N+1} + |L'|^{N+2} + \ldots \\ &= |a_1| + \cdots + |a_{N-1}| + \frac{(L')^N}{1 - L'}\end{aligned}$$

이다. 정리 2.2.7에 의하여 $\sum_{k=1}^{\infty} |a_k|$가 수렴한다.

(2) $L > 1$이라 하자. 정리 4.1.7과 같은 방법에 의하여 $1 < L' < L$이고

$$k \geq N \Rightarrow |a_k|^{\frac{1}{k}} > L'$$

을 만족하는 양의 정수 N과 L'이 존재한다. $|a_N| > (L')^N$, $|a_{N+1}| > (L')^{N+1}$,

... 이므로

$$\lim_{k\to\infty}|a_k| \geq \lim_{k\to\infty}(L')^k = \infty$$

이다. 비교판정법에 의하여 $\sum_{k=1}^{\infty}|a_k|$가 발산한다.

(3) $\lim_{k\to\infty}|a_k|^{\frac{1}{k}} = 1$이라 하자. $\lim_{k\to\infty}(\frac{1}{k^2})^{\frac{1}{k^2}} = 1$이고 $\sum_{k=1}^{\infty}\frac{1}{k^2}$는 p-급수 판정법에 의하여 수렴한다. $\lim_{k\to\infty}(\frac{1}{k})^{\frac{1}{k}} = 1$이고 $\sum_{k=1}^{\infty}\frac{1}{k}$는 p-급수 판정법에 의하여 발산한다. 그러므로 판정이 불가능하다.

정리 4.1.9 (교대급수 판정법(alternating series test)) $\sum_{k=1}^{\infty}a_k$를 $\mathbb{R}$에 있는 무한급수라 하자. a_k가 감소수열이고 $\lim_{k\to\infty}a_k = 0$이면

$$\sum_{k=1}^{\infty}(-1)^{k-1}a_k$$

은 수렴한다.

증명 a_k가 감소수열이고 $\lim_{k\to\infty}a_k = 0$이므로 모든 양의 정수 k에 대하여 $a_k \geq 0$이다. $S_n = \sum_{k=1}^{n}(-1)^{k-1}a_k$라 하자. 그러면

$$S_{2n} = a_1 + (-a_2 + a_3) + (-a_4 + a_5) + \cdots + (-a_{2n-2} + a_{2n-1}) - a_{2n} \leq a_1$$

이다. 즉, S_{2n}은 위로 유계이다. a_k가 감소수열이므로 $S_{2n} - S_{2n-2} = -a_{2n} + a_{2n-1} \geq 0$이다. 즉, S_{2n}은 $\mathbb{R}$에 있는 위로 유계인 증가 수열이다. 정리 2.2.7에 의하여 S_{2n}은 수렴한다. $S_{2n} = S_{2n-1} - a_{2n}$이므로

$$\lim_{n\to\infty}S_{2n} = \lim_{n\to\infty}(S_{2n-1} - a_{2n}) = \lim_{n\to\infty}S_{2n-1}$$

이다. 따라서 S_n은 수렴한다.

정리 4.1.10 (적분 판정법(integral test)) 함수 $f : \mathbb{R} \to \mathbb{R}_{\geq 0}$ 가 연속이고 $[1,\infty)$에서 단조 감소라 하자. 그러면 $\sum_{n=1}^{\infty} f(n)$과 $\int_1^{\infty} f(x)dx$은 같이 수렴하거나 또는 같이 감소한다.

증명 $f(n) = a_n$이라 하자. 그러면

$$a_1 + a_2 + \cdots + a_n \geq \int_1^{n+1} f(x)dx, \quad a_2 + a_3 + \cdots + a_n \leq \int_1^{n} f(x)dx$$

이다.

$$a_1 + a_2 + \cdots + a_n \leq a_1 + \int_1^{n} f(x)dx$$

이므로

$$\int_1^{n+1} f(x)dx \leq a_1 + a_2 + \cdots + a_n \leq a_1 + \int_1^{n} f(x)dx$$

이다. 그러므로

$$\sum_{k=1}^{\infty} a_k = \lim_{n\to\infty}(a_1+a_2+\cdots+a_n) \leq \lim_{n\to\infty}\left(a_1 + \int_1^{n} f(x)dx\right) = a_1 + \int_1^{\infty} f(x)dx.$$

$S_k = \sum_{n=1}^{k} a_n$라 하자. $i = 1, 2, \ldots$에 대하여 $a_i \geq 0$이므로 S_k는 증가 수열이다. $\int_1^{\infty} f(x)dx$가 유한수이면 S_k가 위로 상계인 증가수열이므로 정리 2.2.7에 의하여 S_k가 수렴한다. 즉, $\sum_{k=1}^{\infty} f(k)$가 수렴한다.

$\int_1^{\infty} f(x)dx$가 무한수이면

$$\int_1^{\infty} f(x)dx = \lim_{n\to\infty}\int_1^{n+1} f(x)dx \leq \lim_{n\to\infty}(a_1 + a_2 + \cdots + a_n) = \sum_{k=1}^{\infty} a_k$$

이므로 $\sum_{k=1}^{\infty} a_k$가 발산한다.

예제 4.1.2 : $\mathbb{R}$에 있는 무한 급수

$$\sum_{n=1}^{\infty}(-1)^n \frac{1}{n}$$

이 수렴 또는 발산하는지 판별하라.

풀이:

$$\sum_{n=1}^{\infty}(-1)^n \frac{1}{n} = -\sum_{n=1}^{\infty}(-1)^{n-1} \frac{1}{n}$$

이다. $\lim_{n\to\infty} \frac{1}{n} = 0$이고 $a_n = \frac{1}{n}$은 감소 수열이다. 정리 4.1.9에 의하여

$$\sum_{n=1}^{\infty}(-1)^{n-1} \frac{1}{n}$$

은 수렴한다. 따라서 $\sum_{n=1}^{\infty}(-1)^n \frac{1}{n}$도 수렴한다.

예제 4.1.3 : $\mathbb{R}$에 있는 무한급수

$$\sum_{n=1}^{\infty} \frac{2n}{n^2+3}$$

이 수렴 또는 발산하는지 판별하라.

풀이: $n = 1, 2, \ldots$에 대하여

$$\frac{2n}{n^2+3} \geq \frac{2n}{n^2+3n^2} = \frac{1}{2}\frac{1}{n}$$

이다. p-급수 판정법에 의하여 $\sum_{n=1}^{\infty} \frac{1}{n}$은 발산한다. 그러므로

$$\sum_{n=1}^{\infty} \frac{1}{2}\frac{1}{n}$$

은 발산한다. 따라서 비교판정법에 의하여 $\sum_{n=1}^{\infty} \frac{2n}{n^2+3}$은 발산한다.

예제 4.1.4 : $\mathbb{R}$에 있는 무한급수

$$\sum_{n=1}^{\infty} \frac{n}{(n+1)!}$$

이 수렴 또는 발산하는지 판별하라.

풀이:

$$a_n = \frac{n}{(n+1)!}$$

라 하자.

$$\lim_{n\to\infty} \left| \frac{a_{n+1}}{a_n} \right| = \frac{\frac{n+1}{(n+2)!}}{\frac{n}{(n+1)!}} = \frac{n+1}{n(n+2)} = 0$$

이다. 비 판정법에 의하여

$$\sum_{n=1}^{\infty} \frac{n}{(n+1)!}$$

은 수렴한다.

예제 4.1.5 : $\mathbb{R}^2$에 있는 무한급수

$$\sum_{n=1}^{\infty} (\frac{n}{n+3}, \frac{1}{n^3})$$

이 수렴 또는 발산하는지 판별하라.

풀이: $\lim_{n\to\infty} \frac{n}{n+3} = 1$ 이므로 정리 4.1.3에 의하여 $\sum_{n=1}^{\infty} \frac{n}{n+3}$이 발산한다. $\sum_{n=1}^{\infty} \frac{1}{n^3}$은 p-급수 판정법에 의하여 수렴한다. 정리 3.2.5에 의하여

$$\sum_{n=1}^{\infty} (\frac{n}{n+3}, \frac{1}{n^3})$$

은 발산한다.

예제 4.1.6 : $\mathbb{R}$에 있는 무한급수 $\sum_{n=1}^{\infty} x_n$이 $|x_n| \le \frac{1}{3^n}$을 만족한다고 하자. $\sum_{n=1}^{\infty} x_n$이 수렴 또는 발산하는지 판별하라.

풀이: $S_k = \sum_{n=1}^{k} x_n$이라고 하자. $l \ge m$이라 하자.

$$|S_l - S_m| = |x_{m+1} + x_{m+2} + \cdots + x_l| \le |x_{m+1}| + |x_{m+2}| + \cdots + |x_l|$$

$$\le \frac{1}{3^{m+1}} + \frac{1}{3^{m+2}} + \cdots + \frac{1}{3^l} < \frac{\frac{1}{3^{m+1}}}{1-\frac{1}{3}} = \frac{1}{2}\frac{1}{3^m}$$

이다. 그러므로 주어진 $\epsilon > 0$에 대하여

$$l, m \ge N \Rightarrow |S_l - S_m| < \frac{1}{2}\frac{1}{3^m} \le \frac{1}{2}\frac{1}{3^N} < \epsilon$$

을 만족하는 $N > \log_3 \frac{1}{2\epsilon}$이 존재한다. 그러므로 S_n은 $\mathbb{R}$에 있는 코시수열이다. $\mathbb{R}$이 완비공간이므로 S_n은 수렴한다. 즉, $\sum_{n=1}^{\infty} x_n$이 수렴한다.

예제 4.1.7 : $x_n \in \mathbb{R}$과 $y_n \in \mathbb{R}$을 $|x_n| \le y_n - y_{n+1}$을 만족하는 수열이라 하자. y_n이 단조 감소 수열로 0으로 수렴할 때 $\sum_{n=1}^{\infty} |x_n|$이 수렴함을 증명하라.

풀이 :

$$S_k = |x_1| + |x_2| + \cdots + |x_k|$$

라 하자. 그러면 S_k는 증가 수열이다.

$$S_k = |x_1| + |x_2| + \cdots + |x_k| \le (y_1 - y_2) + (y_2 - y_3) + \cdots + (y_k - y_{k+1}) = y_1 - y_{k+1}$$

이고 $y_n \to 0$이므로 $\lim_{k\to\infty} S_k \le y_1$이다. 즉, S_k가 유계이다. 그러므로 S_k가 수렴한다. 따라서 $\sum_{n=1}^{\infty} |x_n|$이 수렴한다.

예제 4.1.8 다음 무한 급수가 수렴 또는 발산하는지 판정하라.

$$\sum_{n=1}^{\infty} \frac{n}{(n+1)(n+2)}$$

풀이 :

$$\frac{n}{(n+1)(n+2)} \geq \frac{n}{(2n)(3n)} = \frac{1}{6n}$$

이다. p-급수 판정법에 의하여

$$\sum_{n=1}^{\infty} \frac{1}{6n}$$

이 발산한다. 비교 판정법에 의하여

$$\sum_{n=1}^{\infty} \frac{n}{(n+1)(n+2)}$$

이 발산한다.

예제 4.1.9 $x_n \in \mathbb{R}$이 $x_n \geq 0$이고 $\sum_{n=1}^{\infty} x_n$이 수렴할 때 $\sum_{n=1}^{\infty} x_n^2$가 수렴함을 증명하라.

풀이 : $S_k = x_1 + x_2 + \cdots + x_k$라 하자. 그러면 S_k는 수렴한다. $\lim_{k\to\infty} S_k = S$라 하자. $x_n \geq 0$이므로 S_k는 증가 수열이다.

$$T_k = x_1^2 + x_2^2 + \cdots + x_k^2$$

라 하자. $x_n \geq 0$이므로 $T_k \leq S_k^2$이다. $\lim_{k\to\infty} S_k = S$이므로 T_k는 유계이다. T_k가 증가 수열이므로 T_k가 수렴한다. 따라서 $\sum_{n=1}^{\infty} x_n^2$이 수렴한다.

예제 4.1.10 다음 무한 급수가 수렴 또는 발산하는지 판정하라.

$$\sum_{n=1}^{\infty} \frac{\sqrt{n+1}-\sqrt{n}}{n}$$

풀이 :

$$\frac{\sqrt{n+1}-\sqrt{n}}{n} = \frac{1}{n(\sqrt{n+1}+\sqrt{n})} \leq \frac{1}{n(\sqrt{n}+\sqrt{n})} = \frac{1}{2}\frac{1}{n^{\frac{3}{2}}}$$

이다. p-급수 판정법에 의하여

$$\sum_{n=1}^{\infty} \frac{1}{2}\frac{1}{n^{\frac{3}{2}}}$$

이 수렴한다. 비교 판정법에 의하여 $\sum_{n=1}^{\infty} \frac{\sqrt{n+1}-\sqrt{n}}{n}$ 이 수렴한다.

예제 4.1.11 : 다음 무한 급수가 수렴 또는 발산하는지 판정하라.

$$\sum_{n=1}^{\infty} (\sqrt{n+1}-\sqrt{n})$$

풀이 :

$$\sqrt{n+1}-\sqrt{n} = \frac{1}{\sqrt{n+1}+\sqrt{n}} \geq \frac{1}{\sqrt{4n}+\sqrt{n}} = \frac{1}{3\sqrt{n}}$$

이다. p-급수 판정법에 의하여

$$\sum_{n=1}^{\infty} \frac{1}{3\sqrt{n}}$$

이 발산한다. 그러므로 비교 판정법에 의하여 $\sum_{n=1}^{\infty}(\sqrt{n+1}-\sqrt{n})$이 발산한다.

연습 문제 4.1

1. 다음 무한 급수가 수렴 또는 발산하는지 판정하라.

$$\sum_{n=1}^{\infty} \frac{1}{(n+1)(n+2)}$$

2. 다음 무한 급수가 수렴 또는 발산하는지 판정하라.

$$\sum_{n=1}^{\infty} \frac{(-1)^{n+1}}{n^2+1}$$

3. 다음 무한 급수가 수렴 또는 발산하는지 판정하라.

$$\sum_{n=1}^{\infty} \frac{n}{n^2+1}$$

4. 다음 무한 급수가 수렴 또는 발산하는지 판정하라.

$$\sum_{n=1}^{\infty} \frac{n}{2^n}$$

5. 다음 무한 급수가 수렴 또는 발산하는지 판정하라.

$$\sum_{n=1}^{\infty} \frac{3^n}{n!}$$

제 4.2 절 멱급수

정의 4.2.1 $c_n \in \mathbb{R}$을 수열이라 하고 $x \in \mathbb{R}$이라 하자. 무한급수 $\sum_{n=1}^{\infty} c_n x^n$를 **멱급수(power series)**라고 한다. c_n을 무한급수의 **계수(coefficients)**라고 한다.

정리 4.2.2 $\sum_{i=1}^{\infty} x_i$를 $\mathbb{R}$에 있는 무한급수라 하자. $\sum_{i=1}^{\infty} |x_i|$가 수렴하면 $\sum_{i=1}^{\infty} x_i$도 수렴한다.

증명 $S_n = \sum_{i=1}^{n} x_i$라 하자. $\sum_{i=1}^{\infty} |x_i|$가 수렴하므로 $T_n = \sum_{i=1}^{n} |x_i|$가 수렴한다. 수렴하는 수열은 코시수열이므로 임의의 $\epsilon > 0$에 대하여 $n, l \geq N \Rightarrow |T_n - T_l| = ||x_{l+1}| + |x_{l+2}| + \cdots + |x_n|| < \epsilon$ 을 만족하는 양의정수 N이 존재한다. 그러므로 임의의 $\epsilon > 0$에 대하여 $n, l \geq N \Rightarrow |S_n - S_l| = |x_{l+1} + x_{l+2} + \cdots + x_n| < \epsilon$ 을 만족하는 양의정수 N이 존재한다. 즉, S_n이 $\mathbb{R}$에서 코시 수열이다. $\mathbb{R}$이 완비공간이므로 S_n이 수렴한다. 즉, $\sum_{i=1}^{\infty} x_i$이 수렴한다.

정리 4.2.3 $\sum_{n=1}^{\infty} c_n x^n$를 $\mathbb{R}$에 있는 멱급수(power series)라 하고

$$\frac{1}{R} = \lim_{n\to\infty} |c_n|^{\frac{1}{n}}$$

라 하자. 그러면

(1) $|x| < R$이면 $\sum_{n=1}^{\infty} c_n x^n$가 수렴한다.

(2) $|x| > R$이면 $\sum_{n=1}^{\infty} c_n x^n$가 발산한다.

증명 $a_n = c_n x^n$이라 하자.

$$\lim_{n\to\infty} |a_n|^{\frac{1}{n}} = \lim_{n\to\infty} |c_n x^n|^{\frac{1}{n}} = |x| \lim_{n\to\infty} |c_n|^{\frac{1}{n}} = \frac{|x|}{R}$$

이므로 근 판정법에 의하여 $\frac{|x|}{R} < 1$이면 $\sum_{n=1}^{\infty} |c_n x^n|$가 수렴하고 $\frac{|x|}{R} > 1$이면 $\sum_{n=1}^{\infty} |c_n x^n|$가 발산한다. 정리 4.2.2에 의하여 증명된다.

정리 4.2.4 $\sum_{n=1}^{\infty} c_n\, x^n$를 $\mathbb{R}$에 있는 멱급수(power series)라 하고

$$\frac{1}{R} = \lim_{n\to\infty} \frac{|c_{n+1}|}{|c_n|}$$

라 하자. 그러면

(1) $|x| < R$이면 $\sum_{n=1}^{\infty} c_n\, x^n$가 수렴한다.

(2) $|x| > R$이면 $\sum_{n=1}^{\infty} c_n\, x^n$가 발산한다.

증명 $a_n = c_n x^n$이라 하자.

$$\lim_{n\to\infty} \frac{|a_{n+1}|}{|a_n|} = \lim_{n\to\infty} \frac{|c_{n+1}x^{n+1}|}{|c_n x^n|} = |x| \lim_{n\to\infty} \frac{|c_{n+1}|}{|c_n|} = \frac{|x|}{R}$$

이므로 비 판정법에 의하여 $\frac{|x|}{R} < 1$이면 $\sum_{n=1}^{\infty} |c_n\, x^n|$가 수렴하고 $\frac{|x|}{R} > 1$이면 $\sum_{n=1}^{\infty} |c_n\, x^n|$가 발산한다. 정리 4.2.2에 의하여 증명된다.

정의 4.2.5 정리 4.2.3와 4.2.4에서 R을 멱급수 $\sum_{n=1}^{\infty} c_n\, x^n$의 **수렴반경(radius of convergence)**이라고 한다.

예제 4.2.1 : 멱급수 $\sum_{n=1}^{\infty} n^n\, x^n$의 수렴반경을 구하여라.

풀이:

$$\frac{1}{R} = \lim_{n\to\infty} \sup |n^n|^{\frac{1}{n}} = \lim_{n\to\infty} \sup n = \infty$$

이므로 $R = 0$이다.

예제 4.2.2 : 멱급수 $\sum_{n=1}^{\infty} n^2\, x^n$의 수렴반경을 구하여라.

풀이:

$$\frac{1}{R} = \lim_{n\to\infty} \frac{|(n+1)^2|}{|n^2|} = 1$$

이므로 $R=1$이다.

예제 4.2.3 : 멱급수 $\sum_{n=1}^{\infty} n!\, x^n$의 수렴반경을 구하여라.

풀이:

$$\frac{1}{R}=\lim_{n\to\infty}\frac{|(n+1)!|}{|n!|}=\infty$$

이므로 $R=0$이다.

연습 문제 4.2

1. 다음 멱급수의 수렴 반경을 구하여라.

$$\sum_{n=1}^{\infty}\frac{1}{n^n}x^n$$

2. 다음 멱급수의 수렴 반경을 구하여라.

$$\sum_{n=1}^{\infty}\frac{n^n}{n!}x^n$$

3. 다음 멱급수의 수렴 반경을 구하여라.

$$\sum_{n=1}^{\infty}\sqrt{n}\, x^n$$

4. 다음 멱급수의 수렴 반경을 구하여라.

$$\sum_{n=1}^{\infty}\frac{2^n}{n^2}x^n$$

5. 다음 멱급수의 수렴 반경을 구하여라.

$$\sum_{n=1}^{\infty}\frac{2^n x^n}{n!}$$

제 5 장

거리 공간 (Metric Space)

5장에서는 거리 공간을 정의하고 거리 공간에서의 기본적인 위상 수학을 다룬다. 즉, 열린 집합(open sets), 닫힌 집합(closed sets), 닫힘(closure), 수열(sequence), 컴팩트 집합(compact sets), 하이네 보렐 정리(Heine-Borel theorem), 패스-연결 집합(path-connected sets), 연결 집합(connected sets) 등에 대한 정리와 이에 관련된 여러 성질들을 설명한다.

제 5.1 절 거리 공간

정의 5.1.1 X를 집합, $d : X \times X \to \mathbb{R}$를 다음 4개 성질을 만족하는 함수라 할 때 d를 **거리함수(metric)**, (X, d)를 **거리공간(metric space)**이라 한다.

(1) 모든 $x, y \in X$에 대하여 $d(x, y) \geq 0$.

(2) 모든 $x, y \in X$에 대하여 $d(x, y) = 0$ iff $x = y$.

(3) 모든 $x, y \in X$에 대하여 $d(x, y) = d(y, x)$.

(4) 모든 $x, y, z \in X$에 대하여 $d(x, y) \leq d(x, z) + d(z, y)$.

예제 5.1.1 : 함수 $d : \mathbb{R} \times \mathbb{R} \to \mathbb{R}$를 $d(x, y) = |x - y|$로 정의하자. 그러면 $(\mathbb{R}, d)$는 거리 공간이다.

풀이: (1) 모든 $x, y \in X$에 대하여 $d(x, y) = |x - y| \geq 0$.

(2) 모든 $x, y \in X$에 대하여 $d(x, y) = 0$ iff $|x - y| = 0$ iff $x = y$.

(3) 모든 $x, y \in X$에 대하여 $d(x, y) = |x - y| = |y - x| = d(y, x)$.

(4) 모든 $x, y, z \in X$에 대하여

$d(x, y) = |x - y| \leq |x - z| + |z - y| = d(x, z) + d(z, y)$이다.

예제 5.1.2 (X, d)를 거리 공간이라 할 때 모든 $x, y, z \in X$에 대하여 $|d(x, z) - d(y, z)| \leq d(x, y)$이 성립함을 보여라.

풀이 : $d(x, y) + d(y, z) \geq d(x, z)$이므로 $d(x, y) \geq d(x, z) - d(y, z)$이다. $d(y, x) + d(x, z) \geq d(y, z)$이므로 $d(x, y) \geq d(y, z) - d(x, z)$이다. 따라서 $d(x, y) \geq |d(x, z) - d(y, z)|$이다.

정리 5.1.2 $x = (x_1, x_2, \ldots, x_n),\ y = (y_1, y_2, \ldots, y_n) \in \mathbb{R}^n$이라 하자.

함수 $d(x,y) : \mathbb{R}^n \to \mathbb{R}$를

$$d(x,y) = \|x-y\| = \sqrt{(x_1-y_1)^2 + (x_2-y_2)^2 + \cdots + (x_n-y_n)^2}$$

으로 정의하자. 그러면 $(\mathbb{R}^n, d)$는 거리 공간이다.

증명 (1)

$$d(x,y) = \|x-y\| = \sqrt{(x_1-y_1)^2 + (x_2-y_2)^2 + \cdots + (x_n-y_n)^2} \geq 0.$$

(2)

$$d(x,y) = \|x-y\| = 0 \iff \sqrt{(x_1-y_1)^2 + (x_2-y_2)^2 + \cdots + (x_n-y_n)^2} = 0$$

$$\iff x_i = y_i \ for\ all\ i = 1, 2, \ldots, n$$

$$\iff x = y.$$

(3)

$$d(x,y) = \|x-y\| = \sqrt{(x_1-y_1)^2 + (x_2-y_2)^2 + \cdots + (x_n-y_n)^2}$$

$$= \sqrt{(y_1-x_1)^2 + (y_2-x_2)^2 + \cdots + (y_n-x_n)^2} = \|y-x\| = d(y,x).$$

(4) 예제 3.2.4에 의하여

$$d(x,y) = \|x-y\| \leq \|x-z\| + \|z-y\| = d(x,z) + d(z,y).$$

(1), (2), (3), (4)에 의하여 $(\mathbb{R}^n, d)$가 거리공간이다.

예제 5.1.3 : (X, d_1)와 (Y, d_2)를 거리공간이라 하자. $d : (X\times Y)\times(X\times Y) \to \mathbb{R}$를

$$d[(x_1, y_1), (x_2, y_2)] = d_1(x_1, x_2) + d_2(y_1, y_2)$$

로 정의된 함수라 하자. $(X \times Y, d)$가 거리 공간임을 증명하라.

풀이 : (1) $d((x_1, y_1), (x_2, y_2)) = d_1(x_1, x_2) + d_2(y_1, y_2) \geq 0$.

(2) $d((x_1, y_1), (x_2, y_2)) = 0 \Leftrightarrow d_1(x_1, x_2) + d_2(y_1, y_2) = 0 \Leftrightarrow$

$(x_1 = x_2 \ \wedge \ y_1 = y_2) \Leftrightarrow (x_1, y_1) = (x_2, y_2)$.

(3) $d((x_1, y_1), (x_2, y_2)) = d_1(x_1, x_2) + d_2(y_1, y_2) = d_1(x_2, x_1) + d_2(y_2, y_1)$

$= d((x_2, y_2), (x_1, y_1))$.

(4) $d((x_1, y_1), (x_2, y_2)) + d((x_2, y_2), (x_3, y_3)) = d_1(x_1, x_2) + d_2(y_1, y_2)$

$+d_1(x_2, x_3) + d_2(y_2, y_3) \geq d_1(x_1, x_3) + d_2(y_1, y_3) = d((x_1, y_1), (x_3, y_3))$.

즉, $d((x_1, y_1), (x_3, y_3) \leq d((x_1, y_1), (x_2, y_2)) + d((x_2, y_2), (x_3, y_3))$이다.

(1), (2), (3), (4)에 의하여 $(X \times Y, d)$가 거리 공간이다.

연습 문제 5.1

1. 집합 X에 거리 함수 d가 주어졌다 하자. 함수 $p : X \times X \to \mathbb{R}$를

$$p(x, y) = \frac{d(x, y)}{1 + d(x, y)}$$

로 정의하자. (X, p)가 거리 공간인 것을 증명하라.

2. $d : \mathbb{R} \times \mathbb{R} \to \mathbb{R}$가

$$d(x, y) = (x - y)^2$$

로 정의된 함수라 하자. d가 거리 함수인지 또는 아닌지를 판별하라.

3. $d : \mathbb{R} \times \mathbb{R} \to \mathbb{R}$가

$$d(x, y) = |x^2 - y^2|$$

로 정의된 함수라 하자. d가 거리 함수인지 또는 아닌지를 판별하라.

4. $d : \mathbb{R} \times \mathbb{R} \to \mathbb{R}$가

$$d(x, y) = |x - 2y|$$

로 정의된 함수라 하자. d가 거리 함수인지 또는 아닌지를 판별하라.

5. $(X, \|\cdot\|)$를 놈 공간이라 하자. $d : X \times X \to \mathbb{R}$를

$$d(x, y) = \|x - y\|$$

로 정의된 함수라 하자. d가 거리 함수임을 증명하라.

제 5.2 절 열린 집합

정의 5.2.1 (X, d)를 거리 공간이라 하자. 임의의 점 $x \in X$와 임의의 $\epsilon > 0$에 대하여 $B(x, \epsilon) := \{y \in X : d(x, y) < \epsilon\}$을 x에 대한 **ϵ-볼(ϵ-ball)**이라 한다. U를 X의 부분집합이라 하자. 모든 점 $x \in U$에 대하여 $B(x, \epsilon) \subseteq U$를 만족하는 $\epsilon > 0$이 존재하면 U를 **열린 집합(open set)**이라고 한다.

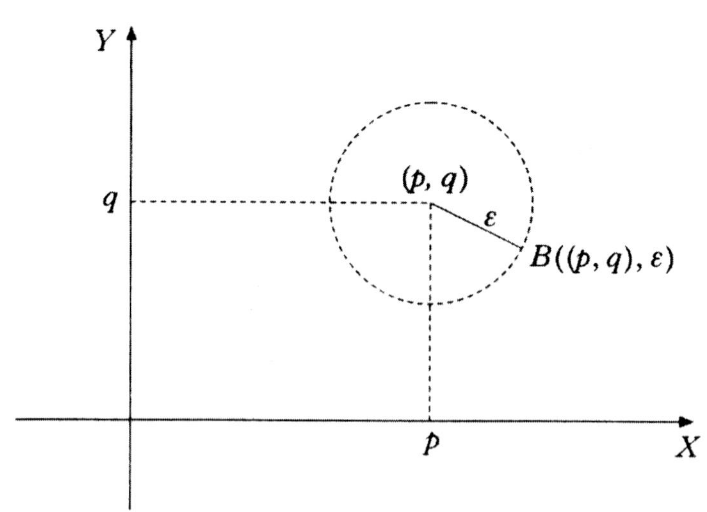

그림 1. $\mathbb{R}^2$에서의 ϵ-볼 $B((p,q),\epsilon)$

예제 5.2.1 : $\mathbb{R}$의 부분 집합인 개구간 (2, 3)은 $\mathbb{R}$에서 열린 집합이다. 그러나 $\mathbb{R}^2$의 부분 집합인 개구간 (2, 3)은 $\mathbb{R}^2$에서 열린 집합이 아니다.

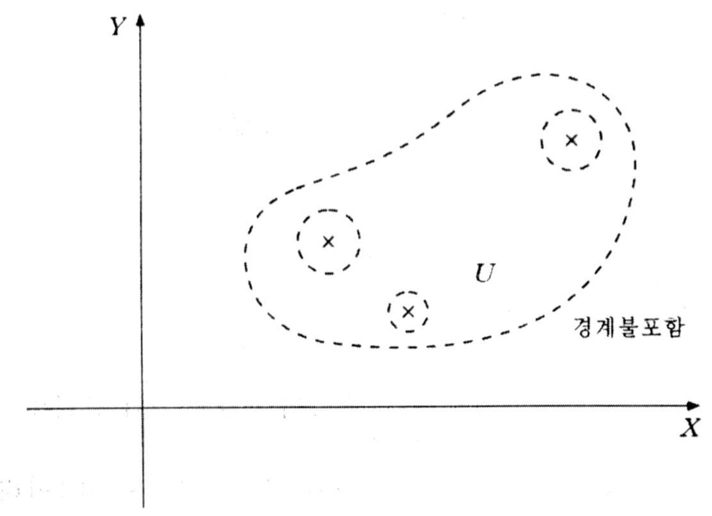

그림 2. $\mathbb{R}^2$에서의 열린 집합 U

예제 5.2.2 : $B = \{(x, y) \in \mathbb{R}^2 : y > x\}$라 할 때 B가 열린 집합임을 보여라.

풀이 : $(p, q) \in B$라 하자. 기울기 -1이고 (p, q)를 지나는 직선의 식은

$$y = -(x-p) + q$$

이다. 직선 $y = -(x-p)+q$와 직선 $y = x$와 만나는 점을 구하기 위하여 $x = -(x-p)+q$를 풀면 $x = \frac{p+q}{2}$이다. 즉, $y = -(x-p)+q$와 $y = x$와 만나는 점은 $(\frac{p+q}{2}, \frac{p+q}{2})$이다. (p, q)에서 직선 $y = x$까지의 최단 거리 s는 (p, q)와 $(\frac{p+q}{2}, \frac{p+q}{2})$의 거리가 되므로

$$s = \sqrt{(\frac{p+q}{2} - p)^2 + (\frac{p+q}{2} - q)^2} = \frac{|q-p|}{\sqrt{2}}$$

이다. 그러므로 임의의 $(p, q) \in B$에 대하여

$$(p, q) \in B((p, q), \epsilon) \subset B$$

를 만족하는 $\epsilon = \frac{|q-p|}{2\sqrt{2}}$이 존재한다.

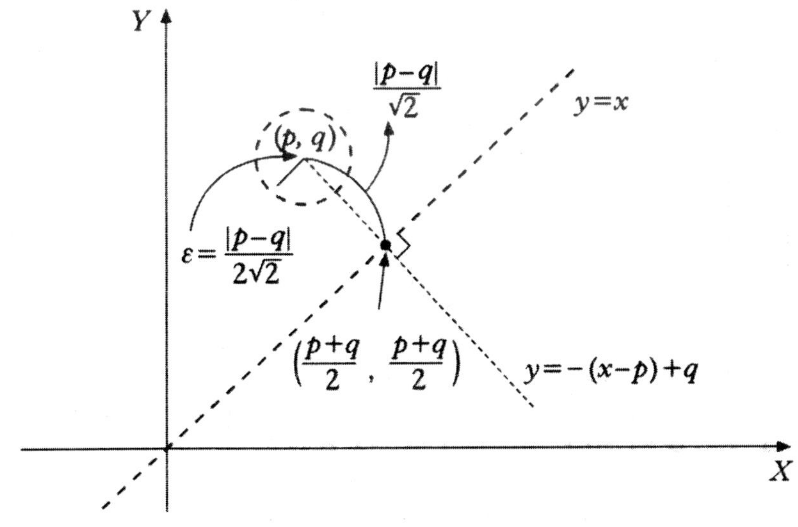

그림 3. 예제 5.2.2를 위한 그림.

정리 5.2.2 거리 공간에서 모든 ϵ-볼 $B(x,\epsilon)$은 열린 집합이다.

증명 $y \in B(x,\epsilon)$이라 하자. 그러면 $d(x,y) < \epsilon$이다.

$$\alpha = \frac{\epsilon - d(x,y)}{2}$$

라 하자. 그러면 $\alpha > 0$이다. $B(y,\alpha) \subseteq B(x,\epsilon)$을 보이기 위해 $z \in B(y,\alpha)$라 하자. 그러면 $d(z,y) < \alpha$가 된다. 그러므로

$$d(z,x) \leq d(z,y) + d(y,x) < \alpha + d(x,y) = \frac{\epsilon - d(x,y)}{2} + d(x,y) < \epsilon$$

이 된다. 즉, $z \in B(x,\epsilon)$이다. 따라서 $B(y,\alpha) \subseteq B(x,\epsilon)$이다. 즉, 임의의 $y \in B(x,\epsilon)$에 대하여 $B(y,\alpha) \subseteq B(x,\epsilon)$을 만족하는 ϵ-볼 $B(y,\alpha)$이 존재한다. 그러므로 $B(x,\epsilon)$이 열린 집합이다.

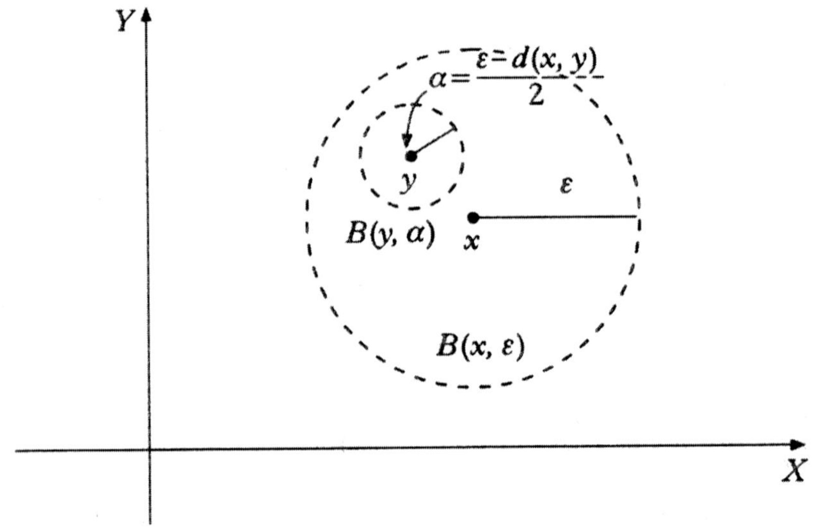

그림 4. 정리 5.2.2의 이해를 위한 그림.

정리 5.2.3 (X, d)를 거리 공간이라 하자. X의 유한 개의 열린 부분집합들의 교집합(intersection)은 열린 집합이다.

증명 $U_1, U_2, \ldots, U_n$을 X의 열린 부분집합이라 하고

$$x \in U_1 \cap U_2 \cap \cdots \cap U_n$$

이라 하자. 그러면 $x \in U_1, x \in U_2, \ldots, x \in U_n$이다. $i = 1, 2, \ldots, n$에 대하여 각 U_i가 열린 집합이므로 $B(x, \epsilon_i) \subseteq U_i$를 만족하는 $\epsilon_i > 0$가 존재한다. $\epsilon = \min\ (\epsilon_1, \epsilon_2, \ldots, \epsilon_n)$라 하자. 그러면 모든 $i = 1, 2, \ldots, n$에 대하여 $B(x, \epsilon) \subseteq B(x, \epsilon_i) \subseteq U_i$이다. 즉, $B(x, \epsilon) \subseteq U_1 \cap U_2 \cap \cdots \cap U_n$이다. 그러므로 임의의 $x \in U_1 \cap U_2 \cap \cdots \cap U_n$에 대하여

$$B(x, \epsilon) \subseteq U_1 \cap U_2 \cap \cdots \cap U_n$$

을 만족하는 $\epsilon > 0$이 존재한다.

정리 5.2.4 (X, d)를 거리 공간이라 하자. $\{U_i : i \in I\}$ 를 X의 열린 부분집합들의 모임(collection)이라 하자. 그러면 $\bigcup_{i \in I} U_i$는 열린 집합이다.

증명 $x \in \bigcup_{i \in I} U_i$라 하자. 그러면 $x \in U_k$를 만족하는 $k \in I$가 존재한다. U_k가 열린 집합이므로 $B(x, \epsilon) \subseteq U_k$를 만족하는 $\epsilon > 0$이 존재한다. 즉, $B(x, \epsilon) \subseteq U_k \subseteq \bigcup_{i \in I} U_i$이다. 그러므로 임의의 $x \in \bigcup_{i \in I} U_i$ 에 대하여 $B(x, \epsilon) \subseteq \bigcup_{i \in I} U_i$을 만족하는 $\epsilon > 0$이 존재한다.

정리 5.2.5 x, y, z를 $x = (x_1, x_2, \ldots, x_n)$, $y = (y_1, y_2, \ldots, y_n)$, $z = (z_1, z_2, \ldots, z_n)$로 표시되는 $\mathbb{R}^n$에 있는 벡터들이라 하자. 함수 $d(x, y) : \mathbb{R}^n \to \mathbb{R}$를

$$d(x, y) = \sqrt{(x_1 - y_1)^2 + (x_2 - y_2)^2 + \cdots + (x_n - y_n)^2}$$

으로 정의하자. 그러면 $(\mathbb{R}^n, d)$는 거리 공간이고 $d(x + y, z) = d(x, z - y)$이다.

증명 정리 5.1.2에 의하면 $(\mathbb{R}^n, d)$는 거리 공간이다.

$$d(x + y, z) = \sqrt{\sum_{i=1}^{n} [(x_i + y_i) - z_i]^2}$$

이고

$$d(x, z - y) = \sqrt{\sum_{i=1}^{n} [x_i - (z_i - y_i)]^2} = \sqrt{\sum_{i=1}^{n} [(x_i + y_i) - z_i]^2}$$

이므로 $d(x + y, z) = d(x, z - y)$이다.

정리 5.2.6 $X, Y \subseteq \mathbb{R}^n$이라 하고 X를 열린 집합이라 하자.

$$X + Y = \{x + y \in \mathbb{R}^n : x \in X \quad and \quad y \in Y\}$$

로 정의하자. 그러면 $X + Y$는 열린 집합이다.

증명 $x + y \in X + Y$라 하자. 그러면 $x \in X$이고 $x \in Y$이다. X가 열린 집합이므로 $B(x, \epsilon) \subseteq X$를 만족하는 $\epsilon > 0$이 존재한다. $B(x + y, \epsilon) \subseteq X + Y$를 보이기 위하여 $z \in B(x + y, \epsilon)$라 하자. 그러면 $d(x + y, z) < \epsilon$이다. 정리 5.2.5에 의하여 $d(x + y, z) = d(x, z - y)$이므로 $d(x, z - y) < \epsilon$이다. 즉, $z - y \in B(x, \epsilon)$이

다. 그러므로 $z-y \in X$이다. $z=(z-y)+y \in X+Y$이므로 $B(x+y,\epsilon) \subseteq X+Y$이다. 즉, 임의의 $x+y \in X+Y$에 대하여 $B(x+y,\epsilon) \subseteq X+Y$를 만족하는 $\epsilon > 0$이 존재한다.

예제 5.2.3 :

$$\bigcap_{n=1}^{\infty}(-\frac{1}{n},\frac{1}{n})$$

을 구하여라.

풀이: 모든 양의 정수 n에 대하여 $-\frac{1}{n} < 0 < \frac{1}{n}$이므로

$$0 \in \bigcap_{n=1}^{\infty}(-\frac{1}{n},\frac{1}{n})$$

이다. $p \in \bigcap_{n=1}^{\infty}(-\frac{1}{n},\frac{1}{n})$을 만족하는 $p > 0$이 존재한다고 가정하자. 그러면 모든 양의 정수 n에 대하여 $p < \frac{1}{n}$이다. 즉, 모든 양의 정수 n에 대하여 $\frac{1}{p} > n$이다. 이는 아르키미디언 성질과 모순된다. 그러므로 $\bigcap_{n=1}^{\infty}(-\frac{1}{n},\frac{1}{n})$는 양의 실수를 포함할 수 없다. 유사한 방법으로 $\bigcap_{n=1}^{\infty}(-\frac{1}{n},\frac{1}{n})$가 음의 실수를 포함하지 않는다는 것을 보일 수 있다. 그러므로 $\bigcap_{n=1}^{\infty}(-\frac{1}{n},\frac{1}{n})=\{0\}$이다.

정의 5.2.7 (X,d)를 거리공간이라 하고 $S \subseteq X$라 하자. $x \in U \subseteq S$를 만족하는 열린 집합 U가 존재할 때 점 $x \in S$를 S의 **내점(interior point)**이라 하고 S의 모든 내점들의 집합을 S의 **내부(interior)**라 하고 S°로 나타낸다.

다음 정리 5.2.8은 정리 5.2.9을 증명하는데 기본이 되는 중요 정리이다.

정리 5.2.8 X를 거리 공간이라 하고 $S \subseteq X$라 하자. 그러면 S°는 S의 모든 열린 부분 집합들의 합집합이다. 즉, I를 $I = \{i : S_i \subseteq S \ and \ S_i \ is \ open\}$라 할 때 $S^\circ = \bigcup_{i \in I} S_i$이다.

증명 $x \in S^\circ$라 하자. 그러면 $x \in U \subseteq S$를 만족하는 열린 집합 U가 존재한다. U가 열린 집합이고 $U \subseteq S$이므로 $x \in U \subseteq \bigcup_{i \in I} S_i$. 따라서 $S^\circ \subseteq \bigcup_{i \in I} S_i$이다. $y \in \bigcup_{i \in I} S_i$라 하자. 그러면 $y \in S_i$를 만족하는 $i \in I$가 존재한다. S_i가 열린 집합이므로 $y \in B(y, \epsilon) \subseteq S_i \subseteq S$을 만족하는 $\epsilon > 0$이 존재한다. 그러므로 $y \in S_i \subseteq S$을 만족하는 열린 집합 S_i가 존재한다. 즉, y가 S의 내점이다. 따라서 $y \in S^\circ$이다. 그러므로 $\bigcup_{i \in I} S_i \subseteq S^\circ$이다.

정리 5.2.9 X를 거리 공간이라 하고 $S \subseteq X$라 하자. 그러면 S°는 S의 가장 큰 열린 부분 집합(the largest open subset)이다.

증명 정리 5.2.4와 정리 5.2.8에 의하여 S°는 열린 집합이다. 정리 5.2.8에 의하여 S°는 S의 가장 큰 부분 집합이다.

정리 5.2.10 X를 거리 공간이라 하고 $S \subseteq X$라 하자. 집합 S가 열린 집합일 필요 충분 조건은 $S^\circ = S$이다.

증명 ($\Rightarrow$): S가 열린 집합이라 하자. 정리 5.2.9에 의하여 S°는 S의 가장 큰 열린 부분 집합이다. 그러므로 $S^\circ = S$이다.

($\Leftarrow$): $S^\circ = S$라 하자. 정리 5.2.9에 의하면 S°는 열린 집합이다. 그러므로 S는 열린 집합이다.

연습 문제 5.2

1. $S \subseteq \mathbb{R}$가 열린 집합이고 $T = \{(x, y) \in \mathbb{R}^2 : x \in S\}$라 하자. T가 열린 집합임을 보여라.

2. $B = \{(x, y) \in \mathbb{R}^2 : x^2 + y^2 \leq 3\}$라 할 때 S°을 구하여라.

3. $S, T \subseteq \mathbb{R}$이라 하고 $S \subseteq T$라 할 때 $S^\circ \subseteq T^\circ$임을 보여라.

4. $S, T \subseteq \mathbb{R}$라 할 때 $S^\circ \cup T^\circ \subseteq (S \cup T)^\circ$임을 보여라.

제 5.3 절 닫힌 집합

정의 5.3.1 S를 거리공간 X의 부분 집합이라 하자. S의 여집합 $M - S = S^c$이 열린 집합이면 S를 **닫힌 집합(closed set)**이라 한다.

다음의 정리 5.3.2는 닫힌 집합의 여집합을 취하여 앞에서 증명한 정리 5.2.3를 이용하여 쉽게 증명할 수 있고 정리 5.3.3도 닫힌 집합의 여집합을 취하여 앞의 정리 5.2.4를 이용하여 쉽게 증명할 수 있다.

정리 5.3.2 (X, d)를 거리 공간이라 하자. X의 유한 개의 닫힌 부분집합들의 합집합(union)은 닫힌 집합이다.

증명 $S_1, S_2, \ldots, S_n$을 X의 닫힌 부분집합이라 하자. 그러면 각 S_i^c는 열린 집합이다. 정리 5.2.3에 의하여 $\bigcap_{i=1}^n S_i^c$는 열린 집합이다. $(\bigcup_{i=1}^n S_i)^c = \bigcap_{i=1}^n S_i^c$이므로 $(\bigcup_{i=1}^n S_i)^c$가 열린 집합이다. 즉, $\bigcup_{i=1}^n S_i$가 닫힌집합이다.

정리 5.3.3 (X,d)를 거리 공간이라 하자. $\{S_i : i \in I\}$ 를 X의 닫힌 부분집합들의 모임(collection)이라 하자. 그러면 $\bigcap\limits_{i\in I} S_i$는 닫힌 집합이다.

증명 각 S_i가 닫힌 집합이므로 S_i^c는 열린 집합이다. 정리 5.2.4에 의하여 $\bigcup_{i\in I} S_i^c$는 열린 집합이다. $(\bigcap_{i\in I} S_i)^c = \bigcup_{i\in I} S_i^c$이므로 $(\bigcap_{i\in I} S_i)^c$가 열린 집합이다. 그러므로 $\bigcap_{i\in I} S_i$가 닫힌 집합이다.

예제 5.3.1 : $\mathbb{R}^n$에 있는 유한 집합(finite set) S는 닫힌 집합이다.

풀이: $S = \{s_1, s_2, \ldots, s_n\}$라 하자. $\mathbb{R}^n - \{s_i\}$는 열린 집합이므로 $\{s_i\}$는 닫힌 집합이다. 정리 5.3.2에 의하여 $S = \bigcup_{i=1}^{n} \{s_i\}$는 닫힌 집합이다.

정의 5.3.4 (X,d)를 거리 공간이라 하고 $x \in X$, $S \subseteq X$라 하자. 임의의 $\epsilon > 0$에 대하여 $B(x,\epsilon) \bigcap (S \setminus \{x\}) \neq \emptyset$이면 x를 S의 **쌓인점(accumulation point)**이라 한다.

예제 5.3.2 : (X,d)을 거리 공간이라 하고 $S \subseteq T \subseteq X$이라 하자. S'를 S의 모든 쌓인점들의 집합이라 하고 T'를 T의 모든 쌓인점들의 집합이라 할 때 $S' \subseteq T'$를 증명하여라.

풀이 : $p \in S'$라 하자. 그러면 모든 $\epsilon > 0$에 대하여 $B(p,\epsilon) \cap (S \setminus \{p\}) \neq \emptyset$ 이다. $S \subseteq T$이므로 모든 $\epsilon > 0$에 대하여 $B(p,\epsilon) \cap (T \setminus \{p\}) \neq \emptyset$ 이다. 즉, $p \in T'$이다. 그러므로 $S' \subseteq T'$이다.

다음의 정리 5.3.5는 거리 공간에서 주어진 집합이 닫힌 집합임을 증명하는데 많이 이용되는 중요 정리이다.

정리 5.3.5 (X,d)를 거리 공간, $A \subseteq X$, A의 모든 쌓인점들의 집합을 A'이라 하자. A가 닫힌 집합일 필요충분 조건은 $A' \subseteq A$이다.

증명 $(\Rightarrow)$ A가 닫힌 집합이라 하자. 그러면 A^c가 열린 집합이다. $x \in A^c$라 하자. 그러면 $B(x,\epsilon) \subseteq A^c$를 만족하는 $\epsilon > 0$이 존재한다. 즉, $B(x,\epsilon) \cap A = \emptyset$을 만족하는 $\epsilon > 0$이 존재한다. 그러므로

$$B(x,\epsilon) \bigcap (A \setminus \{x\}) = \emptyset$$

를 만족하는 $\epsilon > 0$이 존재한다. 따라서 x는 A의 쌓인점이 아니다. 대우의 법칙에 의하여 x가 A의 쌓인점이면 $x \notin A^c$, 즉 $x \in A$이다. 따라서 $A' \subseteq A$이다.

$(\Leftarrow)$ $A' \subseteq A$라 전제하자. $x \in A^c$라 하자. 그러면 x는 A의 쌓인점이 아니다. 그러므로 $B(x,\epsilon) \bigcap (A \setminus \{x\}) = \emptyset$를 만족하는 $\epsilon > 0$이 존재한다. $x \in A^c$이므로 $B(x,\epsilon) \cap A = \emptyset$를 만족하는 $\epsilon > 0$이 존재한다.즉, $B(x,\epsilon) \subseteq A^c$를 만족하는 $\epsilon > 0$이 존재한다. 그러므로 A^c가 열린 집합이다. 따라서 A가 닫힌 집합이다.

예제 5.3.3 :

$$T = \left\{ \frac{1}{n} \in \mathbb{R} : n = 1, 2, 3, \dots \right\} \cup \{0\}$$

라 하면 T는 닫힌 집합이다.

풀이: T의 쌓인점들의 집합은 $\{0\}$이다. 즉, $T' = \{0\}$이다. $T' \subseteq T$이므로 정리 5.3.5에 의하여 T는 닫힌 집합이다

예제 5.3.4 $B=\{(x,y)\in\mathbb{R}^2 : x^2+y^2\geq 1\}$일 때 B가 닫힌집합임을 보여라.

풀이 : $(p,q)\in B^c$라 하자. (p,q)에서 원 $x^2+y^2=1$까지의 최단 거리 s를 구하기 위하여 원 위의 점을 $(t,\frac{tq}{p})$라 하자. $(t,\frac{tq}{p})$가 원 위의 점이므로 $t^2+\frac{t^2q^2}{p^2}=1$이다. 이 식을 풀면 $t=\frac{p}{\sqrt{p^2+q^2}}$이다. (p,q)와 $(\frac{p}{\sqrt{p^2+q^2}},\frac{q}{\sqrt{p^2+q^2}})$의 거리가 최단 거리가 되므로

$$s=\sqrt{(p-\frac{p}{\sqrt{p^2+q^2}})^2+(q-\frac{q}{\sqrt{p^2+q^2}})^2}$$

이다. 그러므로 임의의 $(p,q)\in B$에 대하여

$$(p,q)\in B((p,q),\epsilon)\subset B^c$$

를 만족하는 $\epsilon=\frac{s}{2}$이 존재한다. 그러므로 B^c가 열린 집합이다.

연습 문제 5.3

1. $B=\{(x,y)\in\mathbb{R}^2 : x^2+y^2\leq 1\}$라 할 때 B가 닫힌 집합임을 보여라.
2. $S=\{x_1,x_2,\ldots,x_k\}\subseteq\mathbb{R}$라 할 때 S가 닫힌 집합임을 보여라.
3. $B=\{(x,y)\in\mathbb{R}^2 : y<x+1\}$이라 할 때 B의 쌓인점을 구하여라.
4. 다음 B의 쌓인점(accumulation point)을 구하여라.

$$B=\left\{\frac{3n-1}{n} : n=1,2,\ldots\right\}$$

5. (X,d)를 거리공간이라 하고 $S\subseteq X$를 유한 집합이라 할 때

   $T=\{x\in X : d(x,y)\leq 1\ \ for\ some\ y\in S\}$가 닫힌 집합임을 증명하라.

6. x_n을 $\mathbb{R}$에 있는 유계수열로서 모든 원소가 다르다고 하자. $\{x_1, x_2, x_3, \ldots\}$가 쌓인점을 갖는 것을 증명하라.

제 5.4 절 닫힘

정의 5.4.1 (X, d)를 거리 공간이라 하고 $S \subseteq X$라 하자. S를 포함하고 있는 모든 닫힌 집합들의 교집합을 S의 **닫힘(closure)**이라 하고 이를 $\overline{S}$로 나타낸다.

위의 정의와 정리 5.3.3에 의하면 $\overline{S}$는 S를 포함하는 가장 작은 닫힌 집합(the smallest closed set)이라는 것을 알 수 있다.

정리 5.4.2 (X, d)를 거리 공간이라 하고 $S \subseteq X$이라 하자. S가 닫힌 집합일 필요충분 조건은 $\overline{S} = S$이다.

증명 $(\Rightarrow)$ S가 닫힌 집합이라 하자. $x \in \overline{S}$라 하자. 그러면 S를 포함하는 모든 닫힌 집합 S_i에 대하여 $x \in S_i$이다. $S \subseteq S$이고 S가 닫힌 집합이므로 $x \in S$이다. 그러므로 $\overline{S} \subseteq S$이다. 또한 $S \subseteq \overline{S}$이므로 $S = \overline{S}$이다.
$(\Leftarrow)$ $\overline{S} = S$라 하자. $\overline{S}$는 S를 포함하는 닫힌 집합들의 교집합이므로 정리 5.3.3에 의하여 닫힌 집합이다. 그러므로 S도 닫힌집합이다.

다음의 정리 5.4.3은 자체적으로도 의미가 있지만 정리 5.4.4를 증명하는데 기본이 되는 중요 정리이다.

정리 5.4.3 (X,d)를 거리 공간이라 하고 $A \subseteq X$이라 하자. A'를 A의 모든 쌓인점들의 집합이라 할 때 $A \cup A'$는 닫힌집합이다.

증명 $p \in (A \cup A')^c$라 하자. 그러면 $p \notin A$이고 $p \notin A'$이다. $p \notin A'$이므로 $B(p,\epsilon) \cap (A \setminus \{p\}) = \emptyset$을 만족하는 $\epsilon > 0$이 존재한다. $p \notin A$이므로 $B(p,\epsilon) \cap A = \emptyset$을 만족하는 $\epsilon > 0$이 존재한다.

$g \in B(p,\epsilon) \cap A'$이라 가정하자. 그러면 $d(p,g) < \epsilon$이고 g는 A의 쌓인점이다. 즉, 임의의 $\epsilon' > 0$에 대하여 $B(g,\epsilon') \cap (A \backslash \{g\}) \neq \emptyset$이다. 그러므로

$$B(g, \frac{\epsilon - d(p,g)}{2}) \cap A \neq \emptyset$$

이다.

$$B(g, \frac{\epsilon - d(p,g)}{2}) \subseteq B(p,\epsilon)$$

을 보이기 위하여

$$r \in B(g, \frac{\epsilon - d(p,g)}{2})$$

라 하자. 그러면

$$d(r,g) < \frac{\epsilon - d(p,g)}{2}$$

이다. 그러므로

$$d(r,p) \leq d(r,g) + d(g,p) < \frac{\epsilon - d(p,g)}{2} + d(p,g) = \frac{\epsilon + d(p,g)}{2} < \epsilon$$

이다. 즉, $r \in B(p,\epsilon)$이 되어

$$B(g, \frac{\epsilon - d(p,g)}{2}) \subseteq B(p,\epsilon)$$

이다. 그러므로 $B(p,\epsilon)\cap A\neq\emptyset$이다. 모순이 일어나 $B(p,\epsilon)\cap A'=\emptyset$이다.

그러므로 $B(p,\epsilon)\cap(A\cup A')=(B(p,\epsilon)\cap A)\cup(B(p,\epsilon)\cap A')=\emptyset$이다. 즉, $B(p,\epsilon)\subseteq(A\cup A')^c$이다. 따라서 $(A\cup A')^c$가 열린 집합이되어 $A\cup A'$가 닫힌 집합이다.

정리 5.4.4 (X,d)를 거리 공간이라 하고 $A\subseteq X$이라 하자. A'를 A의 모든 쌓인점들의 집합이라 하면 $\overline{A}=A\cup A'$이다.

증명 $A\subseteq\overline{A}$이므로 $A'\subseteq\overline{A}'$이다. $\overline{A}$가 닫힌 집합이므로 정리 5.3.5에 의하여 $\overline{A}'\subseteq\overline{A}$이다. 그러므로 $A'\subseteq\overline{A}$이다. 따라서 $A\cup A'\subseteq\overline{A}$이다. 정리 5.4.3에 의하여 $A\cup A'$는 닫힌 집합이고 $A\subseteq A\cup A'$이므로 $\overline{A}\subseteq A\cup A'$이다. 그러므로 $\overline{A}=A\cup A'$이다.

정리 5.4.5 (X,d)를 거리 공간이라 하고 $A\subseteq X$이라 하자. $x\in\overline{A}$일 필요충분 조건은 $\inf\{d(x,y):y\in A\}=0$이다.

증명 $(\Rightarrow)$ $x\in\overline{A}$라 하자. 그러면 $x\in A$ 또는 $x\in A'$이다. $x\in A$이면 $\inf\{d(x,y):y\in A\}=0$이다. $x\in A'$라 하자. 모든 $\epsilon>0$에 대하여 $B(x,\epsilon)\cap(A\setminus\{x\})\neq\emptyset$이다. 즉, 모든 $\epsilon>0$에 대하여 $y\in A$, $y\in B(x,\epsilon)$, $y\neq x$를 만족하는 y가 존재한다. 그러므로 모든 $\epsilon>0$에 대하여 $d(x,y)<\epsilon$을 만족하는 $y\neq x$인 $y\in A$가 존재한다. $S=\{d(x,y):y\in A\}$라 하자. 그러면 모든 $\epsilon>0$에 대하여 $t<0+\epsilon$을 만족하는 $t\in S$가 존재한다. 정리 2.2.4에 의하여 $\inf S=0$이다. 즉, $\inf\{d(x,y):y\in A\}=0$이다.

($\Leftarrow$) $S = \{d(x,y) : y \in A\}$라 하자. $x \in A$이면 $x \in \overline{A}$이다. $x \notin A$라 하자. $\inf S = 0$이므로 정리 2.2.4에 의하여 모든 $\epsilon > 0$에 대하여 $t < 0 + \epsilon$을 만족하는 $t \in S$가 존재한다. 즉, 모든 $\epsilon > 0$에 대하여 $d(x,y) < \epsilon$을 만족하는 $y \neq x$인 $y \in A$가 존재한다. 그러므로 모든 $\epsilon > 0$에 대하여 $B(x,\epsilon) \cap (A \setminus \{x\}) \neq \emptyset$이다. 즉, x가 A의 쌓인점이다. 정리 5.4.4에 의하여 $x \in \overline{A}$이다.

정의 5.4.6 (X,d)를 거리 공간이라 하고 $S \subseteq X$라 하자. $\overline{S} \cap \overline{X \setminus S}$를 S의 **경계(boundary)**라 하고 $bd(S)$로 나타낸다.

정리 5.4.7 (X,d)를 거리 공간이라 하고 $A \subseteq X$이라 하자. $x \in bd(A)$일 필요충분 조건은 모든 $\epsilon > 0$에 대하여 $B(x,\epsilon)$이 A와 A^c의 점들을 포함하는 것이다.

증명 ($\Rightarrow$) $x \in \overline{A} \cap \overline{A^c}$라 하자. 그러면 $x \in A \cup A'$이고 $x \in A^c \cup (A^c)'$이다. $x \in A$이면 $x \notin A^c$이므로 $x \in (A^c)'$가 되어 모든 $\epsilon > 0$에 대하여 $B(x,\epsilon)$이 A와 A^c의 점들을 포함한다. $x \in A^c$이면 $x \notin A$이므로 $x \in A'$가 되어 모든 $\epsilon > 0$에 대하여 $B(x,\epsilon)$이 A와 A^c의 점들을 포함한다.

($\Leftarrow$) 모든 $\epsilon > 0$에 대하여 $B(x,\epsilon) \cap A \neq \emptyset$이고 $B(x,\epsilon) \cap A^c \neq \emptyset$이라 하자.

$x \in A$이면 모든 $\epsilon > 0$에 대하여 $B(x,\epsilon) \cap (A^c \setminus \{x\}) \neq \emptyset$이다. 즉, $x \in (A^c)'$이다. 그러므로 $x \in \overline{A} \cap \overline{A^c}$이다.

$x \in A^c$이면 모든 $\epsilon > 0$에 대하여 $B(x,\epsilon) \cap (A \setminus \{x\}) \neq \emptyset$이다. 즉, $x \in A'$이다. 그러므로 $x \in \overline{A} \cap \overline{A^c}$이다.

예제 5.4.1 : $S^\circ = (\overline{S^c})^c$임을 보여라.

증명: $p \in S^\circ$라 하자. 그러면 $p \in U \subseteq S$를 만족하는 열린 집합 U가 존재한다. $S^c \subseteq U^c$이고 U^c가 닫힌 집합이므로 $\overline{S^c} \subseteq \overline{U^c} = U^c$이다. 그러므로 $p \in U = (U^c)^c \subseteq (\overline{S^c})^c$이다. 따라서 $S^\circ \subseteq (\overline{S^c})^c$이다.

$p \in (\overline{S^c})^c$라 하자. $(\overline{S^c})^c$가 열린 집합이므로 $p \in B(p, \epsilon) \subseteq (\overline{S^c})^c$을 만족하는 $B(p, \epsilon)$이 존재한다. $(\overline{S^c})^c \subseteq (S^c)^c = S$이므로 $p \in B(x, \epsilon) \subseteq S$를 만족하는 열린 볼 $B(x, \epsilon)$이 존재한다. 그러므로 $p \in S^\circ$이다. 따라서 $(\overline{S^c})^c \subseteq S^\circ$이다.

예제 5.4.2 : $(bd(S))^c = S^\circ \cup (S^c)^\circ$임을 보여라.

증명: $bd(S) = \overline{S} \cap \overline{S^c}$이므로 $bd(S)^c = (\overline{S})^c \cup (\overline{S^c})^c$이다. 예제 5.4.1에 의하여 $(S^c)^\circ = \overline{(S^c)^c}^c = (\overline{S})^c$이고 $S^\circ = (\overline{S^c})^c$이다. 그러므로 $S^\circ \cup (S^c)^\circ = (\overline{S^c})^c \cup (\overline{S})^c = (\overline{S^c} \cap \overline{S})^c = (bd(S))^c$이다.

연습 문제 5.4

1.

$$B = \{(x, y) \in \mathbb{R}^2 : y > x^2 + 3\}$$

라 할 때 $\overline{B}$를 구하여라.

2.

$$B = \{(x, y) \in \mathbb{R}^2 : y \leq x^2 + 3\}$$

라 할 때 B의 경계를 구하여라.

3. S, T를 거리공간 내의 집합이라 하자.

$$\overline{S \cap T} \subseteq \overline{S} \cap \overline{T}$$

임을 증명하라.

4. S, T를 거리공간 내의 집합이라 하자.

$$\overline{S \cup T} = \overline{S} \cup \overline{T}$$

임을 증명하라.

5. $B \subseteq \mathbb{R}$이라 하고 $p \in \inf B$라 하자. $p \in \overline{B}$를 증명하라.

6. X를 거리 공간이라 하고 $A, B \subseteq X$이라 할 때 다음을 증명하라.

$$bd(A \cup B) \subseteq bd(A) \cup bd(B)$$

7. X를 거리 공간이라 하고 $B \subseteq X$이라 할 때 다음을 증명하라.

$$bd(B) \cup B = \overline{B}$$

8. X를 거리 공간이라 하고 $B \subseteq X$이라 할 때 다음을 증명하라.

$$bd(B) = bd(B^c)$$

9. X를 거리 공간이라 하고 $B \subseteq X$이라 할 때 다음을 증명하라.

$$B \setminus bd(B) = B^\circ$$

10. X를 거리 공간이라 하고 $B \subseteq C \subseteq X$이라 하자. $\overline{B} \subseteq \overline{C}$를 증명하라.

제 5.5 절 거리 공간에서의 수열

정의 5.5.1 (X,d)를 거리 공간이라 하고 x_k를 X에 있는 수열이라 하자. 임의의 $\epsilon > 0$ 대하여

$$k \geq N \Rightarrow d(x, x_k) < \epsilon$$

을 만족하는 양의 정수 N이 존재하면 수열 x_k이 x로 **수렴한다**고 한다.

정리 5.5.2 (X,d)를 거리 공간이라 하고 x_k를 X에 있는 수열이라 하자. x_k가 x로 수렴할 필요 충분 조건은 x를 포함하는 모든 열린집합 U에 대하여 $k \geq N \Rightarrow x_k \in U$를 만족하는 양의 정수 N이 존재하는 것이다.

증명 $(\Rightarrow)$ 임의의 $\epsilon > 0$에 대하여 $k \geq N \Rightarrow d(x_k, x) < \epsilon$를 만족하는 양의 정수 N이 존재한다라고 전제하자. U를 x를 포함하는 열린 집합이라 하자. 그러면 $B(x,\epsilon) \subseteq U$를 만족하는 $\epsilon > 0$이 존재한다. 그러므로 x를 포함하는 임의의 열린집합 U에 대하여 $k \geq N \Rightarrow x_k \in B(x,\epsilon) \subseteq U$를 만족하는 양의 정수 N이 존재한다. 즉, x를 포함하는 임의의 열린집합 U에 대하여 $k \geq N \Rightarrow x_k \in U$를 만족하는 양의 정수 N이 존재한다.

$(\Leftarrow)$ x를 포함하는 모든 열린집합 U에 대하여 $k \geq N \Rightarrow x_k \in U$를 만족하는 양의 정수 N이 존재한다라 전제하자. $\epsilon > 0$이 주어졌다 하자. $B(x,\epsilon)$가 x를 포함하는 열린 집합이므로 $k \geq N \Rightarrow x_k \in B(x,\epsilon)$를 만족하는 양의 정수 N이 존재한다. 그러므로 임의의 $\epsilon > 0$에 대하여 $k \geq N \Rightarrow d(x_k, x) < \epsilon$를 만족하는 양의 정수 N이 존재한다.

정리 5.5.3 (X, d)를 거리 공간이라 하고 $S \subseteq X$라 하자. S가 닫힌 집합일 필요충분 조건은 S내에 있는 모든 수렴하는 수열 x_k의 극한(limit)이 S에 있다 이다.

증명 ($\Rightarrow$) S를 닫힌 집합이라 하고 $x_k \to x$ 라 하자. $\epsilon > 0$이 주어졌다 하자. 그러면 $k \geq N \Rightarrow d(x_k, x) < \epsilon$, 즉, $k \geq N \Rightarrow x_k \in B(x, \epsilon)$를 만족하는 양의 정수 N이 존재한다. 그러므로 임의의 $\epsilon > 0$에 대하여

$$B(x, \epsilon) \cap (S \setminus \{x\}) \neq \emptyset$$

이다. 즉, x는 S의 쌓인점이다. 정리 5.3.5에 의하여 $x \in S$이다.

($\Leftarrow$) S내에 있는 모든 수렴하는 수열 x_k의 극한이 S에 있다고 전제하자. x를 S의 쌓인점이라 하자. 그러면 임의의 $\epsilon > 0$에 대하여

$$B(x, \epsilon) \cap (S \setminus \{x\}) \neq \emptyset$$

이다. $\epsilon = \frac{1}{k}$라 하면 $z \in B(x, \frac{1}{k})$, $z \neq x$인 $z \in S$가 존재한다. z가 k의 영향을 받으므로 $z = x_k$라 하자. 즉, $x_k \in B(x, \frac{1}{k})$이므로

$$d(x_k, x) < \frac{1}{k},\ x_k \neq x$$

을 만족하는 $x_k \in S$가 존재한다. 임의의 $\epsilon > 0$에 대하여

$$k \geq N \Rightarrow d(x_k, x) < \frac{1}{k} \leq \frac{1}{N} < \epsilon$$

을 만족하는 양의 정수 $N > \frac{1}{\epsilon}$이 존재한다. 그러므로 $x_k \to x$이다. 전제에 의하여 $x \in S$이다. 정리 5.3.5에 의하여 S는 닫힌집합이다.

정리 5.5.4 (X, d)를 거리 공간이라 하고 $S \subseteq X$라 하자. $x \in \overline{S}$일 필요충분조건은 $x_k \to x$를 만족하는 수열 $x_k \in S$가 존재하는 것이다.

증명 $(\Rightarrow)$ $x \in \overline{S}$라고 전제하자. 정리 5.4.4에 의하면 $x \in S$이거나 x는 S의 쌓인점이다. $x \in S$이면 수열 $x_1 = x, x_2 = x, x_3 = x, \ldots$ 이 x로 수렴한다. x를 S의 쌓인점이라 하자. 그러면 임의의 $\epsilon > 0$에 대하여 $B(x, \epsilon) \cap (S \setminus \{x\}) \neq \emptyset$이다. $\epsilon = \frac{1}{k}$라 하면 $z \in B(x, \frac{1}{k})$, $z \neq x$인 $z \in S$가 존재한다. z가 k의 영향을 받으므로 $z = x_k$라 하자. 즉, $x_k \in B(x, \frac{1}{k})$이므로

$$d(x_k, x) < \frac{1}{k},\ x_k \neq x$$

을 만족하는 $x_k \in S$이 존재한다. 임의의 $\epsilon > 0$에 대하여

$$k \geq N \Rightarrow d(x_k, x) < \frac{1}{k} \leq \frac{1}{N} < \epsilon$$

을 만족하는 양의 정수 $N > \frac{1}{\epsilon}$이 존재한다. 그러므로 $x_k \to x$을 만족하는 수열 $x_k \in S$가 존재한다.

$(\Leftarrow)$ $x_k \to x$를 만족하는 수열 $x_k \in S$가 존재한다고 전제하자. 그러면 임의의 $\epsilon > 0$에 대하여

$$k \geq N \Rightarrow d(x_k, x) < \epsilon,\ that\ is,\ k \geq N \Rightarrow x_k \in B(x, \epsilon)$$

을 만족하는 양의 정수 N이 존재한다. 그러므로 임의의 $\epsilon > 0$에 대하여 $B(x, \epsilon) \cap (S \setminus \{x\}) \neq \emptyset$이다. 즉, x는 S의 쌓인점이다. 정리 5.4.4에 의하면 $\overline{S} = S \cup S'$이다. 그러므로 $x \in \overline{S}$이다.

예제 5.5.1 : x_n을 $\mathbb{R}^m$에 있는 수열로서 $x_n \to x$이고 모든 n에 대하여 $\|x_n\| \leq 3$이 라고 하자. 그러면 $\|x\| \leq 3$이다.

풀이: $S = \{y \in \mathbb{R}^m : \|y\| \leq 3\}$라 하자. 그러면 S는 닫힌집합이고 $x_n \in S$이다. $x_n \to x$이므로 정리 5.5.3에 의하여 $x \in S$이다. 즉, $\|x\| \leq 3$이다.

예제 5.5.2 :

$$S = \left\{ \frac{n}{n+1} \in \mathbb{R} : \; n = 1, 2, \ldots \right\} \subseteq \mathbb{R}$$

이라 할 때 $\overline{S}$를 구하여라.

풀이: $\frac{n}{n+1} \to 1$이므로 $S' = \{1\}$이다. 정리 5.4.4에 의하여 $\overline{S} = S \cup S'$이므로 $\overline{S} = S \cup \{1\}$이다.

정의 5.5.5 (X, d)를 거리 공간이라 하고 x_k를 X에 있는 수열이라 하자. 모든 $\epsilon > 0$에 대하여

$$k, l \geq N \Rightarrow d(x_k, x_l) < \epsilon$$

을 만족하는 양의 정수 N이 존재하면 x_k를 **코시 수열(Cauchy sequence)**이라고 한다. X내에 있는 모든 코시수열이 X내의 한 점으로 수렴하면 X를 **완비 거리 공간(complete metric space)**이라고 한다.

정의 5.5.6 (X, d)를 거리 공간, x_k를 X에 있는 수열, $x \in X$라 하자. 모든 k에 대하여 $d(x_k, x) < M$을 만족하는 M이 존재하면 수열 x_k를 **유계(bounded)**라고 한다.

정의 5.5.7 $(X, \|\cdot\|)$를 놈 공간이라 하고 $x_k \in X$라 하자. 모든 k에 대하여 $\|x_k\| < M$을 만족하는 M이 존재하면 수열 x_k를 **유계(bounded)**라 한다.

정리 5.5.8 (X, d)를 거리 공간이라 하자. 수열 $x_k \in X$가 수렴하면 x_k는 유계이다.

증명 $x_k \to x$라 하자. 그러면 $k \geq N \Rightarrow d(x_k, x) < 1$을 만족하는 양의 정수 N이 존재한다.

$$M = \max\{d(x_1, x),\ d(x_2, x), \ldots, d(x_{N-1}, x),\ 1\}$$

라 하자. 그러면 M은 유한 실수이고 모든 n에 대하여 $d(x_n, x) \leq M$이다.

정리 5.5.9 (X, d)를 거리 공간이라 하자. $x_k \in X$가 코시 수열이면 x_k는 유계이다.

증명 x_k를 코시수열이라 하자. 그러면

$$n,\ k \geq N \Rightarrow d(x_n, x_k) < 1$$

을 만족하는 양의 정수 N이 존재한다. $k = N$이면

$$n \geq N \Rightarrow d(x_n, x_N) < 1$$

을 만족하는 양의 정수 N이 존재한다. 그러므로 $n = N, n = N+1, \ldots$에 대하여 $d(x_n, x_N) < 1$이다. $M = \max\{d(x_1, x_N),\ d(x_2, x_N), \ldots, d(x_{N-1}, x_N),\ 1\}$라 하자. 그러면 M은 유한 실수이고 모든 n에 대하여 $d(x_n, x_N) \leq M$이다.

정리 5.5.10 (X, d)를 거리 공간이라 하자. X에 있는 모든 수렴하는 수열은 코시 수열이다.

증명 $x_k \to x$라 하자. 임의의 $\epsilon > 0$에 대하여

$$k \geq N \Rightarrow d(x_k, x) < \frac{\epsilon}{2}$$

을 만족하는 양의 정수 N이 존재한다. 그러므로 임의의 $\epsilon > 0$에 대하여

$$k,\ l \geq N \Rightarrow d(x_k, x_l) \leq d(x_k, x) + d(x, x_l) < \frac{\epsilon}{2} + \frac{\epsilon}{2} = \epsilon$$

을 만족하는 양의 정수 N이 존재한다.

정리 5.5.11 (X, d)를 거리 공간이라 하고 수열 $x_n \in X$를 코시 수열이라 하자. x_n의 부분수열이 x로 수렴하면 x_n도 x로 수렴한다.

증명 $\epsilon > 0$이 주어졌다 하자. x_n이 코시수열이므로

$$n, m \geq N \Rightarrow d(x_n, x_m) < \frac{\epsilon}{2}$$

을 만족하는 양의 정수 N이 존재한다. x_{n_k}이 수렴하므로

$$k \geq M \Rightarrow d(x_{n_k}, x) < \frac{\epsilon}{2}$$

을 만족하는 양의 정수 M가 존재한다. $L = \max\ (N, M)$라 하자. 그러면 $d(x_{n_L}, x) < \frac{\epsilon}{2}$이다. $n_L \geq L \geq N$이므로

$$n \geq N \Rightarrow d(x_n, x) \leq d(x_n, x_{n_L}) + d(x_{n_L}, x) < \frac{\epsilon}{2} + \frac{\epsilon}{2} = \epsilon$$

을 만족하는 양의 정수 N이 존재한다.

정리 5.5.12 (X, d)를 거리 공간이라 하고 $S \subseteq X$를 완비 집합이라 하면 S가 닫힌 집합이다.

증명 $x_n \in S$을 x로 수렴하는 수열이라 하자. 그러면 정리 5.5.10에 의하여 $x_n \in S$은 코시 수열이다. S가 완비 공간이므로 x_n은 S내의 한 점으로 수렴한다. 수렴하는 점은 유일하므로 $x \in S$이다. 그러므로 S는 닫힌 집합이다.

정리 5.5.13 : x_n과 y_n을 거리 공간 (X, d)에 있는 코시 수열이라 하면 수열 $d(x_n, y_n)$이 수렴한다.

증명 $d(x_n, y_n) \le d(x_n, x_m) + d(x_m, y_m) + d(y_m, y_n)$이므로

$$d(x_n, y_n) - d(x_m, y_m) \le d(x_n, x_m) + d(y_m, y_n)$$

이다. $d(x_m, y_m) \le d(x_m, x_n) + d(x_n, y_n) + d(y_n, y_m)$이므로

$$d(x_m, y_m) - d(x_n, y_n) \le d(x_n, x_m) + d(y_m, y_n)$$

이다. 그러므로

$$|d(x_n, y_n) - d(x_m, y_m)| \le d(x_n, x_m) + d(y_m, y_n)$$

이다. $\epsilon > 0$이 주어졌다 하자. x_n이 코시 수열이므로

$$n, m \ge N_1 \Rightarrow d(x_n, x_m) < \frac{\epsilon}{2}$$

를 만족하는 N_1이 존재한다. y_n이 코시 수열이므로

$$n, m \ge N_2 \Rightarrow d(y_n, y_m) < \frac{\epsilon}{2}$$

를 만족하는 N_2이 존재한다. $N = \max(N_1, N_2)$라 하자. 그러면

$$n, m \geq N \Rightarrow |d(x_n, y_n) - d(x_m, y_m)| \leq d(x_n, x_m) + d(y_m, y_n) < \frac{\epsilon}{2} + \frac{\epsilon}{2} = \epsilon$$

를 만족하는 N이 존재한다. 즉, $d(x_n, y_n)$이 $\mathbb{R}$에서의 코시 수열이다. $\mathbb{R}$이 완비 공간이므로 $d(x_n, y_n)$이 수렴한다.

정리 5.5.14 : (X, d)를 거리 공간이라 하고 $x_n \in X$이 x로 수렴한다 하자. $y \in X$이면 $d(x_n, y)$이 $d(x, y)$로 수렴한다.

증명 $d(x_n, y) \leq d(x_n, x) + d(x, y)$이므로

$$d(x_n, y) - d(x, y) \leq d(x_n, x)$$

이다. $d(x, y) \leq d(x, x_n) + d(x_n, y)$이므로

$$d(x, y) - d(x_n, y) \leq d(x_n, x)$$

이다. 그러므로

$$|d(x_n, y) - d(x, y)| \leq d(x_n, x)$$

이다. $\epsilon > 0$이 주어졌다 하자. x_n이 수렴하므로

$$n \geq N \Rightarrow d(x_n, x) < \epsilon$$

를 만족하는 N이 존재한다. 그러므로

$$n \geq N \Rightarrow |d(x_n, y) - d(x, y)| \leq d(x_n, x) < \epsilon$$

를 만족하는 N이 존재한다.

예제 5.5.3 : (X, d)를 거리 공간이라 하고 $x_n \in X$이 x로 수렴하고 $y_n \in X$이 y로 수렴한다 하자. 그러면 $d(x_n, y_n) \to d(x, y)$이다.

증명 : $d(x_n, y_n) \leq d(x_n, x) + d(x, y) + d(y, y_n)$이므로

$$d(x_n, y_n) - d(x, y) \leq d(x_n, x) + d(y, y_n)$$

이다. $d(x, y) \leq d(x, x_n) + d(x_n, y_n) + d(y_n, y)$이므로

$$d(x, y) - d(x_n, y_n) \leq d(x, x_n) + d(y_n, y)$$

이다. 그러므로

$$|d(x_n, y_n) - d(x, y)| \leq d(x_n, x) + d(y_n, y)$$

이다. $\epsilon > 0$이 주어졌다 하자. $x_n \to x$이므로

$$n \geq N_1 \Rightarrow d(x_n, x) < \frac{\epsilon}{2}$$

를 만족하는 N_1이 존재한다. $y_n \to y$이므로

$$n \geq N_2 \Rightarrow d(y_n, y) < \frac{\epsilon}{2}$$

를 만족하는 N_2가 존재한다. $N = \max(N_1, N_2)$라 하자. 그러면

$$n \geq N \Rightarrow |d(x_n, y_n) - d(x, y)| \leq d(x_n, x) + d(y_n, y) < \frac{\epsilon}{2} + \frac{\epsilon}{2} = \epsilon$$

를 만족하는 N이 존재한다.

정리 5.5.15 : (X, d)을 거리 공간이라 하고 $S \subseteq X$이라 하자.

$$DM(S) := \sup\{d(p, q) : p, q \in S\}$$

라 하면 $DM(S) = DM(\overline{S})$이다.

증명 분명히 $DM(S) \leq DM(\overline{S})$이다.

$\epsilon > 0$이 주어졌다 하자.

$$p_1, p_2 \in \overline{S}$$

라 하자. 그러면

$$d(p_1, q_1) < \frac{\epsilon}{2}, \; d(p_2, q_2) < \frac{\epsilon}{2}$$

을 만족하는 $q_1, q_2 \in S$가 존재한다.

$$d(p_1, p_2) \leq d(p_1, q_1) + d(q_1, q_2) + d(q_2, p_2)$$

$$< \frac{\epsilon}{2} + DM(S) + \frac{\epsilon}{2} = \epsilon + DM(S)$$

이므로

$$DM(\overline{S}) < \epsilon + DM(S)$$

이다. $\epsilon > 0$이 임의로 주어졌으므로 $DM(\overline{S}) = DM(S)$이다.

정의 5.5.16 x_n을 거리 공간 (X, d)에 있는수열이라 하자. 모든 $\epsilon > 0$에 대하여 $d(x_n, x) < \epsilon$을 만족하는 n이 무한히 많을 때 x를 수열 x_n의 **클러스터 포인트(cluster point)**라고 한다.

예제 5.5.4 : x_k을 거리 공간 (X,d)에 있는 수열이라 하자. 그러면 수열 x_k의 모든 크러스터 포인트들의 집합은 닫힌 집합이다.

풀이: S를 수열 x_k의 모든 크러스터 포인트들의 집합이라 하자. y_n을 S에 있는 수열로서 $y_n \to y$라 하자. $\epsilon > 0$이 주어졌다 하자. 그러면 $n \geq N \Rightarrow d(y_n, y) < \frac{\epsilon}{2}$을 만족하는 양의 정수 N이 존재한다. y_N이 수열 x_k의 크러스터 포인트이므로 $d(x_k, y_N) < \frac{\epsilon}{2}$을 만족하는 무한히 많은 k가 존재한다. 그러므로 $d(x_k, y) \leq d(x_k, y_N) + d(y_N, y) < \frac{\epsilon}{2} + \frac{\epsilon}{2} = \epsilon$을 만족하는 무한히 많은 k가 존재한다. 즉, y는 수열 x_k의 크러스터 포인트이다. 따라서 $y \in S$이다. 즉, S는 닫힌 집합이다.

연습 문제 5.5

1. X를 거리 공간이라 하고 X에서 $x_n \to x$라 하자.

   $B = \{x_1, x_2, \ldots\} \cup \{x\}$가 닫힌 집합임을 증명하라.

2. (X,d)를 완비 거리 공간이라 하고 $S \subseteq X$를 닫힌 집합이라 할 때 S가 완비(complete) 집합인 것을 증명하라.

3. $X,\ Y \subseteq \mathbb{R}$를 닫힌 집합이라 하자. $X \times Y \in \mathbb{R}^2$가 닫힌 집합임을 보여라.

4. (X,d)를 거리 공간이라 하고 $S \subseteq X$이라 하자.

   $DM(S) := \sup\{d(p,q) : p, q \in S\}$라 정의하자. $x_n \in X$을 수열이라 하고 $S_N = \{x_N, x_{N+1}, \ldots\}$라 하자. x_n이 코시수열일 필요충분 조건은 $\lim_{N\to\infty} DM(S_N) = 0$임을 증명하라.

5. $\mathbb{R}^n$에 있는 수열 x_n이 코시 수열일 필요 충분 조건은 0을 포함하는 모든 열린 집합에 대하여 $k, l \geq N \Rightarrow x_k - x_l \in U$를 만족하는 양의 정수 N이 존재하는 것이다라는 것을 증명하라.

6. 수열 x_n이 거리 공간 (X, d)에 있다 하자. x가 x_n의 클러스터 포인트가 되는 필요 충분 조건이 임의의 $\epsilon > 0$과 모든 N에 대하여 $d(x_n, x) < \epsilon$을 만족하는 $n > N$이 존재한다는 것을 증명하라.

7. 수열 x_n이 거리 공간 (X, d)에 있다 하자. x가 x_n의 클러스터 포인트가 되는 필요 충분 조건은 x_n의 적어도 하나의 부분 수열이 x로 수렴한다는 것을 증명하라.

8. x_n을 거리 공간 (X, d)에 있는 수열이라 하자. $x_n \to x$가 되는 필요충분조건은 x_n의 모든 부분 수열이 x로 수렴하는 것이다.

제 5.6 절 컴팩트 집합

정의 5.6.1 (X, d)를 거리 공간이라 하고 $S \subseteq X$라 하자. $S \subseteq \cup_{i \in I} U_i$를 만족하는 집합들의 모임 $\{U_i : i \in I\}$을 S의 **덮개(cover)**라고 한다. 모든 $i \in I$에 대하여 U_i가 열린 집합이면 $\{U_i : i \in I\}$를 **열린 덮개(open cover)**라고 한다. 덮개 $\{U_i : i \in I\}$의 부분 모임(subcollection)의 합집합이 S를 포함하면 부분 모임(subcollection)을 덮개 $\{U_i : i \in I\}$의 **부분덮개(subcover)**라고 한다. 부분덮개가 유한 개의 집합들로 구성되어 있으면 부분 덮개를 **유한 부분 덮개(finite subcover)**라 한다.

예제 5.6.1 : $S = (2,7] \subseteq \mathbb{R}$이라 하자. $S_1 = (1,4), S_2 = (2,5), S_3 = (3,6), S_4 = (4,7), S_5 = (5,8)$이라 하자. 그러면

$$S \subseteq S_1 \cup S_2 \cup S_3 \cup S_4 \cup S_5$$

이므로 $\{S_1, S_2, S_3, S_4, S_5\}$는 S의 덮개이다. S_1, S_2, S_3, S_4, S_5가 모두 열린집합이므로 $\{S_1, S_2, S_3, S_4, S_5\}$는 S의 열린 덮개이다.

$$S \subseteq S_1 \cup S_3 \cup S_5$$

이므로 $\{S_1, S_3, S_5\}$는 덮개 $\{S_1, S_2, S_3, S_4, S_5\}$의 부분덮개이다. 부분덮개 $\{S_1, S_3, S_5\}$가 세 개의 집합으로 구성되어 있으므로 부분 덮개 $\{S_1, S_3, S_5\}$는 유한 부분 덮개이다.

정의 5.6.2 X를 거리 공간이라 하고 $S \subseteq X$라 하자. S의 모든 열린 덮개(open cover)가 유한 부분 덮개를 갖으면 S를 **컴팩트(compact)**하다 한다.

예제 5.6.2 : 유한 집합 $B = \{x_1, x_2, \ldots, x_k\} \subseteq \mathbb{R}^2$가 컴팩트한 것을 보여라.

풀이 : $\{U_i : i \in I\}$를 B의 임의의 열린 덮개라 하자. 그러면

$$B = \{x_1, x_2, \ldots, x_k\} \subseteq \bigcup_{i \in I} U_i$$

이므로 $x_1 \in U_{n_1}, x_2 \in U_{n_2}, \ldots, x_k \in U_{n_k}$를 만족하는 $n_1, n_2, \ldots, n_k \in I$가 존재한다. 즉, $B \subseteq U_{n_1} \cup U_{n_2} \cup \cdots \cup U_{n_k}$이다. 따라서 B의 임의의 열린 덮개 $\{U_i : i \in I\}$가 유한 부분 덮개 $\{U_{n_1}, U_{n_2}, \ldots, U_{n_k}\}$를 갖는다. 그러므로 B가 컴팩트 집합이다.

정리 5.6.3 (X,d)를 거리 공간이라 하고 $S \subseteq X$를 컴팩트 집합이라 하자. 그러면 S는 닫힌 집합이다.

증명 $x \in S^c$라 하자. $y \in S$에 대하여

$$A_y = \{p : d(p,x) < \frac{1}{2}d(x,y)\}$$

라 하고

$$B_y = \{p : d(p,y) < \frac{1}{2}d(x,y)\}$$

라 하자. $S \subseteq \cup_{y\in S} B_y$이고 S가 컴팩트 집합이므로

$$S \subseteq B_{y_1} \cup B_{y_2} \cup \cdots \cup B_{y_n} = B$$

를 만족하는 유한개의 점 $y_1, y_2, \ldots, y_n \in S$가 존재한다.

$$A = A_{y_1} \cap A_{y_2} \cap \cdots \cap A_{y_n}$$

라 하자. 그러면 A는 열린 집합이고 $x \in A$이다.

$$A \cap B = A \cap (B_{y_1} \cup B_{y_2} \cup \cdots \cup B_{y_n}) = (A \cap B_{y_1}) \cup (A \cap B_{y_2}) \cup \cdots \cup (A \cap B_{y_n})$$

$$= (A_{y_1} \cap A_{y_2} \cap \cdots \cap A_{y_n} \cap B_{y_1}) \cup (A_{y_1} \cap A_{y_2} \cap \cdots \cap A_{y_n} \cap B_{y_2}) \cup \cdots = \emptyset$$

이다. $S \subseteq B$이고 $A \cap B = \emptyset$이므로 $A \subseteq S^c$이다. 즉, 임의의 $x \in S^c$에 대하여 $x \in A \subseteq S^c$를 만족하는 열린집합 A가 존재한다. 따라서 S^c가 열린집합이 되어 S가 닫힌집합이다.

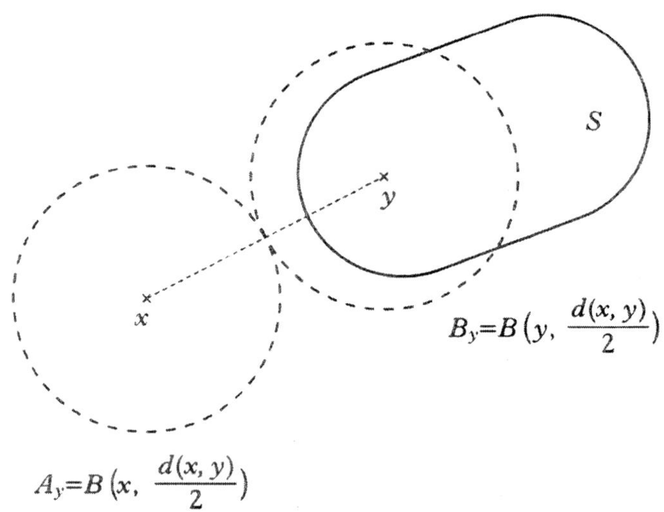

그림 5. 정리 5.6.3의 이해를 위한 그림.

정리 5.6.4 (X, d)를 거리 공간이라 하고 X를 컴팩트집합이라 하자. $S \subseteq X$가 닫힌 집합이라 하면 S는 컴팩트 집합이다.

증명 $\{U_i : i \in I\}$를 S의 열린 덮개(open cover)라 하자. 그러면 $S \subseteq \cup_{i\in I} U_i$이다. S가 닫힌 집합이므로 S^c는 열린 집합이다. $X = S \cup S^c$이므로 $X \subseteq (\cup_{i\in I} U_i) \cup S^c$이다. 즉, $\{U_i, S^c : i \in I\}$가 X의 열린 덮개이다. X가 컴팩트 집합이므로

$$X \subseteq U_{i_1} \cup U_{i_2} \cup \cdots \cup U_{i_n} \cup S^c$$

를 만족하는 $i_1, i_2, \ldots, i_n$이 존재한다. 그러므로

$$S \subseteq U_{i_1} \cup U_{i_2} \cup \cdots \cup U_{i_n}$$

이다. 따라서 S가 컴팩트 집합이다.

정의 5.6.5 X를 거리 공간이라 하고 $S \subseteq X$라 하자. S내의 모든 수열이 S내의 한 점으로 수렴하는 부분 수열을 갖을 때 S를 **수열 컴팩트(sequentially compact)**라고 한다.

정의 5.6.6 (X, d)를 거리 공간이라 하고 $S \subseteq X$라 하자. 모든 $\epsilon > 0$에 대하여 $S \subseteq \bigcup_{i=1}^{N} B(x_i, \epsilon)$을 만족하는 유한집합 $\{x_1, x_2, \ldots, x_N\} \subseteq X$이 존재하면 S를 **완전 유계(totally bounded)**라고 한다.

정리 5.6.7 (X, d)를 거리 공간이라 하고 $S \subseteq X$라 하자. S가 완전 유계이면 S는 유계이다.

증명 임의의 $\epsilon > 0$에 대하여 $S \subseteq \bigcup_{i=1}^{N} B(x_i, \epsilon)$을 만족하는 유한집합 $\{x_1, x_2, \ldots, x_N\} \subseteq X$가 존재한다.

$p \in B(x_i, \epsilon)$라 하자. 그러면 $d(p, x_i) < \epsilon$이다.

$$d(p, x_1) \leq d(p, x_i) + d(x_i, x_1) < \epsilon + d(x_i, x_1)$$

이므로 $p \in B(x_1, \epsilon + d(x_i, x_1))$이다. 그러므로 $B(x_i, \epsilon) \subseteq B(x_1, \epsilon + d(x_i, x_1))$이다. $k = \epsilon + \max\{d(x_1, x_1), d(x_1, x_2), \ldots, d(x_1, x_N)\}$라 하자. 그러면 모든 $i = 1, 2, \ldots, N$에 대하여

$$B(x_i, \epsilon) \subseteq B(x_1, \epsilon + d(x_i, x_1)) \subseteq B(x_1, k)$$

이다. 따라서

$$S \subseteq \bigcup_{i=1}^{N} B(x_i, \epsilon) \subseteq B(x_1, k).$$

정리 5.6.8 (X, d)를 거리 공간이라 하고 $S \subseteq X$라 하자. S를 수열컴팩트 집합이라 하면 S는 완전 유계(totally bounded)이다.

증명 S가 완전 유계가 아니라고 가정하자. 그러면 모든 유한집합 $\{x_1, x_2, \ldots, x_N\} \subseteq S$에 대하여 $S \subseteq \bigcup_{i=1}^{N} B(x_i, \epsilon)$을 만족하지 않는 $\epsilon > 0$이 존재한다. $x_1 \in S$라 하자. $S \subseteq B(x_1, \epsilon)$가 아니므로 $d(x_1, x_2) \geq \epsilon$을 만족하는 $x_2 \in S$가 존재한다. $S \subseteq B(x_1, \epsilon) \cup B(x_2, \epsilon)$가 아니므로 $d(x_1, x_3) \geq \epsilon$이고 $d(x_2, x_3) \geq \epsilon$를 만족하는 $x_3 \in S$가 존재한다. 이러한 과정을 반복하면 모든 $i \neq j$에 대하여 $d(x_i, x_j) \geq \epsilon$을 만족하는 수열 $x_1, x_2, \ldots$가 존재한다. 그러므로 수열 x_n은 수렴하는 부분 수열을 갖을 수 없다. 따라서 S는 수열컴팩트집합이 아니다.

정의 5.6.9 (X, d)를 거리 공간이라 하고 $S \subseteq X$라 하자. S의 모든 무한부분 집합이 S내에 쌓인점(accumulation point)을 갖을 때 S를 **가산 컴팩트(countably compact)**라고 한다.

다음 정리는 거리 공간에서의 컴팩트 집합을 규명하는 것으로 컴팩트 집합, 수열 컴팩트 집합, 가산 컴팩트 집합이 동치라는 중요 정리이다. $\mathbb{R}^n$도 거리 공간이므로 $\mathbb{R}^n$에서도 컴팩트 집합, 수열 컴팩트 집합, 가산 컴팩트 집합이 동치이다. 그렇지만 일반적으로 위상 공간(topological space)에서는 이 정리가 성립되지 않는다.

정리 5.6.10 (X, d)를 거리 공간이라 하고 $S \subseteq X$라 하자. 다음 명제들은 동치이다.

(1) S는 컴팩트하다.

(2) S는 가산컴팩트하다.

(3) S는 수열컴팩트하다.

증명 (1) $\Rightarrow$ (2): 집합 $C \subseteq S$가 S내에 쌓인점을 갖고 있지 않다고 하자. $p \in S$라 하면 p는 C의 쌓인점이 아니다. 그러므로 $B(p, \epsilon_p) \bigcap (C \setminus \{p\}) = \emptyset$을 만족하는 $B(p, \epsilon_p)$이 존재한다. 즉, $B(p, \epsilon_p)$는 많아야 하나의 C의 원소를 포함한다. S가 컴팩트하고 $S \subseteq \bigcup_{p \in S} B(p, \epsilon_p)$이므로

$$C \subseteq S \subseteq B(p_1, \epsilon_{p_1}) \cup B(p_2, \epsilon_{p_2}) \cup \cdots \cup B(p_k, \epsilon_{p_k})$$

을 만족하는 $p_1, p_2, \ldots, p_k \in S$가 존재한다. 그러므로 C는 유한집합이다. 대우의 법칙에 의하여 S의 모든 무한 부분 집합이 S내에 쌓인점(accumulation point)을 갖는다.

(2) $\Rightarrow$ (3): x_n을 S에 있는 수열이라 하자. $B = \{x_1, x_2, \ldots\}$가 유한집합이면 무한히 많은 j에 대하여 $x_j = x_p$를 만족하는 $x_p \in B \subseteq S$가 존재한다. 즉, $x_p, x_p, \ldots$는 $x_p \in S$로 수렴하는 x_n의 부분수열이다.

$$B = \{x_1, x_2, \ldots\} \subseteq S$$

를 무한집합이라 하자. S가 가산컴팩트 집합이므로 B의 쌓인점 $r \in S$이 존재한다. 따라서 r로 수렴하는 부분수열 x_{n_k}가 존재한다.

(3) ⇒ (1) $\{G_i : i \in I\}$를 S의 열린 덮개라 하자. 모든 양의 정수 n에 대하여

$$0 < d(C_n) := \sup\{d(a,b) : a, b \in C_n\} < \frac{1}{n}$$

을 만족하고 모든 G_i에 대하여 $C_n \subset G_i$를 만족하지 않는 S의 부분집합 C_n이 존재한다 가정하자. 모든 양의 정수 n에 대하여 C_n에서 한 점씩 뽑아 내고 그 점을 c_n이라 하자. $C_n \subseteq S$이고 S가 수열 컴팩트집합이므로 수열 c_n은 $s \in S$로 수렴하는 부분수열 $c_{i_1}, c_{i_2}, \ldots$를 갖는다. $s \in S$이므로 $s \in G_S$를 만족하는 열린 집합 G_s가 존재한다. 그러므로 $s \in B(s, \epsilon) \subseteq G_s$를 만족하는 $\epsilon > 0$이 존재한다. $c_{i_k} \to s$이므로

$$k \geq N_1 \Rightarrow d(s, c_{i_k}) < \frac{\epsilon}{2}$$

을 만족하는 양의 정수 N_1이 존재한다. $\frac{1}{i_{N_2}} < \frac{\epsilon}{2}$를 만족하는 양의 정수 N_2가 존재한다. $N = \max(N_1, N_2)$라 하자. 모든 양의 정수 n에 대하여 $0 < d(C_n) < \frac{1}{n}$을 만족하는 S의 부분집합 C_n이 존재하므로

$$d(s, c_{i_N}) < \frac{\epsilon}{2},\ c_{i_N} \in C_{i_N},\ d(C_{i_N}) < \frac{1}{i_N} \leq \frac{1}{i_{N_2}} < \frac{\epsilon}{2}$$

를 만족하는 C_{i_N}과 $c_{i_N} \in C_{i_N}$이 존재한다. 그러므로 $d(C_{i_N}) < \frac{1}{i_N}$과 $C_{i_N} \subseteq B(s, \epsilon) \subseteq G_s$를 만족하는 C_{i_N}가 되어 앞의 가정과 모순이 된다. 그러므로 $\alpha > 0$가 존재하여 S의 부분집합 중에서 지름이 α 보다 작은 모든 부분집합이 적어도 하나의 열린집합 G_i에 포함된다.

정리 5.6.8에 의하여 모든 $\epsilon > 0$에 대하여 $S \subseteq \bigcup_{i=1}^{N} B(x_i, \epsilon)$을 만족하는 유

한집합 $\{x_1, x_2, \ldots, x_N\} \subseteq X$이 존재한다. $\epsilon = \frac{\alpha}{3}$라 하면

$$S \subseteq \bigcup_{i=1}^{N} B(x_i, \frac{\alpha}{3})$$

을 만족하는 유한집합 $\{x_1, x_2, \ldots, x_N\} \subseteq X$이 존재한다. 모든 $B(x_i, \frac{\alpha}{3})$는 지름이 α보다 작으므로

$$S \subseteq \bigcup_{i=1}^{N} B(x_i, \frac{\alpha}{3}) \subseteq \bigcup_{i=1}^{N} G_{k_i}$$

이다. 그러므로 S는 컴팩트 집합이다.

거리 공간에 있는 집합 S가 컴팩트할 필요 충분 조건은 S가 완전 유계이고 완비 집합인 것이다. 증명은 학부 과정을 넘으므로 생략한다.

예제 5.6.3 : $\mathbb{Q}$가 컴팩트 집합인지 아닌지를 판별하라.

풀이 : $B_n = (n-1, n+1)$라 하자. 그러면 $\{B_n : n = 0, \pm1, \pm2, \ldots\}$는 $\mathbb{Q}$의 열린 덮개이다. $\{B_n : n = 0, \pm1, \pm2, \ldots\}$로부터 $\{B_n : n = 0, \pm1, \pm2, \ldots\}$의 어떤 한 개의 원소를 제거하더라도 제거되고 남은 집합은 $\mathbb{Q}$를 포함하지 못한다. 따라서 $\{B_n : n = 0, \pm1, \pm2, \ldots\}$은 유한 부분 덮개를 갖지 못한다. 즉, 유한 부분 덮개를 갖지 못하는 $\mathbb{Q}$의 열린덮개가 적어도 하나 존재 한다.

정의 5.6.2로부터 집합 S가 컴팩트하다는 것은 S의 모든 열린 덮개(open cover)가 유한 부분 덮개를 갖는다는 것이다. 이 정의의 대우를 적용하면 집합 S가 컴팩트 집합이 아닐 필요 충분 조건은 유한 부분 덮개를 갖지 않는 S의 열린 덮개가 존재 하는 것이다. 따라서 $\mathbb{Q}$는 컴팩트집합이 아니다.

예제 5.6.4 : $S = (1, 2] \subseteq \mathbb{R}$이 컴팩트 집합인지 아닌지를 판별하라.

풀이:

$$(1, 2] \subseteq \bigcup_{n=1}^{\infty} (\frac{n+1}{n}, 3)$$

이므로

$$\{(\frac{n+1}{n}, 3) : n = 1, 2, \dots\}$$

는 $(1, 2]$의 열린 덮개이다.

$$\left\{(\frac{n+1}{n}, 3) : n = 1, 2, \dots\right\}$$

가 유한 부분덮개를 갖고있다 가정하자. 그러면

$$(1, 2] \subseteq \bigcup_{n=1}^{k} (\frac{n+1}{n}, 3) = (\frac{k+1}{k}, 3)$$

을 만족하는 양의 정수 k가 존재한다. 이것이 모순이므로 $(1, 2]$의 열린 덮개

$$\{(\frac{n+1}{n}, 3) : n = 1, 2, \dots\}$$

는 유한 부분덮개를 갖지 못 한다. 즉, 유한 부분 덮개를 갖지 못하는 $(1, 2]$의 열린 덮개가 적어도 하나 존재한다. 그러므로 $(1, 2]$는 컴팩트 집합이 아니다.

다음의 유한 교차성(finite intersection property)의 정의는 자체로도 의미가 있지만 컴팩트 집합을 잘 규명하여 주는 중요 정의이다.

정의 5.6.11 (X, d)를 거리 공간이라 하고 $S \subseteq X$라 하자. X에서의 닫힌 집합들의 모임 $\{C_i : i \in I\}$의 임의의 유한 개의 부분집합

$$\{C_{i_k} : k = 1, 2, \ldots, n\}$$

이

$$S \bigcap (\bigcap_{k=1}^{n} C_{i_k}) \neq \emptyset$$

을 만족할 때 $\{C_i : i \in I\}$가 S에 대하여 **유한교차성(finite intersection property)**을 갖는다고 한다.

예제 5.6.5 :

$$S = \left\{ \left[1, \frac{n+1}{n}\right] \subset \mathbb{R} : n \in \mathbb{N} \right\}$$

라 하자. S가 $\mathbb{R}$에 대하여 유한 교차성을 갖는다는 것을 증명하라.

풀이: S에서 k개의 원소 $[1, b_1], [1, b_2], \ldots, [1, b_k]$를 선택하자. 그러면 $i = 1, 2, \ldots, k$에 대하여

$$b_i = \frac{a_i + 1}{a_i}$$

를 만족하는 자연수 a_i가 존재한다. $b = \min(b_1, b_2, \ldots, b_k)$라 하면

$$[1, b_1] \cap [1, b_2] \cap \cdots \cap [1, b_k] \cap \mathbb{R} = [1, b] \neq \emptyset$$

이다. 즉, S의 임의의 유한 개의 원소와 $\mathbb{R}$과의 교집합은 공집합이 아니다. 그러므로 S는 $\mathbb{R}$에 대하여 유한 교차성을 갖는다.

정리 5.6.12 (X,d)를 거리 공간이라 하고 $S \subseteq X$라 하자. S가 컴팩트 집합일 필요충분조건은 S에 대하여 유한교차성을 갖는 모든 닫힌 집합들의 모임과 S와의 교집합이 공집합이 아닌 것이다.

증명 (⇒)

$$\{C_i : i \in I\}$$

를 S에 대하여 유한교차성을 갖는 닫힌 집합들의 모임이라 하자.

$$U_i = X \setminus C_i$$

라 하자. 그러면 U_i가 열린 집합이다.

$$S \bigcap \left(\bigcap_{i \in I} C_i \right) = \emptyset$$

이라 가정하자. 그러면

$$S^c \bigcup (\bigcup_{i \in I} C_i^c) = X$$

이다. 즉,

$$S \subseteq \bigcup_{i \in I} C_i^c = \bigcup_{i \in I} U_i$$

이다. S가 컴팩트 집합이므로 열린 덮개 $\{U_i : i \in I\}$는 유한 부분덮개를 갖는다. 즉,

$$S \subseteq \bigcup_{k=1}^{n} U_{i_k}$$

이다. 그러므로

$$\bigcap_{k=1}^{n} C_{i_k} = \bigcap_{k=1}^{n} U_{i_k}^c \subseteq S^c$$

이다. 즉,

$$S \bigcap (\bigcap_{k=1}^{n} C_{i_k}) = \emptyset$$

이다. 이것이 $\{C_i : i \in I\}$의 S에 대하여 유한교차성과 모순이 된다. 그러므로

$$S \bigcap (\bigcap_{i \in I} C_i) \neq \emptyset$$

이다.

$(\Leftarrow)$ $\{U_i : i \in J\}$를 S의 열린덮개라 하자. 그러면 $S \subseteq \bigcup_{i \in J} U_i$이다.

$$C_i = X \setminus U_i$$

라 하자. 그러면 C_i가 닫힌 집합이다.

$$\bigcap_{i \in J} C_i = \bigcap_{i \in J} U_i^c = \left(\bigcup_{i \in J} U_i \right)^c \subseteq S^c$$

이다. 그러므로

$$S \bigcap (\bigcap_{i \in J} C_i) = \emptyset$$

이다. 전제에 의하여 $\{C_i : i \in J\}$는 S에 대한 유한교차성을 갖지 않는다. 그러므로

$$S \bigcap (\bigcap_{k=1}^{n} C_{i_k}) = \emptyset$$

를 만족하는 $C_{i_1}, C_{i_2}, \ldots, C_{i_n}$이 존재한다. 따라서

$$S^c \bigcup \left(\bigcup_{k=1}^{n} C_{i_k}^c \right) = S^c \bigcup \left(\bigcup_{k=1}^{n} U_{i_k} \right) = X$$

이다. 즉, $S \subseteq (\bigcup_{k=1}^{n} U_{i_k})$이다. 그러므로 S는 컴팩트 집합이다.

정리 5.6.13 (하이네-보렐 정리(Heine Borel Theorm)) $S \subseteq \mathbb{R}^n$라 하자. S가 컴팩트 집합일 필요 충분조건은 S가 유계이고 닫힌 집합이다.

증명 ($\Rightarrow$) $\mathbb{R}^n$은 거리 공간이므로 정리 5.6.3에 의하여 S는 닫힌 집합이다. $p \in S$라 하자. 그러면 $S \subseteq \cup_{n=1}^{\infty} B(p,n)$이다. 즉, $\{B(p,n) : n = 1, 2, \ldots\}$는 S의 열린 덮개이다. S가 컴팩트 집합이므로 $S \subseteq \cup_{i=1}^{k} B(p,n_i)$를 만족하는 $n_1, n_2, \ldots, n_k$가 존재한다. 즉, $S \subseteq B(p,n_k)$이다. 그러므로 S는 유계이다.

($\Leftarrow$) $\{U_i : i \in I\}$를 $S \subseteq \mathbb{R}^n$의 임의의 열린 덮개라 하고 $p \in S$라 하자. 그러면 $S \subseteq \bigcup_{i \in I} U_i$이므로 $p \in U_j$를 만족하는 $j \in I$가 존재한다. U_j가 열린 집합이므로 $B(p,r) \subseteq U_j$를 만족하는 실수 $r > 0$이 존재한다. 또한 $\|q-p\| < \frac{r}{3}$을 만족하는 $q \in \mathbb{Q}^n$가 존재하고 $\|p-q\| < l < \frac{r}{3}$을 만족하는 $l \in \mathbb{Q}$이 존재한다. 즉, $p \in B(q,l)$이다. $\alpha \in B(q,l)$이라 하면 $\|\alpha - q\| \leq l < \frac{r}{3}$이 되어 $\|\alpha-p\| \leq \|\alpha-q\|+\|q-p\| < \frac{r}{3}+\frac{r}{3} = \frac{2r}{3}$이다. 즉, $p \in B(q,l) \subseteq B(p,r) \subseteq U_j$이다. 가산 집합들의 가산 합집합(countable union of countable sets)은 가산 집합이므로 $\{B(q,l) : q \in \mathbb{Q}^n, l \in \mathbb{Q}\}$은 가산 집합이다. 즉, 임의의 $p \in S$에 대하여 $p \in B(q,l) \subseteq U_j$이고 $\{B(q,l) : q \in \mathbb{Q}^n, l \in \mathbb{Q}\}$이 가산 집합이므로 S의 열린 덮개 $\{U_i : i \in I\}$는 가산 부분 덮개를 갖는다. 이 가산 부분 덮개를 $\{U_n : n \in \mathbb{N}\}$이라 하자. $S_k = \{x \in S : x \notin U_n,\ 1 \leq n \leq k\}$라 하자. 그러면 $S_1 \supseteq S_2 \supseteq S_3 \supseteq \ldots$이다. 모든 $k \in \mathbb{N}$에 대하여 S_k가 공집합이 아니라 하자. 그러면 모든 $k \in \mathbb{N}$에 대하여 $x_k \in S_k$가 존재한다. 모든 $k \in \mathbb{N}$에 대하여 $x_k \in S_k \subseteq S$이고 S가 유계 집합이므로 볼자이노-바이어

슈트라스 정리에 의하여 수열 x_k는 S내의 한 점 x로 수렴하는 부분 수열을 갖는다. $S_1 \supseteq S_2 \supseteq S_3 \supseteq \ldots$ 이므로 $m \geq k$에 대하여 $x_m \in S_k$이다. 각 S_k가 닫힌 집합이므로 모든 $k \in \mathbb{N}$에 대하여 $x \in S_k$이다. 즉, $\bigcap_{k\in\mathbb{N}} S_k \neq \emptyset$이므로 $\{U_n : n \in \mathbb{N}\}$은 S의 열린 덮개가 아니다. 모순이 일어나 $S_t = \emptyset$을 만족하는 $t \in \mathbb{N}$가 존재한다. 그러므로 $S \subseteq U_1 \cup U_2 \cup \cdots \cup U_t$이다. 따라서 S의 임의의 열린 덮개 $\{U_i : i \in I\}$는 유한 부분 덮개 $\{U_1, U_2, \ldots, U_t\}$를 갖는다.

예제 5.6.6 : $\mathbb{R}$이 컴팩트 집합이 아닌 것을 보여라.

풀이 : $S_n = [n, \infty) \subset \mathbb{R}$이라 하자. 그러면 S_n은 닫힌 집합이다. $S = \{S_n : n \in \mathbb{Z}\}$라 하자. S의 임의의 유한 개의 원소와 $\mathbb{R}$과의 교집합은 공집합이 아니므로 S는 $\mathbb{R}$에 대하여 유한 교차성을 갖는다. 그러므로 $\mathbb{R} \cap (\bigcap_{n\in\mathbb{Z}} S_n) = \emptyset$이고 $\mathbb{R}$에 대하여 유한 교차성을 갖는 닫힌 집합들의 모임인 $S = \{S_n : n \in \mathbb{Z}\}$가 존재한다. 정리 5.6.12에 의하여 $\mathbb{R}$은 컴팩트 집합이 아니다.

예제 5.6.7 : $S = [2, 3] \cup [5, 7] \subseteq \mathbb{R}$이 컴팩트 집합인지 아닌지 판별하라.

풀이: S는 유계이고 닫힌 집합이다. 하이네 보렐 정리에 의하여 S는 컴팩트 집합이다.

예제 5.6.8 : $S = \{(x, y) \in \mathbb{R}^2 : x^2 + y^2 > 9\} \subseteq \mathbb{R}^2$이 컴팩트 집합인지 아닌지 판별하라.

풀이: S는 닫힌 집합이 아니다. 하이네 보렐 정리에 의하여 S는 컴팩트 집합이 아니다.

예제 5.6.9 : M을 거리 공간이라 하고 M에서 $x_n \to x$라 하자.

$$S = \{x_1, x_2, \ldots\} \cup \{x\}$$

가 컴팩트 집합임을 증명하라.

증명 : $\{U_i : i \in I\}$를 S의 열린 덮개라 하자. 그러면 $x \in U_k$를 만족하는 $k \in I$가 존재한다. U_k가 열린 집합이므로 $x \in B(x, \epsilon) \subseteq U_k$를 만족하는 $\epsilon > 0$이 존재한다. $x_n \to x$이므로

$$n \geq L \Rightarrow d(x_n, x) < \epsilon, \ \textit{that is}, \ x_n \in B(x, \epsilon)$$

을 만족하는 양의 정수 L이 존재한다. 그러므로

$$x_L \in B(x, \epsilon) \subseteq U_k, \ x_{L+1} \in B(x, \epsilon) \subseteq U_k, \ \ldots$$

이다. $\{U_i : i \in I\}$이 S의 열린 덮개이므로

$$x_1 \in U_{n_1}, \ x_2 \in U_{n_2}, \ \ldots, \ x_{L-1} \in U_{n_{L-1}}$$

를 만족하는 $n_1 \in I, n_2 \in I, \ldots, n_{L-1} \in I$가 존재한다. 그러므로 S의 열린 덮개 $\{U_i : i \in I\}$가 유한 부분 덮개

$$\{U_{n_1}, \ U_{n_2}, \ \ldots, \ U_{n_{L-1}}, U_k\}$$

를 갖는다. 따라서 S는 컴팩트 집합이다.

예제 5.6.10 :

$$S = \left\{ \frac{1}{n} : n = 1, 2, \dots \right\} \cup \{0\} \subseteq \mathbb{R}$$

라 하자. S가 컴팩트 집합인 것을 증명하라.

풀이: $\{U_i : i \in I\}$를 S의 열린 덮개라 하자. 그러면

$$\left\{ \frac{1}{n} : n = 1, 2, \dots \right\} \cup \{0\} \subseteq \bigcup_{i \in I} U_i$$

이다. 그러므로 $0 \in U_j$를 만족하는 $j \in I$가 존재한다. U_j가 열린 집합이므로 $0 \in B(0, \epsilon) = (-\epsilon, \epsilon) \subseteq U_j$를 만족하는 $\epsilon > 0$이 존재한다. $\frac{1}{n} \to 0$이므로

$$n \geq N \Rightarrow \left| \frac{1}{n} - 0 \right| < \epsilon$$

즉, $\frac{1}{N} \in B(0, \epsilon) = (-\epsilon, \epsilon) \subseteq U_j$를 만족하는 양의 정수 N이 존재한다. 그러므로

$$\frac{1}{N} \in U_j, \; \frac{1}{N+1} \in U_j, \; \frac{1}{N+2} \in U_j, \dots$$

를 만족하는 양의 정수 N이 존재한다. $1 \in U_{i_1}$를 만족하는 $i_1 \in I$이 존재한다. $\frac{1}{2} \in U_{i_2}$를 만족하는 $i_2 \in I$이 존재한다. 이 과정을 반복하여 $\frac{1}{N-1} \in U_{i_{N-1}}$를 만족하는 $i_{N-1} \in I$이 존재한다. 그러면

$$S = \left\{ \frac{1}{n} : n = 1, 2, \dots \right\} \cup \{0\} \subseteq U_j \cup U_{i_1} \cup U_{i_2} \cup \dots \cup U_{i_{N-1}}$$

이다. 즉, S의 열린 덮개 $\{U_i : i \in I\}$가 유한 부분 덮개 $\{U_j, U_{i_1}, \dots, U_{i_{N-1}}\}$를 갖는다.

예제 5.6.11 : 닫힌 구간 $[0,1] \subseteq \mathbb{R}$을 3등분하여 개구간 $(\frac{1}{3}, \frac{2}{3})$을 빼어 내면 집합

$$T_1 = \left[0, \frac{1}{3}\right] \bigcup \left[\frac{2}{3}, 1\right]$$

을 얻는다. 닫힌 구간 $[0, \frac{1}{3}]$과 $[\frac{2}{3}, 1]$ 를 각각 3등분하여 개구간 $(\frac{1}{9}, \frac{2}{9})$와 $(\frac{7}{9}, \frac{8}{9})$를 빼어 내면 집합

$$T_2 = \left[0, \frac{1}{9}\right] \bigcup \left[\frac{2}{9}, \frac{1}{3}\right] \bigcup \left[\frac{2}{3}, \frac{7}{9}\right] \bigcup \left[\frac{8}{9}, 1\right]$$

을 얻는다. 이 과정을 반복하면

$$T_1 \supset T_2 \supset T_3 \supset \dots$$

가 된다. 여기서 T_n은 2^n개의 교차하지 않는(disjoint) 닫힌 구간들로 구성된다.

$$T = \bigcap_{i=1}^{\infty} T_i$$

를 **캔터 집합(Cantor set)**이라 한다. 캔터 집합 T는 닫힌 집합이고 유계이므로 하이네 보렐 정리에 의하여 컴팩트 집합이다.

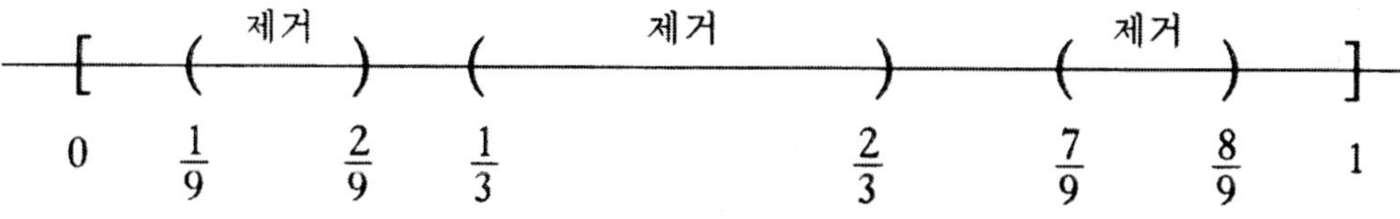

그림 6. 캔터 집합 (Cantor set).

정리 5.6.14 (Nested set property) (X, d)를 거리 공간이라 하고 $C_n \subseteq X$을 모든 양의 정수 n에 대하여 $C_{n+1} \subseteq C_n$을 만족하는 공집합이 아닌 컴팩트 집합들의 수열이라 하자. 그러면

$$\bigcap_{n=1}^{\infty} C_n \neq \emptyset$$

이다.

증명 모든 양의 정수 n에 대하여 $x_n \in C_n$을 만족하는 x_n이 존재한다. 모든 양의 정수 n에 대하여 $C_{n+1} \subseteq C_n$이므로 $x_n \in C_1$이다. 정리 5.6.10에 의하여 C_1은 수열 컴팩트 집합이다. 그러므로 x_n은 $x \in C_1$로 수렴하는 부분수열 x_{n_k}를 갖는다. n_0을 임의의 양의 정수라 하면 $n \geq n_0$에 대하여 $x_n \in C_{n_0}$이다. 그러므로 $n_k \geq n_0$에 대하여 $x_{n_k} \in C_{n_0}$이다. C_{n_0}이 닫힌 집합이고 $x = \lim_{k\to\infty} x_{n_k}$이므로 $x \in C_{n_0}$이다. n_0이 임의의 양의 정수이므로 $x \in \bigcap_{n=1}^{\infty} C_n$이다.

다음은 정리 5.6.12를 이용한 증명 방법으로 위의 증명보다 간단하다.

$\{C_n : n = 1, 2, \ldots\}$의 임의의 유한 부분 집합과 C_1의 교집합은 공집합이 아니다. 정리 5.6.12에 의하여

$$C_1 \bigcap (\bigcap_{n=1}^{\infty} C_n) \neq \emptyset$$

이다. 즉,

$$\bigcap_{n=1}^{\infty} C_n \neq \emptyset$$

이다.

정리 5.6.15 (X, d)를 거리 공간이라 하고 $U_k \subseteq X$라 하자. 모든 양의 정수 k에 대하여 $U_k \subseteq U_{k+1}$이고 U_k^c가 컴팩트이면

$$\bigcup_{k=1}^{\infty} U_k \neq X$$

이다.

증명 $C_k = U_k^c$라 하자. 그러면 $C_{k+1} \subseteq C_k$이고 C_k가 컴팩트 집합이다. 정리 5.6.14에 의하여 $\bigcap_{k=1}^{\infty} C_k \neq \emptyset$이다. 그러므로 $(\bigcap_{k=1}^{\infty} C_k)^c \neq X$이다. 즉, $\bigcup_{k=1}^{\infty} U_k \neq X$이다.

연습 문제 5.6

1. 다음 S가 컴팩트 집합임을 보여라.

   $S = \{(x, y) \in \mathbb{R}^2 : x^2 + y^2 \leq 1\} \cap \{(x, y) \in \mathbb{R}^2 : y \leq x\}$

2. M을 거리 공간이라 하고 $S \subseteq M$를 컴팩트 집합이라 하자. $x_n \in S$을 코시 수열이라 할 때 x_n이 S내의 한 점으로 수렴함을 증명하라.

3. 개구간 $(0, 1)$이 컴팩트 집합이 아님을 증명하라.

4. M을 거리 공간이라 하고 $S \subseteq M$를 유계 집합이라 하자. $\overline{S}$가 유계 집합임을 증명하라.

5. $\mathbb{Z}$가 컴팩트 집합이 아님을 증명하라.

6. $\cos n_k$가 수렴하는 양의 정수 $n_1, n_2, \ldots$가 존재 함을 증명하라.

7. x_k를 $\mathbb{R}^n$에 있는 수열로서 모든 k에 대하여 $\|x_k\| \leq 5$라 하자. 수열 x_k가 수렴하는 부분 수열을 갖는다는 것을 증명하라.

제 5.7 절 연결 집합

정의 5.7.1 X를 거리 공간이라 하고 $x, y \in X$라 하자. $\alpha(a) = x, \alpha(b) = y$를 만족하는 연속 함수(continuous map) $\alpha : [a, b] \to X$를 x와 y를 잇는 **연속 패스(continuous path)**라고 한다. 모든 $t \in [a, b]$에 대하여 $\alpha(t) \in S$이면 연속 패스가 집합 S내에 있다고 한다. 집합 B내의 임의의 두 점을 잇는 연속 패스가 B내에 있으면 B를 **패스 연결(path-connected) 집합**이라 한다.

예제 5.7.1 : $[3, 5] \subseteq \mathbb{R}$은 패스 연결 집합이다.

풀이: $x, y \in [3, 5]$라 하자. 함수 $\alpha : [a, b] \to \mathbb{R}$를

$$\alpha(t) = \frac{y - x}{b - a}t + x - \frac{a(y - x)}{b - a}$$

로 정의하자. 그러면 α는 연속 함수이고 $\alpha(a) = x, \alpha(b) = y$이고 모든 $t \in [a, b]$에 대하여 $\alpha(t) \in [3, 5]$이다. 그러므로 $[3, 5] \subseteq \mathbb{R}$은 패스 연결 집합이다.

예제 5.7.2 : $f : [a, b] \to \mathbb{R}^3$를 연속 패스라고 하고 $P = \{f(x) : a \leq x \leq b\}$라 하자. 그러면 P는 패스 연결 집합이다.

풀이: $x, y \in P$라 하자. 그러면 $x = f(c), y = f(d)$와 $a \leq c < d \leq b$를 만족하는 c, d가 존재한다. $\alpha : [c, d] \to \mathbb{R}^3$를 $\alpha(t) = f(t)$로 정의된 함수라 하자. 그러면 α는 x와 y를 잇는 연속 패스이며 $c \leq t \leq d$에 대하여 $\alpha(t) \in P$이다. 그러므로 P는 패스 연결 집합이다.

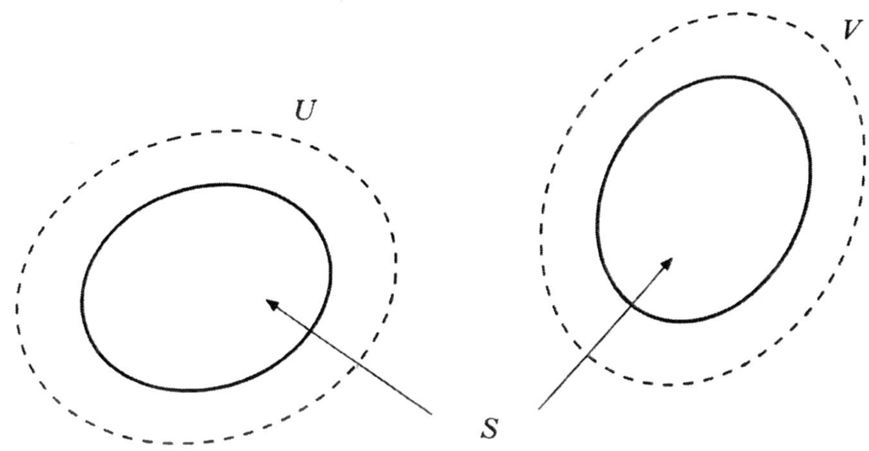

$$U \cap V \cap S = \emptyset,\ \ S \cap U \neq \emptyset,\ \ S \cap V \neq \emptyset,\ \ S \subseteq U \cup V$$

그림 7. 비연결 집합(disconnected set) S의 정의를 위한 그림.

정의 5.7.2 X를 거리 공간이라 하고 $S \subseteq X$라 하자. 다음 네 조건을 만족하는 열린집합 U, V가 존재하면 S를 **비연결(disconnected)집합**이라 한다.

(1) $U \cap V \cap S = \emptyset$, (2) $S \cap U \neq \emptyset$, (3) $S \cap V \neq \emptyset$, (4) $S \subseteq U \cup V$.

S가 비연결 집합이 아니면 S를 **연결(connected) 집합**이라 한다.

예제 5.7.3 : $S = [1,3] \cup (6,8] \subset \mathbb{R}$이라 하자. 그러면 S는 비연결 집합이다.

풀이: $U = (0,4)$, $V = (5,9)$라 하자. 그러면 $U \cap V \cap S = \emptyset$, $S \cap U \neq \emptyset$, $S \cap V \neq \emptyset$, $S \subseteq U \cup V$이다. 따라서 S는 비연결 집합이다.

정의 5.7.3 (X, d)를 거리 공간이라 하고 S, $T \subseteq X$라 하자. $S \cap \overline{T} = \emptyset$이고 $\overline{S} \cap T = \emptyset$이면 S와 T가 **분리되었다(separated)**고 한다.

정리 5.7.4 (X, d)를 거리 공간이라 하고 $S \subseteq X$라 하자. S가 비연결 집합일 필요충분 조건은 S가 각각 공집합이 아닌 분리된 집합들의 합집합이 되는 것이다.

증명 $(\Rightarrow)$ S가 비연결 집합이라 하자. 그러면 다음 네 조건을 만족하는 열린 집합 U, V가 존재한다.

(1) $U \cap V \cap S = \emptyset \Leftrightarrow (U \cap S) \cap (V \cap S) = \emptyset$

(2) $S \cap U \neq \emptyset$

(3) $S \cap V \neq \emptyset$

(4) $S \subseteq U \cup V \Leftrightarrow S = (S \cap U) \cup (S \cap V)$

$$p \in (S \cap U) \cap \overline{(S \cap V)}$$

라 하자. 그러면

$$p \in U \;\wedge\; p \in \overline{(S \cap V)} = (S \cap V) \cup (S \cap V)'$$

이다. $p \in S \cap V$이면 $U \cap (S \cap V) \neq \emptyset$이다.

$p \notin S \cap V$라 하자. 그러면 $p \in U$이고 U가 열린 집합이므로 $B(p, \epsilon) \subseteq U$를 만족하는 $\epsilon > 0$이 존재한다.

$$B(p, \epsilon) \cap ((S \cap V) \setminus \{p\}) \neq \emptyset$$

이므로

$$B(p, \epsilon) \cap (S \cap V) \neq \emptyset$$

이다. 따라서 $U \cap (S \cap V) \neq \emptyset$이다. 이것은 (1)과 모순이다. 그러므로

$$(S \cap U) \cap \overline{(S \cap V)} = \emptyset$$

이다. 같은 방법으로 $\overline{(S \cap U)} \cap (S \cap V) = \emptyset$을 보일 수 있다. 따라서 S가 각각 공집합이 아닌 분리된 집합들의 합집합이다.

($\Leftarrow$)S가 각각 공집합이 아닌 분리된 집합들의 합집합이라 하자. 즉, $S = A \cup B$라 하고 $A \cap \overline{B} = \emptyset$이고 $\overline{A} \cap B = \emptyset$라 하자. $U = X \setminus \overline{B}$라 하고 $V = X \setminus \overline{A}$라 하면 U와 V는 열린 집합이고

$$S \cap U = (A \cup B) \cap U = (A \cap U) \cup (B \cap U) = A \cap (\overline{B})^c = A$$

이며

$$S \cap V = (A \cup B) \cap V = (A \cap V) \cup (B \cap V) = B \cap (\overline{A})^c = B$$

이다. 또한

$$U \cap V \cap S = (\overline{B})^c \cap (\overline{A})^c \cap (A \cup B) = \emptyset$$

이고

$$S = (A \cup B) \subseteq (\overline{B})^c \cup (\overline{A})^c = U \cup V$$

이다. 그러므로 S는 비연결 집합이다.

정의 5.7.5 $S \subseteq \mathbb{R}$라 하자. 임의의 $a, b \in S$에 대하여 $a < x < b \Rightarrow x \in S$를 만족할 때 S를 **구간(interval)**이라 한다.

정리 5.7.6 $S \subseteq \mathbb{R}$라 하자. S가 연결 집합일 필요충분 조건은 S가 구간이 되는 것이다.

증명 $(\Rightarrow)$ S가 구간이 아니라고 하자. 그러면 $p \notin S$, $a < p < b$를 만족하는 $a, b \in S$가 존재한다. $U = (-\infty, p)$, $V = (p, \infty)$라 하면 $a \in U$, $b \in V$이므로 $S \cap U \neq \emptyset$이고 $S \cap V \neq \emptyset$이다. 또한 $S \cap U \cap V = \emptyset$이고 $S \subseteq (U \cup V)$이다. 그러므로 S는 비연결 집합이다.

$(\Leftarrow)$ S가 구간이라고 전제하자. S가 비연결 집합이라고 가정하자. 그러면 다음 네 조건을 만족하는 열린 집합 U, V가 존재한다.

(1) $U \cap V \cap S = \emptyset \Leftrightarrow (U \cap S) \cap (V \cap S) = \emptyset$

(2) $S \cap U \neq \emptyset$

(3) $S \cap V \neq \emptyset$

(4) $S \subseteq U \cup V \Leftrightarrow S = (S \cap U) \cup (S \cap V)$

$A = S \cap U$, $B = S \cap V$라 하면 $S = A \cup B$이고 $a < b$를 만족하는 $a \in A$, $b \in B$가 존재한다.

$p = \sup(A \cap [a, b])$라 하자. $p \in (A \cap [a, b])$이면 $p \in [a, b])$이다. $p \notin (A \cap [a, b])$라 하자. 그러면 정리 2.2.3에 의하여 모든 $q \in A \cap [a, b]$에 대하여 $q \leq p$이고 임의의 $\epsilon > 0$에 대하여 $p - \epsilon < \alpha$를 만족하는 α가 $A \cap [a, b]$안에 존재한다. 즉, 임의의 $\epsilon > 0$에 대하여 $p - \epsilon < \alpha \leq p$를 만족하는 α가 $A \cap [a, b]$안에 존재한다. 그러므로 임의의 $\epsilon > 0$에 대하여 $B(p, \epsilon) \cap ((A \cap [a, b]) \backslash \{p\}) \neq \emptyset$이다. 즉, 임의의 $\epsilon > 0$에 대하여 $B(p, \epsilon) \cap ([a, b] \backslash \{p\}) \neq \emptyset$이다. 그러므로 p가

$[a,b]$의 쌓인점이다. $[a,b]$가 닫힌 집합이므로 $p \in [a,b]$이다.

또한 $a,b \in S$이고 S가 구간이므로 $p \in S$이다.

$p \in A$라 가정하자. 그러면 $p \notin B$이므로 $p < b$이다. $p \in U$이고 U가 열린 집합이므로 $(p-\epsilon, p+\epsilon) \subseteq U$와 $p + \frac{\epsilon}{2} < b$를 만족하는 $\epsilon > 0$이 존재한다. 즉, $p + \frac{\epsilon}{2} \in U$이고 $p + \frac{\epsilon}{2} < b$이다. $p, b \in S$이고 S가 구간이므로 $p + \frac{\epsilon}{2} \in S$이다. 그러므로 $p + \frac{\epsilon}{2} \in A$이다. $p \in [a,b]$이고 $p + \frac{\epsilon}{2} < b$이므로 $p + \frac{\epsilon}{2} \in [a,b]$이다. 즉,

$$p + \frac{\epsilon}{2} \in (A \cap [a,b])$$

이다. 이는 앞의 $p = \sup(A \cap [a,b])$과 모순이다. 따라서 $p \notin A$이다.

$p \in B$라 가정하자. 그러면 $p \notin A$이므로 $a < p$이다. $p \in V$이고 V가 열린 집합이므로 $(p-\delta, p+\delta) \subseteq V$와 $a < p - \frac{\delta}{2}$를 만족하는 $\delta > 0$가 존재한다. 즉, $[p - \frac{\delta}{2}, p] \subseteq V$이고 $a < p - \frac{\delta}{2}$이다. $p,\ a \in S$이고 S가 구간이므로 $p - \frac{\delta}{2} \in S$이다. 즉, $[p - \frac{\delta}{2}, p] \subseteq S$이다. 그러므로 $[p - \frac{\delta}{2}, p] \subseteq B$이다. $A \cap B = \emptyset$이므로

$$[p - \frac{\delta}{2}, p] \cap A = \emptyset$$

이다. $p = \sup(A \cap [a,b])$이므로 p는 $A \cap [a,b]$의 상계이며 $p - \frac{\delta}{2} < \alpha$를 만족하는 $\alpha \in A \cap [a,b]$가 존재한다. $[p - \frac{\delta}{2}, p] \cap A = \emptyset$이므로 $\alpha > p$이다. 이는 p가 $A \cap [a,b]$의 상계이라는 것과 모순이다. 따라서 $p \notin B$이다.

$p \notin A$이고 $p \notin B$이므로 $p \notin S$이 되어 모순이 일어난다. 따라서 S가 연결 집합이다.

정리 5.7.7 $[a,b] \subseteq \mathbb{R}$라 하자. 공집합이 아닌 서로소(disjoint)인 두 개의 닫힌 집합들의 합집합이 $[a,b]$가 되는 집합들은 존재하지 않는다.

증명 $C \cup D = [a,b]$, $C \cap D = \emptyset$를 만족하는 두 개의 닫힌 집합 C, D가 존재한다 가정하자.

$$U = C^c, \quad V = D^c$$

라 하자. 그러면

$$U \cap V \cap [a,b] = C^c \cap D^c \cap [a,b] = (C \cup D)^c \cap [a,b] = \emptyset$$

이고

$$U \cup V = C^c \cup D^c = (C \cap D)^c = \mathbb{R}$$

이므로

$$[a,b] \subseteq U \cup V$$

이다.

$$U \cap [a,b] = C^c \cap [a,b] \neq \emptyset$$

이고

$$V \cap [a,b] = D^c \cap [a,b] \neq \emptyset$$

이다. 그러므로 $[a,b]$가 비연결 집합이다. 모순이 일어나 공집합이 아닌 서로소(disjoint)인 두 개의 닫힌 집합들의 합집합이 $[a,b]$가 되는 집합들은 존재하지 않는다.

정리 5.7.8 패스 연결 집합은 연결 집합이다.

증명 S를 패스연결 집합이라 하자. S를 비연결 집합이라 가정하자. 그러면 다음 네 조건을 만족하는 열린 집합 U, V가 존재한다.

(1) $U \cap V \cap S = \emptyset \Leftrightarrow (U \cap S) \cap (V \cap S) = \emptyset$

(2) $S \cap U \neq \emptyset$

(3) $S \cap V \neq \emptyset$

(4) $S \subseteq U \cup V \Leftrightarrow S = (S \cap U) \cup (S \cap V)$

$x \in U \cap S,\ y \in V \cap S$라 하자. S가 패스 연결 집합이므로 x와 y를 연결하고 $h(a) = x,\ h(b) = y$인 패스 $h : [a, b] \to S$가 존재한다. $C = h^{-1}(U \cap S),\ D = h^{-1}(V \cap S)$라 하자. 그러면 $C, D \subseteq [a, b]$이다. $t_k \in C$를 t로 수렴하는 수열이라 하자. $t_k \in [a, b]$이고 $[a, b]$는 닫힌 집합이므로 $t \in [a, b]$이다. $t_k \in C = h^{-1}(U \cap S)$이므로 $h(t_k) \in U \cap S$이다. $t_k \to t$이고 h가 연속 함수이므로 $h(t_k) \to h(t)$이다.

$h(t) \notin U \cap S$라 가정하자. $h(t) \in S$이므로 $h(t) \notin U$이다. $S \subseteq U \cup V$이므로 $h(t) \in V$이다. V가 열린 집합이므로 $B(h(t), \epsilon) \subseteq V$를 만족하는 $\epsilon > 0$이 존재한다. $h(t_k) \to h(t)$이므로

$$k \geq N \Rightarrow d(h(t_k), h(t)) < \epsilon,$$

를 만족하는 양의 정수 N이 존재한다. 즉, $h(t_k) \in B(h(t), \epsilon) \subseteq V$을 만족하는 양의 정수 N이 존재한다. $S \cap U \cap V = \emptyset$이므로 $h(t_k) \in B(h(t), \epsilon) \subseteq V$이 $h(t_k) \in U \cap S$과 모순된다. 따라서 $h(t) \in U \cap S$이다.

$t \in C = h^{-1}(U \cap S)$이므로 C가 닫힌 집합이다. 같은 방법으로 D도 닫힌 집합이다. $h(a) = x \in U \cap S$이므로 $a \in h^{-1}(U \cap S) = C$가 되어 $C \neq \emptyset$이고 $h(b) = y \in V \cap S$이므로 $b \in h^{-1}(V \cap S) = D$가 되어 $D \neq \emptyset$이다.

$$C \cap D = h^{-1}(U \cap S) \cap h^{-1}(V \cap S) = h^{-1}(U \cap V \cap S) = \emptyset$$

이다.

$$C \cup D = h^{-1}(U \cap S) \cup h^{-1}(V \cap S) = h^{-1}((U \cap S) \cup (V \cap S))$$

$$= h^{-1}((U \cup V) \cap S) = h^{-1}(S) = [a, b]$$

이다. 그러므로 정리 5.7.7과 모순이다. 따라서 S는 연결 집합이다.

예제 5.7.4 : $S = \{(x, y) \in \mathbb{R}^2 : 1 < x < 2,\ 1 < y < 2\}$는 연결 집합이다.

풀이: S는 패스 연결 집합이다. 정리 5.7.8에 의하여 S는 연결 집합이다.

연습 문제 5.7

1. $(2, 3) \cup [6, 9] \subseteq \mathbb{R}$이 연결 집합이 아님을 증명하라.

2. 다음 집합 S가 패스-연결 집합이 아님을 증명하라.

   $S = \{(x, y) \in \mathbb{R}^2 : y \geq x + 3\} \cup \{(x, y) \in \mathbb{R}^2 : x^2 + y^2 \leq 1\}$

3. M을 거리 공간이라 하고 $S \subseteq M$가 연결 집합 이라 하자. $S \subseteq T \subseteq \overline{S}$라 하면 T가 연결 집합인 것을 증명하라..

4. M을 거리 공간이라 하고 $S_1, S_2 \subseteq M$가 패스-연결 집합 이라 하자. $S_1 \times S_2$가 패스-연결 집합임을 증명하라.

제 6 장

연속 함수 (Continuous Functions)

6장에서는 거리 공간에서 연속 함수(continuous function)를 정의하고 연속 함수의 성질을 설명하고 또한 집합위에서 균등 연속 함수(uniformly continuous function)를 정의하고 균등 함수의 성질을 설명한다.

제 6.1 절 연속 함수의 정의

정의 6.1.1 (X,d)와 (Y,ρ)를 거리 공간이라 하자. $f : X \to Y$를 함수라 하고 $x \in X$라 하자. 임의의 $\epsilon > 0$에 대하여

$$d(y,x) < \delta \Rightarrow \rho(f(y), f(x)) < \epsilon$$

을 만족하는 $\delta > 0$가 존재하면 함수 f가 x에서 **연속(continuous)**이라고 한다.

예제 6.1.1 : 함수 $f : \mathbb{R} \to \mathbb{R}$를 $f(x) = 2x + 3$으로 정의 된다고 하자. 함수 f가 $x \in X$에서 연속임을 보여라.

풀이: 임의의 $\epsilon > 0$이 주어졌다 하자.

$$|y - x| < \frac{\epsilon}{2} \to |f(y) - f(x)| = 2|y - x| < 2\frac{\epsilon}{2} = \epsilon$$

을 만족하는 $\delta = \frac{\epsilon}{2} > 0$가 존재한다. 그러므로 함수 f가 x에서 연속이다.

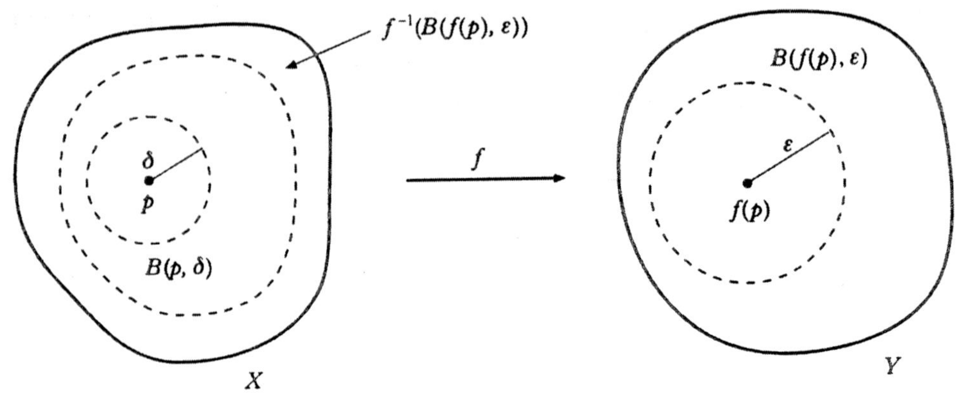

그림 8. 정리 6.1.2 (4) ⇒ (1)의 증명을 위한 그림.

정리 6.1.2 (X, d)와 (Y, ρ)를 거리 공간이라 하자. $f : X \to Y$를 함수라 하고 $p \in X$라 하자. 그러면 다음 네개는 동치이다.

(1) f가 X에서 연속이다.

(2) $p \in X$로 수렴하는 모든 수열 $x_k \in X$에 대하여 $f(x_k) \to f(p)$이다.

(3) 모든 닫힌 집합 $C \subseteq Y$에 대하여 $f^{-1}(C)$는 X에서 닫힌 집합이다.

(4) 모든 열린 집합 $U \subseteq Y$에 대하여 $f^{-1}(U)$는 X에서 열린 집합이다.

증명 (1) $\Rightarrow$ (2) $x_k \to p$라 하고 $\epsilon > 0$이 주어졌다 하자. f가 p에서 연속이므로

$$d(y, p) < \delta \Rightarrow \rho(f(y), f(p)) < \epsilon$$

을 만족하는 $\delta > 0$가 존재한다. $x_k \to p$이므로

$$k \geq N \Rightarrow d(x_k, p) < \delta$$

를 만족하는 양의 정수 N이 존재한다. 그러므로

$$k \geq N \Rightarrow \rho(f(x_k), f(p)) < \epsilon$$

을 만족하는 양의 정수 N이 존재한다. 즉, $f(x_k) \to f(p)$이다.

(2) $\Rightarrow$ (3) $C \subseteq Y$를 닫힌 집합이라 하자. $x_k \in f^{-1}(C)$라 하고 $x_k \to x$라 하자. $x_k \to x$이므로 (2)에 의하여 $f(x_k) \to f(x)$이다. $f(x_k) \in C$이고 C가 닫힌 집합이므로 정리 5.5.3에 의하여 $f(x) \in C$이다. 즉, $x \in f^{-1}(C)$이다. 그러므로 $x_k \to x$하는 임의의 수열 $x_k \in f^{-1}(C)$에 대하여 $x \in f^{-1}(C)$이다. 정리 5.5.3에 의하여 $f^{-1}(C)$는 닫힌 집합이다.

(3) $\Rightarrow$ (4) $U \subseteq Y$를 열린 집합이라 하자. 그러면 U^c는 닫힌 집합이다. (3)에 의하여 $f^{-1}(U^c)$는 닫힌 집합이다.

$$f^{-1}(U) = f^{-1}(Y \setminus U^c) = f^{-1}(Y) \setminus f^{-1}(U^c) = X \setminus f^{-1}(U^c) = (f^{-1}(U^c))^c$$

이므로 $f^{-1}(U)$는 열린 집합이다.

(4) $\Rightarrow$ (1) $\epsilon > 0$이 주어졌다 하자. $B(f(p), \epsilon) \subseteq Y$이 열린 집합이므로 (4)에 의하여 $f^{-1}(B(f(p), \epsilon))$가 열린 집합이다. $p \in f^{-1}(B(f(p), \epsilon))$이므로

$$B(p, \delta) \subseteq f^{-1}(B(f(p), \epsilon))$$

를 만족하는 $\delta > 0$가 존재한다. 그러므로 $x \in B(p, \delta)$이면 $x \in f^{-1}(B(f(p), \epsilon))$이다. 즉,

$$d(x, p) < \delta \Rightarrow \rho(f(x), f(p)) < \epsilon$$

을 만족하는 $\delta > 0$이 존재한다. 따라서 f는 x에서 연속이다. x는 X에 있는 임의의 점이므로 f는 X에서 연속이다.

정리 6.1.3 (X, d)와 (Y, ρ)를 거리 공간이라 하고 $S \subseteq X$라 하자. $f : S \to Y$를 함수라 하고 $p \in S$라 하자. f가 p에서 연속이지 않을 필요 충분 조건은 $x_n \to p$이지만 $f(x_n)$가 $f(p)$로 수렴하지 않는 수열 $x_n \in S$이 존재하는 것이다.

증명 정리 6.1.2의 대우를 이용하면 된다.

예제 6.1.2 : 함수 $f : \mathbb{R}^2 \to \mathbb{R}^3$를

$$f(x) = \frac{x}{2}$$

으로 정의 된다고 하자. 함수 f가 $x \in \mathbb{R}^2$에서 연속임을 보여라.

풀이: 임의의 $\epsilon > 0$이 주어졌다 하자.

$$\|y - x\| < \delta \to \|f(y) - f(x)\| = \frac{1}{2}\|y - x\| < \frac{1}{2}2\epsilon = \epsilon$$

을 만족하는 $\delta = 2\epsilon > 0$가 존재한다. 그러므로 함수 f가 x에서 연속이다.

예제 6.1.3 : 함수 $f : \mathbb{R} \to \mathbb{R}$가

$$f(x) = \begin{cases} 1, & x \in \mathbb{Q} \\ 0, & x \notin \mathbb{Q} \end{cases}$$

으로 정의 된다고 하자. 함수 f가 모든 $x \in \mathbb{R}$에서 불연속임을 보여라.

풀이: r을 유리수라 하면 r로 수렴하는 무리수들의 수열인 $x_n \in \mathbb{R}$이 존재한다. 그러면 모든 n에 대하여 $f(x_n) = 0$이고 $f(r) = 1$이다. 그러므로 $x_n \to r$이지만 $f(x_n) \to f(r)$가 아닌 수열 $x_n \in \mathbb{R}$이 존재한다. 즉, f가 r에서 불연속이다.

t를 무리수라 하면 t로 수렴하는 유리수들의 수열인 $x_n \in \mathbb{R}$이 존재한다. 그러면 모든 n에 대하여 $f(x_n) = 1$이고 $f(t) = 0$이다. 그러므로 $x_n \to t$이지만 $f(x_n) \to f(t)$가 아닌 수열 $x_n \in \mathbb{R}$이 존재한다. 즉, f가 t에서 불연속이다.

따라서 f는 $\mathbb{R}$에서 불연속이다.

예제 6.1.4 : $f : (0, \infty) \to \mathbb{R}$를

$$f(x) = \frac{1}{x}$$

로 정의된 함수라 하자. 함수 f가 $p \in (0, \infty)$에서 연속임을 보여라.

풀이: $\epsilon > 0$이 주어졌다 하자. $p \in (0, \infty)$이므로 $p > 0$이다. $|x - p| < \delta$이면

$$|f(x) - f(p)| = \left|\frac{p - x}{xp}\right| < \frac{\delta}{xp}$$

이다. $\delta \leq \frac{p}{3}$이면

$$|x - p| < \delta \leq \frac{p}{3}$$

이므로

$$0 < \frac{2p}{3} < x < \frac{4p}{3}$$

이다. $\frac{3}{4p} < \frac{1}{x} < \frac{3}{2p}$이므로

$$|f(x) - f(p)| = \left|\frac{p - x}{xp}\right| < \frac{\delta}{xp} < \frac{3\delta}{2p^2}$$

이다. $\delta \leq \frac{p}{3}$와 $\frac{3\delta}{2p^2} = \epsilon$으로부터

$$\delta = \min(\frac{p}{3}, \frac{2\epsilon p^2}{3})$$

라 하면

$$|x - p| < \delta \Rightarrow |f(x) - f(p)| = \left|\frac{p - x}{xp}\right| < \frac{\delta}{xp} < \frac{3\delta}{2p^2} \leq \frac{2\epsilon p^2}{2p^2} = \epsilon$$

이다. 그러므로 함수 f가 p에서 연속이다.

예제 6.1.5 : 함수 $f:\mathbb{R}\to\mathbb{R}$가

$$\begin{cases} 0, & x \notin \mathbb{Q} \\ x, & x \in \mathbb{Q} \end{cases}$$

로 정의된다고 하자. f의 연속성을 판별하여라.

풀이 : (i) p를 0이 아닌 유리수라 하면 $p_n \to p$인 무리수들의 수열 p_n이 존재한다. 모든 $n \in \mathbb{N}$에 대하여 $f(p_n) = 0$이므로

$$\lim_{n\to\infty} f(p_n) = 0 \neq p = f(p)$$

이다. 그러므로 f는 0이 아닌 유리수에서 불연속이다.

(ii) t_n을 $t_n \to 0$인 수열이라 하자. 모든 $n \in \mathbb{N}$에 대하여 $f(t_n) = 0$ 또는 $f(t_n) = t_n$이므로

$$\lim_{n\to\infty} f(t_n) = 0 = f(0)$$

이다. 그러므로 f는 0에서 연속이다.

(iii) s를 무리수라 하면 $s_n \to s$인 유리수들의 수열 s_n이 존재한다. 모든 $n \in \mathbb{N}$에 대하여 $f(s_n) = s_n$이므로

$$\lim_{n\to\infty} f(s_n) = \lim_{n\to\infty} s_n = s \neq 0 = f(s)$$

이다. 그러므로 f는 무리수에서 불연속이다.

(i), (ii), (iii)에 의하여 f는 0에서 연속이고 모든 다른 점에서는 불연속이다.

예제 6.1.6 : $f : \mathbb{R}^3 \to \mathbb{R}^5$를 연속 함수라 하자.

$$\{x \in \mathbb{R}^3 : \|f(x)\| \le 3\}$$

이 닫힌 집합임을 보여라.

풀이: $p \in \{x \in \mathbb{R}^3 : \|f(x)\| \le 3\}$라 하자. 그러면 $\|f(p)\| \le 3$이다. 그러므로 $f(p) \in \{y \in \mathbb{R}^5 : \|y\| \le 3\}$이다. 즉, $p \in f^{-1}(\{y \in \mathbb{R}^5 : \|y\| \le 3\})$이므로

$$\{x \in \mathbb{R}^3 : \|f(x)\| \le 3\} \subseteq f^{-1}(\{y \in \mathbb{R}^5 : \|y\| \le 3\})$$

이다.

$r \in f^{-1}(\{y \in \mathbb{R}^5 : \|y\| \le 3\})$라 하자. 그러면 $f(r) \in \{y \in \mathbb{R}^5 : \|y\| \le 3\}$이다. 즉, $\|f(r)\| \le 3$이다. $r \in \{x \in \mathbb{R}^3 : \|f(x)\| \le 3\}$이므로

$$f^{-1}(\{y \in \mathbb{R}^5 : \|y\| \le 3\}) \subseteq \{x \in \mathbb{R}^3 : \|f(x)\| \le 3\}$$

이다. 따라서

$$\{x \in \mathbb{R}^3 : \|f(x)\| \le 3\} = f^{-1}(\{y \in \mathbb{R}^5 : \|y\| \le 3\})$$

이다.

$\{y \in \mathbb{R}^5 : \|y\| \le 3\}$가 닫힌 집합이고 f가 연속 함수이므로 정리 6.1.2에 의하여 $f^{-1}(\{y \in \mathbb{R}^5 : \|y\| \le 3\})$가 닫힌 집합이다.

$$\{x \in \mathbb{R}^3 : \|f(x)\| \le 3\} = f^{-1}(\{y \in \mathbb{R}^5 : \|y\| \le 3\})$$

이므로 $\{x \in \mathbb{R}^3 : \|f(x)\| \le 3\}$가 닫힌집합이다.

예제 6.1.7 : $C = \{(x,y) \in \mathbb{R}^2 : y^2 = x^3\}$라 하고 $g : C \to \mathbb{R}$를

$$g(x,y) = \begin{cases} \frac{y}{x}, & if\ x \neq 0 \\ 0, & if\ x = 0 \end{cases}$$

로 정의된 함수라 하자. C가 닫힌 집합이고 g가 C에서 연속임을 보여라.

풀이 : $f : \mathbb{R}^2 \to \mathbb{R}$를

$$f(x,y) = x^3 - y^2$$

로 정의된 함수라 하자. 그러면 $C = f^{-1}(\{0\})$이고 f가 연속 함수이므로 C가 닫힌 집합이다.

$$\lim_{x \to 0^+} g(x,y) = \lim_{x \to 0^+} \frac{y}{x} = \lim_{x \to 0^+} \frac{x\sqrt{x}}{x} = \lim_{x \to 0^+} \sqrt{x} = 0 = g(0,y)$$

$$\lim_{x \to 0^-} g(x,y) = \lim_{x \to 0^-} \frac{y}{x} = \lim_{x \to 0^-} \frac{-x\sqrt{x}}{x} = \lim_{x \to 0^-} -\sqrt{x} = 0 = g(0,y)$$

그러므로 g가 $(0,y)$에서 연속이다. 따라서 g가 C에서 연속이다.

예제 6.1.8 : $f : \mathbb{R}^2 \to \mathbb{R}$를

$$f(x,y) = \begin{cases} \frac{xy}{x^2+y^2}, & if\ x^2 + y^2 \neq 0 \\ 0, & if\ (x,y) = (0,0) \end{cases}$$

로 정의된 함수라 하자. f가 $(0,0)$에서 불연속임을 보여라.

풀이 :

$$\lim_{x \to 0,\ x=y} f(x,y) = \lim_{x \to 0, y=x} \frac{xy}{x^2+y^2} = \lim_{x \to 0} \frac{x^2}{2x^2} = \frac{1}{2} \neq f(0,0)$$

이므로 f가 $(0,0)$에서 불연속이다.

예제 6.1.9 $a, c \in \mathbb{R}$이고 $c > 0$이라 하자. 함수 $f : [-1, 1] \to \mathbb{R}$가

$$f(x) = \begin{cases} 0, & if\ x = 0 \\ x^a \sin(x^{-c}), & if\ x \neq 0 \end{cases}$$

으로 정의 된다고 하자. $a > 0$일 때 함수 f가 연속인 것을 보여라.

증명 :

$$\lim_{x \to 0^+} x^a \sin(x^{-c}) = 0, \ \lim_{x \to 0^-} x^a \sin(x^{-c}) = 0$$

이다. 그러므로

$$f(0) = \lim_{x \to 0^+} f(x) = \lim_{x \to 0^-} f(x)$$

이다. 따라서 f가 0에서 연속이다.

연습 문제 6.1

1. $f : \mathbb{R} \to \mathbb{R}$를 $f(x) = 5x - 3$으로 정의된 함수라 하자. f가 $\mathbb{R}$에서 연속임을 증명하라.

2. $f : \mathbb{R} \to \mathbb{R}$를 $f(x) = |x - 1|$으로 정의된 함수라 하자. f가 $\mathbb{R}$에서 연속임을 증명하라.

3. 함수 $f : \mathbb{R} \to \mathbb{R}$가

$$f(x) = \begin{cases} 0, & if\ x = 0 \\ x \sin(\frac{1}{x}), & if\ x \neq 0 \end{cases}$$

으로 정의 된다고 하자. 함수 f가 연속인지 아닌지를 판별하여라.

4. $f : \mathbb{R} \to \mathbb{R}$가 연속 함수라 할 때 $\{x \in \mathbb{R} : f(x) < 5\}$가 열린 집합임을 증명하라.

5. $f:\mathbb{R}^2 \to \mathbb{R}$가 연속 함수라 할 때

$$\{(x,y) \in \mathbb{R}^2 : f(x,y) \geq -2\}$$

가 닫힌 집합임을 증명하라.

6. $f:\mathbb{R}^3 \to \mathbb{R}^2$를

$$f(x,y,z) = (y,z)$$

으로 정의된 함수라 하자. f가 $\mathbb{R}^3$에서 연속임을 증명하라.

7. $f:\mathbb{R}^3 \to \mathbb{R}^2$를 함수라 하자. f가

$$\|f(x) - f(y)\| \leq 6\|x - y\|$$

를 만족할 때 f가 $\mathbb{R}^3$에서 연속임을 증명하라.

8. $f:\mathbb{R} \to \mathbb{R}$를 연속 함수라 하고 모든 무리수 t에 대하여

$$f(t) = 5$$

라 할 때 $f(x) = 5$임을 증명하라.

9. 함수 $f:\mathbb{R} \to \mathbb{R}$가 $p \in \mathbb{R}$에서 연속이고 $f(p) > 0$라 할 때 $p \in I$이고 모든 $r \in I$에 대하여 $f(r) > 0$을 만족하는 구간 I가 존재함을 증명하라.

10. 함수 $f:\mathbb{R} \to \mathbb{R}$가

$$f(x) = \begin{cases} 0, & if\ x = 0 \\ \sin(\frac{1}{x}), & if\ x \neq 0 \end{cases}$$

으로 정의 된다고 하자. 함수 f가 연속인지 아닌지를 판별하여라.

제 6.2 절 연속 함수의 성질

정리 6.2.1에서는 컴팩트 집합의 연속 상(continuous image of a compact set)이 컴팩트 집합인 것을 증명하고 정리 6.2.2에서는 연결 집합의 연속 상(continuous image of a connected set)이 연결 집합인 것을 증명한다.

정리 6.2.1 (X, d)와 (Y, ρ)를 거리 공간이라 하자. $f : X \to Y$를 연속함수라 하고 $S \subseteq X$를 컴팩트 집합이라 하자. 그러면 $f(S)$는 컴팩트 집합이다.

증명 $\{U_i : i \in I\}$를 $f(S)$의 열린 덮개라 하자. 그러면 $f(S) \subseteq \bigcup_{i \in I} U_i$이고 $f^{-1}(U_i)$는 열린 집합이다.

$$S \subseteq f^{-1}(\underset{i \in I}{\cup} U_i) = \bigcup_{i \in I} f^{-1}(U_i)$$

이므로 $\{f^{-1}(U_i) : i \in I\}$이 S의 열린 덮개이다. S가 컴팩트 집합이므로

$$S \subseteq f^{-1}(U_{i_1}) \cup f^{-1}(U_{i_2}) \cup \cdots \cup f^{-1}(U_{i_N})$$

을 만족하는 $i_1, i_2, \ldots, i_N \in I$이 존재한다. $f(A \cup B) = f(A) \cup f(B)$이고 $(f \circ f^{-1})(C) \subseteq C$이므로

$$f(S) \subseteq f(f^{-1}(U_{i_1}) \cup f^{-1}(U_{i_2}) \cup \cdots \cup f^{-1}(U_{i_N}))$$

$$= f(f^{-1}(U_{i_1})) \cup f(f^{-1}(U_{i_2})) \cup \cdots \cup f(f^{-1}(U_{i_N}))$$

$$\subseteq U_{i_1} \cup U_{i_2} \cup \cdots \cup U_{i_N}$$

이다. 즉, $f(S)$의 열린 덮개 $\{U_i : i \in I\}$이 유한 부분 덮개 $\{U_{i_1}, U_{i_2}, \ldots, U_{i_N}\}$를 갖는다.

정리 6.2.2 (X,d)와 (Y,ρ)를 거리 공간이라 하자. $f:X\to Y$를 연속함수라 하고 $S\subseteq X$를 연결 집합이라 하자. 그러면 $f(S)$는 연결 집합이다.

증명 $f(S)$가 연결 집합이 아니라고 하자. 그러면 다음 네 조건을 만족하는 열린 집합 U,V가 존재한다.

(1) $U\cap V\cap f(S)=\emptyset \Leftrightarrow (U\cap f(S))\cap(V\cap f(S))=\emptyset$

(2) $f(S)\cap U\neq\emptyset$

(3) $f(S)\cap V\neq\emptyset$

(4) $f(S)\subseteq U\cup V \Leftrightarrow f(S)=(f(S)\cap U)\cup(f(S)\cap V)$

f가 연속 함수이므로 $f^{-1}(U)$와 $f^{-1}(V)$는 열린 집합이다.

$$\emptyset=f^{-1}(\emptyset)=f^{-1}(U\cap V\cap f(S))=f^{-1}(U)\cap f^{-1}(V)\cap f^{-1}(f(S))$$

이고 $S\subseteq f^{-1}(f(S))$이므로

$$f^{-1}(U)\cap f^{-1}(V)\cap S=\emptyset$$

이다.

$$S\subseteq f^{-1}(U\cup V)=f^{-1}(U)\cup f^{-1}(V)$$

이므로 $S\subseteq f^{-1}(U)\cup f^{-1}(V)$이다. $f(S)\cap U\neq\emptyset$이므로 $p\in f(S)\cap U$이 존재한다. 즉, $p=f(k)$와 $p\in U$를 만족하는 $k\in S$가 존재한다. 그러므로 $k\in f^{-1}(U)\cap S$가 되어

$$f^{-1}(U)\cap S\neq\emptyset$$

이다. 같은 방법으로

$$f^{-1}(V) \cap S \neq \emptyset$$

이다. 즉,

$$f^{-1}(U) \cap f^{-1}(V) \cap S = \emptyset, \ S \subseteq f^{-1}(U) \cup f^{-1}(V),$$

$$f^{-1}(U) \cap S \neq \emptyset, \ f^{-1}(V) \cap S \neq \emptyset$$

를 만족하는 열린 집합 $f^{-1}(U)$와 $f^{-1}(V)$가 존재한다. 따라서 S가 비연결 집합이다.

예제 6.2.1 : $f : \mathbb{R}^3 \to \mathbb{R}$를 연속 함수라 하고

$$S = \{f(x) \in \mathbb{R} : \|x\| \leq 3\}$$

라 하자. 그러면 S가 닫힌 구간임을 보여라.

풀이:

$$C = \{x \in \mathbb{R}^3 : \|x\| \leq 3\}$$

라 하자. 그러면 $S = f(C)$이다. f가 연속이고 C가 연결 집합이므로 정리 6.2.2에 의하여 S가 연결 집합이다. $S \subseteq \mathbb{R}$이므로 정리 5.7.6에 의하여 S는 구간이다. f가 연속이고 C가 컴팩트 집합이므로 정리 6.2.1에 의하여 S가 컴팩트 집합이다. 하이네-보렐 정리에 의하여 S는 닫힌 집합이다. 그러므로 S가 닫힌 구간이다.

예제 6.2.2 : $C \subseteq \mathbb{R}^3$를 컴팩트 집합이라 할 때

$$S = \{y \in \mathbb{R} : (x, y, z) \in C \ for\ some\ x, z\}$$

가 컴팩트 집합임을 보여라.

풀이: $f : \mathbb{R}^3 \to \mathbb{R}$를 $f(x, y, z) = y$로 정의된 함수라 하자. $\epsilon > 0$이 주어졌다 하자. $|f(a, b, c) - f(x, y, z)| = |b - y| \leq \|(a, b, c) - (x, y, z)\|$이므로

$$\|(a, b, c) - (x, y, z)\| < \delta \Rightarrow |f(a, b, c) - f(x, y, z)| < \epsilon$$

을 만족하는 $\delta = \epsilon$이 존재한다. 그러므로 f가 연속이다.

$y \in S$라 하자. 그러면 $(x, y, z) \in C$를 만족하는 x, z가 존재한다. 즉, $y = f(x, y, z) \in f(C)$이다. 그러므로 $S \subseteq f(C)$이다. $v \in f(C)$라 하자. 그러면 $v = f(w)$를 만족하는 $w \in C$가 존재한다. 즉, $v = f(w)$이고 $v = f(x, v, z)$이므로 $(x, v, z) = w \in C$를 만족하는 x, z가 존재한다. 그러므로 $v \in S$이다. 즉, $f(C) \subseteq S$이다. 따라서 $S = f(C)$이다. C가 컴팩트 집합이고 f가 연속이므로 $f(C)$가 컴팩트 집합이다. $S = f(C)$이므로 S가 컴팩트 집합이다.

정의 6.2.3 (X, d), (Y, ρ), (Z, h)를 거리 공간이라 하자. $f : X \to Y$와 $g : Y \to Z$를 함수라 하고 $f(X) \subseteq Y$라 하자.

$$(g \circ f)(x) = g(f(x))$$

로 정의된 함수 $g \circ f : X \to Z$를 f와 g의 **합성(composition)**이라 한다.

정리 6.2.4 X, Y, Z를 거리 공간이라 하자. $f : X \to Y$와 $g : Y \to Z$를 연속 함수라 하고 $f(X) \subseteq Y$라 하면 합성 함수 $g \circ f : X \to Z$는 연속이다.

증명 $U \subseteq Z$를 열린 집합이라 하자. U가 열린 집합이고 g가 연속이므로 $g^{-1}(U) \subseteq Y$가 열린 집합이다. $g^{-1}(U) \subseteq Y$가 열린 집합이고 f가 연속이므로 $f^{-1}(g^{-1}(U)) \subseteq X$가 열린 집합이다. $(g \circ f)^{-1}(U) = f^{-1}(g^{-1}(U))$이므로 $(g \circ f)^{-1}(U)$가 열린 집합이다. 따라서 $(g \circ f)$가 연속 함수이다.

예제 6.2.3 : $f : \mathbb{R} \to \mathbb{R}$를 $f(x) = \sin(x^2 + x - 3)$로 정의된 함수라 하자. 그러면 f가 연속 함수이다.

풀이: $g(x) = \sin x$라 하고 $h(x) = x^2 + x - 3$이라 하자. 그러면 g와 h가 연속이다. $f = g \circ h$이므로 f가 연속이다.

정리 6.2.5 (X, d)와 (Y, ρ)를 거리공간이라 하자. $f : X \to Y$를 연속함수라 하고 $S \subseteq X$를 패스연결집합이라 하자. 그러면 $f(S)$는 패스연결집합이다.

증명 $p, q \in f(S)$라 하자. 그러면 $p = f(x), q = f(y)$를 만족하는 $x, y \in S$가 존재한다. S가 패스 연결 집합이므로 $h(a) = x, h(b) = y$를 만족하는 연속 패스 $h : [a, b] \to S$가 존재하고 $h([a, b]) \subseteq S$이다. $g : [a, b] \to f(S)$를 $g(t) = f(h(t))$로 정의된 함수라 하자. 그러면 f와 h가 연속이므로 정리 6.7에 의하여 g가 연속이고 $g([a, b]) = f(h([a, b])) \subseteq f(S)$이다. 또한 $g(a) = f(h(a)) = f(x) = p$이고 $g(b) = f(h(b)) = f(y) = q$이다. 그러므로 임의의 $p, q \in f(S)$에 대하여 $g(a) = p$, $g(b) = q$와 $g([a, b]) \subseteq f(S)$를 만족하는 연속 패스 $g : [a, b] \to f(S)$가 존재한다.

정리 6.2.6 (X,d)를 거리 공간이라 하고 $(Y,\|\cdot\|)$를 놈 공간이라 하자. $p \in X$라 하자. $f : X \to Y$와 $g : X \to Y$가 $p \in X$에서 연속 함수이면

$$(f+g)(x) = f(x) + g(x)$$

로 정의된 함수 $f+g : X \to Y$도 $p \in X$에서 연속이다.

증명 $\epsilon > 0$이 주어졌다 하자. f가 $p \in X$에서 연속이므로

$$d(x,p) < \delta_1 \Rightarrow \|f(x) - f(p)\| < \frac{\epsilon}{2}$$

를 만족하는 $\delta_1 > 0$이 존재한다. g가 $p \in X$에서 연속이므로

$$d(x,p) < \delta_2 \Rightarrow \|g(x) - g(p)\| < \frac{\epsilon}{2}$$

를 만족하는 $\delta_2 > 0$가 존재한다. $\delta = \min(\delta_1, \delta_2)$라 하자. 그러면

$$\begin{aligned} d(x,p) < \delta \Rightarrow \|(f+g)(x) - (f+g)(p)\| & \\ &= \|(f(x)+g(x)) - (f(p)+g(p))\| \\ &= \|f(x) - f(p) + g(x) - g(p)\| \\ &\le \|f(x) - f(p)\| + \|g(x) - g(p)\| \\ &< \frac{\epsilon}{2} + \frac{\epsilon}{2} = \epsilon \end{aligned}$$

를 만족하는 $\delta > 0$이 존재한다. 따라서 $f+g$가 $p \in X$에서 연속 함수이다.

정리 6.2.7 (X,d)를 거리 공간이라 하고 $(Y,\|\cdot\|)$를 놈 공간이라 하자. $p \in X$라 하자. $f: X \to \mathbb{R}$와 $g: X \to Y$가 $p \in X$에서 연속 함수이면

$$(f \cdot g)(x) = f(x)g(x)$$

로 정의된 함수

$$f \cdot g : X \to Y$$

도 $p \in X$에서 연속이다.

증명 $\epsilon > 0$이 주어졌다 하자. f가 $p \in X$에서 연속이므로

$$d(x,p) < \delta_1 \Rightarrow |f(x) - f(p)| < \frac{\epsilon}{2\|g(p)\|}$$

를 만족하는 $\delta_1 > 0$이 존재한다. f가 $p \in X$에서 연속이므로

$$d(x,p) < \delta_2 \Rightarrow |f(x)| - |f(p)| \le |f(x) - f(p)| < 1$$

를 만족하는 $\delta_2 > 0$가 존재한다. 즉,

$$d(x,p) < \delta_2 \Rightarrow |f(x)| < |f(p)| + 1$$

을 만족하는 $\delta_2 > 0$가 존재한다. g가 $p \in X$에서 연속이므로

$$d(x,p) < \delta_3 \Rightarrow \|g(x) - g(p)\| < \frac{\epsilon}{2(|f(p)| + 1)}$$

를 만족하는 $\delta_3 > 0$가 존재한다.

$$\delta = \min(\delta_1, \delta_2, \delta_3)$$

라 하자. 그러면

$$d(x,p) < \delta \Rightarrow \|(f \cdot g)(x) - (f \cdot g)(p)\| = \|f(x)g(x) - f(p)g(p)\|$$

$$= \|f(x)g(x) - f(x)g(p) + f(x)g(p) - f(p)g(p)\|$$

$$\leq |f(x)| \, \|g(x) - g(p)\| + |f(x) - f(p)| \, \|g(p)\|$$

$$< \frac{\epsilon(|f(p)|+1)}{2(|f(p)|+1)} + \frac{\epsilon\|g(p)\|}{2\|g(p)\|} = \frac{\epsilon}{2} + \frac{\epsilon}{2} = \epsilon$$

를 만족하는 $\delta > 0$이 존재한다. 따라서 $f \cdot g$가 $p \in X$에서 연속 함수이다.

정리 6.2.8 (X,d)를 거리 공간이라 하자. $f : X \to \mathbb{R}$가 $p \in X$에서 연속이고 $f(p) \neq 0$이면 $p \in U$이고 모든 $x \in U$에 대하여 $f(x) \neq 0$를 만족하는 열린 집합 U가 존재한다.

증명 $\epsilon = |f(p)| > 0$라 하자. f가 $p \in X$에서 연속이므로 $d(x,p) < \delta \Rightarrow |f(x) - f(p)| < |f(p)|$를 만족하는 $\delta > 0$가 존재한다. 즉,

$$x \in B(p,\delta) \Rightarrow |f(x) - f(p)| < |f(p)|$$

를 만족하는 열린 집합 $B(p,\delta)$가 존재한다. $f(x) = 0$을 만족하는 $x \in B(p,\delta)$가 존재한다고 가정하자. 그러면 $|0 - f(p)| < |f(p)|$, 즉, $|-f(p)| < |f(p)|$가 되어 모순이 일어난다. 그러므로 모든 $x \in B(p,\epsilon)$에 대하여 $f(x) \neq 0$이다. 따라서 $p \in B(p,\epsilon)$이고 모든 $x \in B(p,\epsilon)$에 대하여 $f(x) \neq 0$를 만족하는 열린 집합 $B(p,\epsilon)$가 존재한다.

정리 6.2.9 (X, d)를 거리 공간이라 하고 $(Y, \|\cdot\|)$를 놈 공간이라 하자. $f : X \to \mathbb{R}$와 $g : X \to Y$가 $p \in X$에서 연속 함수이고 $f(p) \neq 0$이면

$$\left(\frac{g}{f}\right)(x) = \frac{g(x)}{f(x)}$$

로 정의된 함수

$$\frac{g}{f} : X \to Y$$

도 $p \in X$에서 연속이다.

증명 $W \subseteq X$를 함수 $\frac{g}{f}$의 정의역이라 하자. 그러면 모든 $x \in W$에 대하여 $f(x) \neq 0$이고 $p \in W$이다. $x_n \in W$을 p로 수렴하는 수열이라 하자. f가 p에서 연속이므로 정리 6.1.2에 의하여

$$f(x_n) \to f(p) \in \mathbb{R}$$

이다. 정리 2.1.11에 의하여

$$\frac{1}{f(x_n)} \to \frac{1}{f(p)}$$

이다. 정리 6.1.2에 의하여

$$\frac{1}{f(x)}$$

가 p에서 연속이다. g가 $p \in X$에서 연속이므로 정리 6.2.7에 의하여

$$\left(\frac{g}{f}\right)(x) = \frac{g(x)}{f(x)} = \frac{1}{f(x)} g(x)$$

가 $p \in X$에서 연속이다.

예제 6.2.4 : 함수 $f : \mathbb{R} \to \mathbb{R}$를

$$f(x) = \frac{\sin x + x - 2}{x^2 + 2x + 2}$$

로 정의되었다고 하자. f의 연속성을 판별하라.

풀이: $h(x) = \sin x + x - 2$라 하고 $g(x) = x^2 + 2x + 2$라 하자. 그러면 h와 g가 연속이다. $g(x) = x^2 + 2x + 2 = (x+1)^2 + 1 > 0$이므로 정리 6.2.9에 의하여 $f = \frac{h}{g}$가 $\mathbb{R}$에서 연속이다.

예제 6.2.5 : 다음과 같이 정의된 함수 $f : \mathbb{R}^2 \to \mathbb{R}$의 연속성을 판별하라.

$$f(x,y) = \begin{cases} 0, & if\ x \neq 0\ and\ y \neq 0 \\ 1, & if\ x = 0\ or\ y = 0 \end{cases}$$

풀이: $\mathbb{R}$내의 열린 집합 $U = (0.5, 1.5)$를 취하자. 그러면

$$f^{-1}(U) = \{(x,y) \in \mathbb{R}^2 : x = 0\ or\ y = 0\}$$

이므로 $f^{-1}(U)$는 열린 집합이 아니다. 그러므로 f가 연속이 아니다.

정리 6.2.10 $S \subseteq \mathbb{R}$이라 하자. $x - \sup(S)$이면 $x \in \overline{S}$이고 $z = \inf(S)$이면 $z \in \overline{S}$이다.

증명 $x \in S$이면 $x \in \overline{S}$이다. $x \notin S$라 하자. 그러면 정리 2.2.3에 의하여 임의의 $\epsilon > 0$에 대하여 $y > x - \epsilon$ 을 만족하는 $y \in S$가 존재한다. 즉, $B(x,\epsilon) \cap (S \setminus \{x\}) = B(x,\epsilon) \cap S \neq \emptyset$이므로 x가 S의 쌓인점(accumulation point)이다. 정리 5.4.4에 의하여 $x \in \overline{S}$이다. 유사한 방법으로 $z = \inf(S)$이면 $z \in \overline{S}$인 것을 증명할 수 있다.

정리 6.2.11 (X, d)를 거리 공간이라 하고 $f : X \to \mathbb{R}$를 연속 함수라 하자. K가 컴팩트 집합이면 $B = \{f(x) : x \in K\}$는 유계 집합이고 $\inf(B) = f(p)$와 $\sup(B) = f(r)$를 만족하는 $p, r \in K$이 존재한다.

증명 정리 6.2.1에 의하여 $B = f(K) \subseteq \mathbb{R}$는 컴팩트 집합이다. 하이네-보렐 정리에 의하여 B는 유계 집합이고 닫힌 집합이다. B가 닫힌 집합이므로 정리 6.2.10에 의하여 $\inf(B) \in \overline{B} = B = f(K)$이다. 그러므로 $\inf(B) = f(p)$를 만족하는 $p \in K$가 존재한다. 비슷한 방법으로 $\sup(B) = f(r)$를 만족하는 $r \in K$이 존재한다.

정리 6.2.12 (중간값 정리(intermediate value theorem)) (X, d)를 거리 공간이라 하고 $f : X \to \mathbb{R}$를 연속 함수라 하자. $C \subseteq X$가 연결 집합이고 $x, y \in C$라 하자. $f(x) < p < f(y)$를 만족하는 모든 $p \in \mathbb{R}$에 대하여 $p = f(r)$를 만족하는 $r \in C$이 존재한다.

증명 정리 6.2.2에 의하여 $f(C) \subseteq \mathbb{R}$는 연결 집합이다. 정리 5.7.6에 의하여 $f(C)$는 구간이다. $f(x), f(y) \in f(C)$이고 $f(x) < p < f(y)$이면 구간의 정의에 의하여 $p \in f(C)$이다. 그러므로 $p = f(r)$를 만족하는 $r \in C$이 존재한다.

다음의 부동점 정리는 주어진 식의 근을 근사(approximation)할 수 있는 충분 조건을 규명하고 근사 앨고리즘을 제공한다. 즉, 부동점 정리는 주어진 식의 정확한 근을 줄 수 없지만 근사 근을 줄 수 있으므로 특히 수치 해석(numerical analysis)에 많이 이용되는 중요 정리이다.

정리 6.2.13 (부동점 정리(fixed point theorem)) (X, d)를 완비 거리 공간이라 하고 $f : X \to X$를 함수라 하자. 모든 $x, y \in X$에 대하여

$$d(f(x), f(y)) \leq L\ d(x, y)$$

를 만족하는 상수 $0 \leq L < 1$이 존재하면 f의 부동점(fixed point)이 유일하게 존재한다. 또한 임의의 $x_1 \in X$에 대하여

$$x_2 = f(x_1), x_3 = f(x_2), \ldots, x_{n+1} = f(x_n), \ldots$$

라 하면 $\lim_{n\to\infty} x_n$이 f의 부동점이다.

증명 $x_1 \in X$라 하고 $x_2 = f(x_1), x_3 = f(x_2), \ldots, x_{n+1} = f(x_n), \ldots$ 라 하자. $x_1 = x_2$이면 $f(x_1) = x_1$이 되어 x_1이 부동점이다. $x_2 \neq x_1$라 하자. 그러면 $d(x_2, x_1) \neq 0$이다.

$$d(x_3, x_2) = d(f(x_2), f(x_1)) \leq L\ d(x_2, x_1)$$

$$d(x_4, x_3) = d(f(x_3), f(x_2)) \leq L\ d(x_3, x_2) \leq L^2\ d(x_2, x_1)$$

$$\cdots\cdots\cdots\cdots\cdots\cdots\cdots\cdots\cdots\cdots\cdots\cdots\cdots\cdots$$

$$d(x_{n+1}, x_n) = d(f(x_n), f(x_{n-1})) \leq \ldots\ldots\cdots \leq L^{n-1}\ d(x_2, x_1)$$

이다. 그러므로

$$\begin{aligned} d(x_{n+p}, x_n) &\leq d(x_{n+p}, x_{n+p-1}) + d(x_{n+p-1}, x_n) \\ &\leq d(x_{n+p}, x_{n+p-1}) + d(x_{n+p-1}, x_{n+p-2}) + d(x_{n+p-2}, x_n) \end{aligned}$$

$$\leq \cdots\cdots\cdots\cdots\cdots\cdots\cdots\cdots\cdots\cdots\cdots\cdots\cdots$$

$$\leq d(x_{n+p}, x_{n+p-1}) + d(x_{n+p-1}, x_{n+p-2}) + \cdots + d(x_{n+1}, x_n)$$

$$\leq L^{n+p-2} d(x_2, x_1) + L^{n+p-3} d(x_2, x_1) + \cdots + L^{n-1} d(x_2, x_1)$$

$$= (L^{n+p-2} + L^{n+p-3} + \cdots + L^{n-1})\ d(x_2, x_1)$$

$$\leq \frac{L^{n-1}\ d(x_2, x_1)}{1-L}$$

이다. $\epsilon > 0$이 주어졌다 하고 $m \geq n$이라 하자.

$$d(x_m, x_n) \leq \frac{L^{n-1}\ d(x_2, x_1)}{1-L} < \epsilon$$

으로부터

$$L^{n-1} < \frac{\epsilon(1-L)}{d(x_2, x_1)} \ \Rightarrow\ (n-1)\log L < \log \frac{\epsilon(1-L)}{d(x_2, x_1)}$$

이다.

$$N > \log_L \frac{\epsilon(1-L)}{d(x_2, x_1)} + 1$$

을 만족하는 양의 정수 N을 선택하자. 그러면

$$m, n \geq N \Rightarrow d(x_m, x_n) \leq \frac{L^{n-1}\ d(x_2, x_1)}{1-L}$$

$$\leq \frac{L^{N-1}\ d(x_2, x_1)}{1-L} < \frac{\frac{\epsilon(1-L)}{d(x_2, x_1)}\ d(x_2, x_1)}{1-L} = \epsilon$$

이다. 그러므로 $x_n \in X$이 코시수열이다. X가 완비 공간이므로 $\lim_{n\to\infty} x_n = x$가 존재하고 $x \in X$이다.

$$d(f(x), f(y)) \leq L\ d(x, y)$$

이므로 f가 X에서 균등 연속이다. $x_n \to x$이므로 정리 6.1.2에 의하여 $f(x_n) \to f(x)$이다. $f(x_n) = x_{n+1}$이므로

$$x = \lim_{n\to\infty} x_{n+1} = \lim_{n\to\infty} f(x_n) = f(x)$$

이다. 그러므로 x가 f의 부동점이다.

y를 f의 다른 부동점이라 하자. 그러면 $f(y) = y$이다. 그러므로

$$d(x,y) = d(f(x), f(y)) \le L\, d(x,y)$$

이다. 즉, $(1-L)\, d(x,y) \le 0$이다. $L < 1$이므로 $d(x,y) = 0$이다. 즉, $x = y$이다. 따라서 부동점은 유일하다.

예제 6.2.6 : $f : [1,2] \to [1,3]$를 $f(1) = 2,\ f(2) = 1$인 연속 함수라 할 때 $f(p) = p$를 만족하는 $p \in [1,2]$가 존재하는 것을 증명하라. 즉, f가 부동점(fixed point)을 갖음을 증명하라.

풀이:

$$h(x) = f(x) - x$$

라 하자. 그러면 h가 연속이고

$$h(1) = f(1) - 1 = 2 - 1 = 1, \quad h(2) = f(2) - 2 = 1 - 2 = -1$$

이므로 중간값정리에 의하여 $h(p) = 0$을 만족하는 $p \in [1,2]$가 존재한다. 즉, $f(p) = p$를 만족하는 $p \in [1,2]$가 존재한다.

예제 6.2.7 : $f : [0,1] \to [0,1]$를 연속 함수라 할 때 $f(p) = p$를 만족하는 $p \in [0,1]$가 존재하는 것을 증명하라. 즉, f가 부동점(fixed point)을 갖음을 증명하라.

풀이: (i) $f(0) = 0$ 또는 $f(1) = 1$인 경우

이 경우 0 또는 1의 부동점을 갖는다.

(ii) $f(0) \neq 0$이고 $f(1) \neq 1$인 경우

이 경우 $f(0) > 0$이고 $f(1) < 1$이다. $g(x) = f(x) - x$라 하자. 그러면 g가 연속이고 $g(0) = f(0) > 0$이고 $g(1) = f(1) - 1 < 0$이다. 중간값정리에 의하여 $g(p) = 0$을 만족하는 $p \in [0,1]$가 존재한다. 즉, $f(p) = p$를 만족하는 $p \in [0,1]$가 존재한다.

예제 6.2.8 : $f : [0,1) \to [0,1)$를 전사 연속 함수라 할 때 $f(p) = p$를 만족하는 $p \in [0,1]$가 존재하는 것을 증명하라.

풀이: (i) $f(0) = 0$인 경우

이 경우 부동점 0을 갖는다.

(ii) $f(0) \neq 0$인 경우

이 경우 $0 < f(0) < 1$이다. f가 전사 함수이므로 $f(p) = 0$을 만족하는 $p \in (0,1)$가 존재한다. $g(x) = f(x) - x$라 하자. 그러면 g가 연속이고 $g(0) = f(0) > 0$이고 $g(p) = f(p) - p = -p < 0$이다. 중간값정리에 의하여 $g(s) = 0$을 만족하는 $s \in (0,p)$가 존재한다. 즉, $f(s) = s$를 만족하는 $s \in (0,p)$가 존재한다.

예제 6.2.9 : Y를 거리 공간, $X \subseteq Y$, $\overline{X} = Y$라 하자. $f : Y \to \mathbb{R}^m$와 $g : Y \to \mathbb{R}^m$를 연속 함수라 하자. $f|_X = g|_X$라 할 때 Y에서 $f = g$임을 보여라.

풀이 : $x \in Y = \overline{X}$라 하자. 정리 5.5.4에 의하여 $x_n \to x$인 수열 $x_n \in X$가 존재한다. f와 g가 연속이므로

$$f(x) = \lim_{n\to\infty} f(x_n) = \lim_{n\to\infty} f|_X(x_n),\ g(x) = \lim_{n\to\infty} g(x_n) = \lim_{n\to\infty} g|_X(x_n)$$

이다. $f|_X = g|_X$이므로 $\lim_{n\to\infty} f|_X(x_n) = \lim_{n\to\infty} g|_X(x_n)$이다. 따라서 $f(x) = g(x)$이다.

연습 문제 6.2

1. $f : \mathbb{R} \to \mathbb{R}$를 $f(x) = \cos(x^3 - 2x^2 + x - 5)$로 정의된 함수라 할 때 f가 $\mathbb{R}$에서 연속임을 증명하라.

2. $f : \mathbb{R}^2 \to \mathbb{R}$와 $g : \mathbb{R}^2 \to \mathbb{R}$가 연속 함수라 할 때

$$\{(x, y) \in \mathbb{R}^2 : f(x, y) < g(x, y)\}$$

가 열린 집합임을 증명하라.

3. $f : \mathbb{R} \to \mathbb{R}$를 연속 함수라 하고

$$B = \{f(x) \in \mathbb{R} : 3 \le x \le 7\}$$

라 할 때 B가 닫힌 집합임을 증명하라.

4. $f : \mathbb{R} \to \mathbb{R}$와 $g : \mathbb{R} \to \mathbb{R}$가 연속 함수라 하고

$$B = \{x \in \mathbb{R} : f(x) \geq g(x)\}$$

라 하자. $x_n \in B$이고 $x_n \to x$라 할 때 $x \in B$임을 증명하라.

5. $f : [0, 1] \to \mathbb{R}$가 연속 함수라 하고 $f(0) = f(1)$이라 하자.

$$f(p) = f(p + \frac{1}{2})$$

를 만족하는 점 $p \in [0, \frac{1}{2}]$가 존재함을 보여라.

6. $C \subseteq \mathbb{R}^n$가 컴팩트 집합이고 $f : C \to \mathbb{R}$를 연속 함수라 할 때

$$S = \{x \in C : f(x) \textit{ is the maximum of } f \textit{ on } C\}$$

가 컴팩트 집합임을 증명하라.

7. M_1, M_2를 거리 공간이라 하고 $f : M_1 \to M_2$를 연속 함수라 하자.

$$S = \{(x, f(x)) : x \in M_1\}$$

라 할 때 S가 닫힌 집합임을 증명하라.

8. M_1, M_2를 거리 공간, $f : M_1 \to M_2$를 연속 함수, $B \subseteq M_1$를 패스-연결 집합이라 하자.

$$S = \{(x, f(x)) : x \in B\}$$

라 할 때 S가 연결 집합임을 증명하라.

9. $f : [1, 2] \to [0, \infty)$를 연속이고 전사인 함수라 하자. 이와 같은 함수가 존재할 수 없음을 증명하라.

제 6.3 절 균등 연속 함수

정의 6.3.1 (X, d)와 (Y, ρ)를 거리 공간이라 하고 $S \subseteq X$라 하자. 임의의 $\epsilon > 0$에 대하여

$$(x, y \in S \ \wedge \ d(x, y) < \delta) \Rightarrow \rho(f(x), f(y)) < \epsilon$$

을 만족하는 $\delta > 0$가 존재할 때 f가 S에서 **균등 연속(uniformly continuous)**이라 한다.

함수의 연속은 한 점 p에서 정의되므로 주어진 $\epsilon > 0$에 대하여 존재하는 $\delta > 0$는 ϵ과 p의 영향을 받는다. 함수의 균등 연속은 집합에서 정의되므로 주어진 $\epsilon > 0$에 대하여 존재하는 $\delta > 0$는 ϵ의 영향만 받는다. 예제 6.1.4에서 $f(x) = \frac{1}{x}$로 정의된 함수 $f : (0, \infty) \to \mathbb{R}$의 경우 $p \in (0, \infty)$일 때 임의의 $\epsilon > 0$ 에 대하여 $|x - p| \Rightarrow |f(x) - f(p)| < \epsilon$을 만족하는 $\delta = \min(\frac{p}{3}, \frac{2\epsilon p^2}{3})$이 존재한다. 그러므로 f는 $(0, \infty)$에서 균등연속이 아니다.

예제 6.3.1 : 함수 $f : \mathbb{R} \to \mathbb{R}$를 $f(x) = 2x + 5$로 정의되었다고 하자. $\mathbb{R}$에서 f의 균등 연속성을 판별하라.

풀이: $\epsilon > 0$이 주어졌다 하자. $f(y) - f(x) = 2y - 2x = 2(y - x)$이므로

$$|y - x| < \delta \Rightarrow |f(y) - f(x)| = 2|y - x| < \epsilon$$

을 만족하는 $\delta = \frac{\epsilon}{2}$가 존재한다. 즉, δ는 ϵ으로만 나타나므로 f는 $\mathbb{R}$에서 균등 연속이다.

정리 6.3.2 (X, d)와 (Y, ρ)를 거리 공간이라 하고 $S \subseteq X$를 컴팩트 집합이라 하자. $f : X \to Y$가 연속 함수이면 f는 S에서 균등 연속(uniformly continuous)이다.

증명 $\epsilon > 0$이 주어졌다 하자. 모든 $x \in S$에서 f가 연속이므로

$$d(x, y) < \delta_x \Rightarrow \rho(f(x), f(y)) < \frac{\epsilon}{2}$$

를 만족하는 δ_x가 존재한다. $S \subseteq \bigcup_{x \in S} B(x, \frac{\delta_x}{2})$이므로 $\{B(x, \frac{\delta_x}{2}) : x \in S\}$는 S의 열린 덮개이다. S가 컴팩트 집합이므로 $S \subseteq \bigcup_{i=1}^{k} B(x_i, \frac{\delta_{x_i}}{2})$를 만족하는 유한 개의 점 $x_1, x_2, \ldots, x_k \in S$가 존재한다.

$$\delta = \min(\frac{\delta_{x_1}}{2}, \frac{\delta_{x_2}}{2}, \ldots, \frac{\delta_{x_k}}{2})$$

라 하자. 그러면 $\delta > 0$이다.

$p, q \in S$를 $d(p, q) < \delta$를 만족하는 두 점이라 하자. $p \in S$이므로 $p \in B(x_m, \frac{\delta_{x_m}}{2})$을 만족하는 m이 존재한다. 여기서 $1 \leq m \leq k$이다. 그러므로 $d(p, x_m) < \frac{\delta_{x_m}}{2}$이 되어 f의 연속성에 의하여 $\rho(f(p), f(x_m)) < \frac{\epsilon}{2}$이다.

$$d(q, x_m) \leq d(q, p) + d(p, x_m) < \delta + \frac{\delta_{x_m}}{2} \leq \delta_{x_m}$$

이므로 $\rho(f(q), f(x_m)) < \frac{\epsilon}{2}$이다. 따라서

$$\rho(f(p), f(q)) \leq \rho(f(p), f(x_m)) + \rho(f(x_m), f(q)) < \frac{\epsilon}{2} + \frac{\epsilon}{2} = \epsilon$$

이다. 즉, $(p, q \in S \ \wedge \ d(p, q) < \delta) \Rightarrow \rho(f(p), f(q)) < \epsilon$을 만족하는 $\delta > 0$가 존재한다. 그러므로 f는 S에서 균등 연속이다.

예제 6.3.2 : 함수 $f:\mathbb{R}\to\mathbb{R}$를 $f(x)=x^2$로 정의되었다고 하자. $[1,10]$에서 f가 균등 연속인 것을 증명하라.

풀이: f는 $\mathbb{R}$에서 연속이다. [1, 10]은 유계이고 닫힌 집합이다. 하이네-보렐 정리에 의하여 [1, 10]은 컴팩트 집합이다. 정리 6.3.2에 의하여 f는 $[1,10]$에서 균등 연속이다.

다음의 정리 6.3.3은 어떤 함수가 주어졌을 때 그 함수가 균등 연속인지를 쉽게 알아낼 수 있는 충분 조건을 주는 중요 정리이다.

정리 6.3.3 $f:(\alpha,\beta)\to\mathbb{R}$가 미분 가능한 함수이고 모든 $x\in(\alpha,\beta)$에 대하여 $|f'(x)|\le K$를 만족하는 상수 K가 존재하면 f는 (α,β)에서 균등 연속(uniformly continuous)이다.

증명 $\epsilon>0$이 주어졌다 하자. $a,b\in(\alpha,\beta)$라 하자. 평균값 정리(mean value theorem)에 의하면 $f(b)-f(a)=f'(c)(b-a)$를 만족하는 $c\in[a,b]$가 존재한다. 그러므로

$$|f(b)-f(a)|=|f'(c)(b-a)|=|f'(c)|\;|b-a|\le K|b-a|$$

이다. $\delta=\frac{\epsilon}{K}$라 하자. 그러면

$$|b-a|<\delta\Rightarrow|f(b)-f(a)|\le K|b-a|<K\delta=K\frac{\epsilon}{K}=\epsilon$$

이다. 따라서 f는 (α,β)에서 균등 연속이다.

예제 6.3.3 : $f : \mathbb{R} \to \mathbb{R}$를 $f(x) = \cos x + 1$로 정의된 함수라 하자. f가 $\mathbb{R}$에서 균등 연속인 것을 증명하라.

풀이: $f'(x) = -\sin x$이므로 모든 $x \in \mathbb{R}$에 대하여 $|f'(x)| = |-\sin x| \leq 1$이다. 정리 6.3.3에 의하여 f는 $\mathbb{R}$에서 균등 연속이다.

예제 6.3.4 $f : \mathbb{R} \to \mathbb{R}$를

$$f(x) = \frac{1}{1+x^2}$$

로 정의된 함수라 할 때 f가 $\mathbb{R}$에서 균등 연속인 것을 증명하라.

풀이 : $\epsilon > 0$이 주어졌다 하자. $x, y \in \mathbb{R}$이라 하자. 그러면 $2(1+x^2)(1+y^2) - |x| - |y| = |x|^2 - 2|x| + |y|^2 - 2|y| + 2 + x^2 + y^2 + 2x^2y^2 + |x| + |y| = (|x|-1)^2 + (|y|-1)^2 + x^2 + y^2 + 2x^2y^2 + |x| + |y| \geq 0$이다. 그러므로

$$\frac{|x|+|y|}{(1+x^2)(1+y^2)} \leq 2$$

이다.

$$\begin{aligned}(x, y \in \mathbb{R} \ \wedge \ |x-y| < \delta) \Rightarrow |f(x) - f(y)| &= \left| \frac{1}{1+x^2} - \frac{1}{1+y^2} \right| \\ &\leq |x-y| \frac{(|x|+|y|)}{(1+x^2)(1+y^2)} \\ &\leq 2|y-x| < \epsilon\end{aligned}$$

를 만족하는 $\delta = \frac{\epsilon}{2} > 0$이 존재한다.

예제 6.3.5 $f : \mathbb{R} \to \mathbb{R}$를 균등 연속 함수라 하자. $g : \mathbb{R}^2 \to \mathbb{R}$를 $g(x, y) = f(x) - f(y)$로 정의된 함수라 하자. g가 $\mathbb{R}^2$에서 균등 연속임을 보여라.

풀이 : $\epsilon > 0$이 주어졌다 하자. f가 균등 연속이므로

$$(x, y \in \mathbb{R} \ \wedge \ |x - y| < \delta) \Rightarrow |f(x) - f(y)| < \frac{\epsilon}{2}$$

를 만족하는 $\delta > 0$가 존재한다. $(x, y), (p, q) \in \mathbb{R}^2$라 하자.

$$\|(x, y) - (p, q)\| < \delta \Rightarrow (|x - p| < \delta \ \wedge \ |y - q| < \delta) \Rightarrow$$

$$|g(x, y) - g(p, q)| \le |f(x) - f(p)| + |f(y) - f(q)| < \frac{\epsilon}{2} + \frac{\epsilon}{2} = \epsilon$$

을 만족하는 $\delta > 0$가 존재한다.

연습 문제 6.3

1. $f : S \subseteq \mathbb{R} \to \mathbb{R}$와 $g : S \subseteq \mathbb{R} \to \mathbb{R}$를 균등 연속 함수라 하고 S에서 유계라고 하자. fg가 S에서 균등 연속 함수임을 증명하라.

2. $f : S \subseteq \mathbb{R} \to \mathbb{R}$와 $g : S \subseteq \mathbb{R} \to \mathbb{R}$를 균등 연속 함수라 할 때 $f + g$가 S에서 균등 연속 함수임을 증명하라.

3. $b > 0$이라 하고 $f : [b, \infty) \to \mathbb{R}$를

$$f(x) = \frac{1}{x}$$

로 정의된 함수라 할 때 f가 $[b, \infty)$에서 균등 연속 함수임을 증명하라.

4. $f : [1, \infty) \to \mathbb{R}$를

$$f(x) = \frac{1}{x^2}$$

로 정의된 함수라 할 때 f가 $[1, \infty)$에서 균등 연속 함수임을 증명하라.

5. (X, d)와 (Y, ρ)를 거리 공간이라 하고 $f : X \to Y$를 균등 연속 함수라 하자. $x_n \in X$을 코시 수열이라 할 때 $f(x_n) \in Y$도 코시 수열인 것을 증명하라.

제 7 장

리만-스틸체스 적분 (Riemann-Stieltjes Integral)

7장에서는 리만 적분과 리만 스틸체스 적분의 정의를 하고 리만 적분과 리만-스틸체스 적분의 여러 성질에 대하여 설명한다.

제 7.1 절 리만-스틸체스 적분의 정의

정의 7.1.1 $[a, b] \subset \mathbb{R}$라 하고 $a = x_0 < x_1 < x_2 < \cdots < x_{n-1} < x_n = b$라 하자. 유한 순서 집합 (finite ordered set) $P = \{x_0, x_1, x_2, \ldots, x_{n-1}, x_n\}$를 $[a, b]$의 **파티션(partition)**이라 한다.

(i) $f : [a, b] \to \mathbb{R}$를 유계 함수라하고

$$M_k = \sup_{x_{k-1} \le x \le x_k} f(x), \quad m_k = \inf_{x_{k-1} \le x \le x_k} f(x)$$

라 하자.

$$U(P, f) = \sum_{k=1}^{n} M_k \, (x_k - x_{k-1})$$

를 파티션 P에 대한 f의 **상합(upper sum)**이라 하고

$$L(P, f) = \sum_{k=1}^{n} m_k \, (x_k - x_{k-1})$$

를 파티션 P에 대한 f의 **하합(lower sum)**이라 한다.

$[a, b]$의 모든 파티션들의 집합을 $\Omega([a, b])$라 하자.

$$U(f) := \inf_{P \in \Omega([a,b])} U(P, f)$$

를 $[a, b]$에서 f의 **상 리만 적분(upper Riemann integral)**이라 하고

$$L(f) := \sup_{P \in \Omega([a,b])} L(P, f)$$

를 $[a, b]$에서 f의 **하 리만 적분(lower Riemann integral)**이라 한다.

$U(f) = L(f)$이면 f가 **리만 적분 가능하다(Riemann-integrable)**고 하고 적분을

$$\int_a^b f(x)dx$$

로 나타낸다. 즉,

$$\int_a^b f(x)dx = U(f) = L(f)$$

이다.

(ii) $\alpha : [a,b] \to \mathbb{R}$를 단조 증가 함수라 하자. 그러면 $\alpha(a)$와 $\alpha(b)$가 유한 수이므로 α는 유계 함수이고 $\alpha(x_k) - \alpha(x_{k-1}) \geq 0$이다. $f : [a,b] \to \mathbb{R}$를 유계 함수라 하고

$$M_k = \sup_{x_{k-1} \leq x \leq x_k} f(x), \quad m_k = \inf_{x_{k-1} \leq x \leq x_k} f(x),$$

$$U(P, f, \alpha) = \sum_{k=1}^{n} M_k \; [\alpha(x_k) - \alpha(x_{k-1})],$$
$$L(P, f, \alpha) = \sum_{k=1}^{n} m_k \; [\alpha(x_k) - \alpha(x_{k-1})]$$

라 하자. $[a,b]$의 모든 파티션들의 집합을 $\Omega([a,b])$라 하고

$$U(f, \alpha) := \inf_{P \in \Omega([a,b])} U(P, f, \alpha), \quad L(f, \alpha) := \sup_{P \in \Omega([a,b])} L(P, f, \alpha)$$

라 하자. $U(f, \alpha) = L(f, \alpha)$이면 f가 **리만-스틸체스 적분 가능하다(Riemann-Stieltjes integrable)**고 하고 적분을

$$\int_a^b f(x)d\alpha(x)$$

로 나타낸다. 즉,

$$\int_a^b f(x)d\alpha(x) = L(f,\alpha) = U(f,\alpha)$$

이다.

위의 정의로 부터 리만-스틸체스 적분에서 $\alpha(x) = x$로 하면 리만 적분이 된다. 즉, 리만 적분은 리만-스틸체스 적분의 한가지 경우이다.

정리 7.1.2 $f : [a,b] \to \mathbb{R}$를 $m \le f(x) \le M$을 만족하는 유계 함수라 하자. 그러면 모든 파티션 P에 대하여 다음이 성립한다.

(i) $m(b-a) \le L(P,f) \le U(P,f) \le M(b-a)$

(ii) $L(P,f,\alpha) \le U(P,f,\alpha)$

증명 (i) $P = \{x_1, x_2, \ldots, x_n\}$를 $[a,b]$의 파티션(partition)이라 하고

$$M_k = \sup_{x_{k-1} \le x \le x_k} f(x), \quad m_k = \inf_{x_{k-1} \le x \le x_k} f(x)$$

라 하자. 그러면 모든 k에 대하여 $m_k \le M_k$이므로

$$m(b-a) \le \sum_{k=1}^{n} m_k\,(x_k - x_{k-1}) \le \sum_{k=1}^{n} M_k\,(x_k - x_{k-1}) \le M(b-a)$$

이다. 그러므로

$$m(b-a) \le L(P,f) \le U(P,f) \le M(b-a).$$

(ii) $L(P,f,\alpha) = \sum_{k=1}^{n} m_k\,[\alpha(x_k) - \alpha(x_{k-1})] \le \sum_{k=1}^{n} M_k\,[\alpha(x_k) - \alpha(x_{k-1})] =$

$U(P,f,\alpha)$이다.

정의 7.1.3 P_1과 P_2를 파티션이라 하자. $P_1 \subseteq P_2$일 때 P_2를 P_1의 **리화인먼트(refinement)**라 한다. $P_1 \cup P_2$를 P_1과 P_2의 **공통 리화인먼트(common refinement)**라 한다.

정리 7.1.4 Q를 P의 리화인먼트라 하자. 그러면

$$L(P, f, \alpha) \leq L(Q, f, \alpha), \quad U(Q, f, \alpha) \leq U(P, f, \alpha)$$

이다.

증명 정의 7.1.1로부터 명백하다.

정리 7.1.5 $f : [a, b] \to \mathbb{R}$를 유계 함수라 하자. P_1과 P_2를 $[a, b]$의 파티션이라 하자. 그러면

$$L(P_1, f, \alpha) \leq U(P_2, f, \alpha)$$

이다.

증명

$$P = P_1 \cup P_2$$

를 P_1과 P_2의 공통 리화인먼트라 하자. 그러면 P는 P_1과 P_2의 리화인먼트이다. 정리 7.1.2와 정리 7.1.4로부터

$$L(P_1, f, \alpha) \leq L(P, f, \alpha) \leq U(P, f, \alpha) \leq U(P_2, f, \alpha)$$

이다.

정리 7.1.6 $f:[a,b]\to\mathbb{R}$를 유계 함수라하자. 그러면 다음이 성립한다.

$$L(f,\alpha)\le U(f,\alpha)$$

증명 P_1과 P_2를 $[a,b]$의 파티션이라 하고 P를 파티션 P_1과 P_2의 공통 리화인먼트라고 하자. 정리 7.1.5에 의하여

$$L(P_1,f,\alpha)\le U(P_2,f,\alpha)$$

이다. $\Omega([a,b])$를 $[a,b]$의 모든 파티션들의 집합이라 하자. 그러면 $U(P_2,f,\alpha)$는 $\{L(P_1,f,\alpha):P_1\in\Omega([a,b])\}$의 상계(upper bound)이다. 그러므로

$$\sup_{P_1\in\Omega([a,b])} L(P_1,f,\alpha)\le U(P_2,f,\alpha)$$

이다. 즉,

$$L(f,\alpha)\le U(P_2,f,\alpha)$$

이다. P_2가 임의의 파티션이므로 $L(f,\alpha)$는 $\{U(P_2,f,\alpha):P_2\in\Omega([a,b])\}$의 하계(lower bound)이다. 그러므로

$$L(f,\alpha)\le \inf_{P_2\in\Omega([a,b])} U(P_2,f,\alpha)$$

이다. 따라서 $L(f,\alpha)\le U(f,\alpha)$이다.

어떤 함수가 주어졌을 때 정의 7.1.1로는 그 함수가 리만-스틸체스 적분이 가능한지 또는 불가능한지를 판별하기가 쉽지 않다. 다음의 정리 7.1.7은 주어진 함수가 리만-스틸체스 적분이 가능한지 또는 불가능한지를 쉽게 판별할 수 있게 하여주는 중요 정리이다.

정리 7.1.7 $f : [a, b] \to \mathbb{R}$를 유계 함수라하자. f가 리만-스틸체스 적분 가능일 필요 충분 조건은 임의의 $\epsilon > 0$에 대하여

$$U(P, f, \alpha) - L(P, f, \alpha) < \epsilon$$

을 만족하는 파티션 P가 존재하는 것이다.

증명 ($\Rightarrow$) f가 리만-스틸체스 적분 가능하다고 하자. 그러면

$$L(f, \alpha) = U(f, \alpha) = \int f(x) d\alpha(x)$$

이다. $\epsilon > 0$이 주어졌다 하자.

$$\sup_{P \in \Omega([a,b])} L(P, f, \alpha) = L(f, \alpha) = \int f(x) d\alpha(x)$$

이므로 최소 상계(sup)의 정의에 의하여

$$\int f(x) d\alpha(x) - L(P_1, f, \alpha) < \frac{\epsilon}{2}$$

을 만족하는 파티션 P_1이 존재한다.

$$\inf_{P \in \Omega([a,b])} U(P, f, \alpha) = U(f, \alpha) = \int f(x) d\alpha(x)$$

이므로 최대 하계(inf)의 정의에 의하여

$$U(P_2, f, \alpha) - \int f(x) d\alpha(x) < \frac{\epsilon}{2}$$

을 만족하는 파티션 P_2가 존재한다.

$$P = P_1 \cup P_2$$

라 하자. 즉, P를 P_1과 P_2의 공통 리화인먼트라고 하자. 정리 7.1.4에 의하여

$$U(P,f,\alpha) \leq U(P_2,f,\alpha) < \int f d\alpha + \frac{\epsilon}{2} < L(P_1,f,\alpha) + \epsilon \leq L(P,f,\alpha) + \epsilon$$

이다. 그러므로

$$U(P,f,\alpha) - L(P,f,\alpha) < \epsilon$$

을 만족하는 파티션 P가 존재한다.

($\Leftarrow$) 임의의 $\epsilon > 0$에 대하여

$$U(P,f,\alpha) - L(P,f,\alpha) < \epsilon$$

을 만족하는 파티션 P가 존재한다고 하자. 모든 파티션 P^*에 대하여

$$L(P^*,f,\alpha) \leq L(f,\alpha) \leq U(f,\alpha) \leq U(P^*,f,\alpha)$$

이므로

$$L(P,f,\alpha) \leq L(f,\alpha) \leq U(f,\alpha) \leq U(P,f,\alpha)$$

이다. 그러므로 임의의 $\epsilon > 0$에 대하여

$$U(f,\alpha) - L(f,\alpha) < \epsilon$$

이다. 즉,

$$U(f,\alpha) = L(f,\alpha)$$

이다. 따라서 f가 리만-스틸체스 적분 가능하다.

정리 7.1.8 $f : [a,b] \to \mathbb{R}$가 연속 함수이면 f가 리만 적분 가능하다.

증명 $\epsilon > 0$이 주어졌다 하자. 그러면 $(b-a)k < \epsilon$을 만족하는 $k > 0$가 존재한다. 정리 6.3.2에 의하여 f는 균등 연속이다. 그러면 모든 $x, y \in [a,b]$에 대하여

$$|x - y| < \delta \Rightarrow |f(x) - f(y)| < k$$

를 만족하는 δ가 존재한다. P를 모든 i에 대하여 $(x_i - x_{i-1}) < \delta$를 만족하는 $[a,b]$의 파티션이라 하자.

$$M_i = \sup_{x_{i-1} \le x \le x_i} f(x), \quad m_i = \inf_{x_{i-1} \le x \le x_i} f(x)$$

라 하자. $[x_{i-1}, x_i]$가 컴팩트 집합이고 f가 연속이므로 $M_i = f(s_i)$와 $m_i = f(t_i)$를 만족하는 $s_i \in [x_{i-1}, x_i]$와 $t_i \in [x_{i-1}, x_i]$가 존재한다. $|s_i - t_i| < \delta$이므로 f의 균등 연속에 의하여

$$M_i - m_i = |f(s_i) - f(t_i)| < k$$

이다. 즉, 모든 $i = 1, 2, \ldots, n$에 대하여 $M_i - m_i < k$이다. 그러므로

$$\begin{aligned} U(P,f) - L(P,f) &= \sum_{i=1}^{n} (M_i - m_i)(x_i - x_{i-1}) \\ &\le k \sum_{i=1}^{n} (x_i - x_{i-1}) = k(x_n - x_0) = k(b-a) < \epsilon \end{aligned}$$

을 만족하는 파티션 P가 존재한다. 정리 7.1.7에 의하여 f가 리만 적분 가능하다.

정리 7.1.9 $f : [a, b] \to \mathbb{R}$가 유계 함수이고 f가 $[a, b]$내의 유한 개의 점에서 불연속이고 나머지 정의역에서 연속이라 하자. 그러면 f는 리만 적분 가능하다.

증명 $\epsilon > 0$이 주어졌다 하자.

$$L = \sup_{x \in [a,b]} |f(x)|$$

라 하자. 그러면

$$[(b - a) + 2L]k < \epsilon$$

을 만족하는 $k > 0$가 존재한다. f가 $p_1, p_2, \ldots, p_m \in [a, b]$에서 불연속이라 하자. $i = 1, 2, \ldots, m$에 대하여

$$p_i \in [v_i, w_i] \subset [a, b]$$

와

$$w_i - v_i < \frac{k}{m}$$

를 만족하는 서로소인 구간 $[v_i, w_i]$이 존재한다.

$$S = [a, b] - (v_1, w_1) - (v_2, w_2) - \cdots - (v_m, w_m)$$

이라 하자. 그러면 S는 컴팩트 집합이다. f가 컴팩트 집합 S에서 연속이므로

$$(x, y \in S \ \wedge \ |x - y| < \delta) \Rightarrow |f(x) - f(y)| < k$$

를 만족하는 $\delta > 0$가 존재한다.

$$P = \{x_0, x_1, \ldots, v_1, w_1, \ldots, x_j, \ldots, v_m, w_m, \ldots, x_n\}$$

를 모든 i에 대하여 $x_i - x_{i-1} < \delta$를 만족하는 $[a, b]$의 파티션이라 하자.

$$M_i = \sup_{x_{i-1} \le x \le x_i} f(x), \quad m_i = \inf_{x_{i-1} \le x \le x_i} f(x)$$

라 하자. $[x_{i-1}, x_i]$가 컴팩트 집합이고 f가 연속이므로 $M_i = f(s_i)$와 $m_i = f(t_i)$를 만족하는 $s_i \in [x_{i-1}, x_i]$와 $t_i \in [x_{i-1}, x_i]$가 존재한다. $|s_i - t_i| < \delta$이므로 f의 균등 연속에 의하여

$$M_i - m_i = |f(s_i) - f(t_i)| < k$$

이다. 즉, 모든 $i = 1, 2, \ldots, n$에 대하여 $M_i - m_i < k$이다. 그러므로

$$\begin{aligned} U(P, f) - L(P, f) &\le \sum_{i=1}^{n} (M_i - m_i)(x_i - x_{i-1}) + \sum_{i=1}^{m} 2L(w_i - v_i) \\ &< k \sum_{i=1}^{n} (x_i - x_{i-1}) + 2Lk \\ &= k(x_n - x_0) = k[(b-a) + 2L] \\ &< \epsilon \end{aligned}$$

을 만족하는 파티션 P가 존재한다. 정리 7.1.7에 의하여 f가 리만 적분 가능하다.

정리 7.1.10 $f : [a,b] \to \mathbb{R}$가 리만 적분 가능하고 모든 $x \in [a,b]$에 대하여 $p \le f(x) \le q$라 하자. $g : [p,q] \to \mathbb{R}$가 연속 함수라 하자. 그러면

$$h(x) = g(f(x))$$

로 정의된 함수 $h : [a,b] \to \mathbb{R}$가 리만 적분 가능하다.

증명 $\epsilon > 0$이 주어졌다 하자.

$$M = \sup_{p \le t \le q} |g(t)| < \infty$$

라 하자. 그러면 $k(b-a+2M) < \epsilon$을 만족하는 $k > 0$가 존재한다. g가 균등 연속이므로

$$(s, t \in [p,q] \ \wedge \ |s-t| < \delta) \Rightarrow |g(s) - g(t)| < k$$

과 $\delta < k$을 만족하는 $\delta > 0$가 존재한다. f가 리만 적분 가능하므로

$$U(P,f) - L(P,f) < \delta^2$$

를 만족하는 $[a,b]$의 파티션 $P = \{x_0, x_1, \ldots, x_n\}$가 존재한다.

$$M_i = \sup_{x_{i-1} \le x \le x_i} f(x), \quad m_i = \inf_{x_{i-1} \le x \le x_i} f(x)$$

라 하고

$$C_i = \sup_{x_{i-1} \le x \le x_i} h(x), \quad c_i = \inf_{x_{i-1} \le x \le x_i} h(x)$$

라 하자.

$$A = \{i : M_i - m_i < \delta\}, \quad B = \{i : M_i - m_i \ge \delta\}$$

라 하자. $\alpha, \beta \in [x_{i-1}, x_i]$에 대하여

$$f(\alpha), f(\beta) \in [m_i, M_i]$$

이다. $i \in A$에 대하여

$$|f(\alpha) - f(\beta)| \leq M_i - m_i < \delta$$

이다. g의 균등 연속에 의하여

$$|g(f(\alpha)) - g(f(\beta))| < k$$

이다. 그러므로 $i \in A$에 대하여 $C_i - c_i \leq k$이다.

$$M = \sup_{p \leq t \leq q} |g(t)| < \infty$$

이고 g가 컴팩트 집합 $[p, q]$에서 연속이므로 $i \in B$에 대하여 $C_i - c_i \leq 2M$이다.

$$\delta \sum_{i \in B} (x_i - x_{i-1}) \leq \sum_{i \in B} (M_i - m_i)(x_i - x_{i-1}) \leq U(P, f) - L(P, f) < \delta^2$$

이다. 즉, $\sum_{i \in B} (x_i - x_{i-1}) < \delta$이다. 그러므로

$$U(P, h) - L(P, h) = \sum_{i \in A} (C_i - c_i)(x_i - x_{i-1}) + \sum_{i \in B} (C_i - c_i)(x_i - x_{i-1})$$

$$\leq k(b - a) + 2M\delta < k(b - a) + 2Mk = k(b - a + 2M) < \epsilon$$

이다. 따라서 h가 리만 적분 가능하다.

예제 7.1.1 $f : [1,2] \to \mathbb{R}$가

$$f(x) = \begin{cases} 1, & if\ x \neq 1 \\ 2, & if\ x = 1 \end{cases}$$

로 정의된 함수라 하자. f가 리만 적분 가능한지 아닌지 판별하라.

풀이 :

$$P_n = \left(1,\ 1+\frac{1}{n},\ 1+\frac{2}{n},\ \ldots,\ 1+\frac{n}{n}=2\right)$$

은 $[1,2]$의 파티션이다.

$$U(P_n, f) = [(2+1+\cdots+1)]\frac{1}{n} = \frac{n+1}{n} = 1+\frac{1}{n}$$

$$L(P_n, f) = [1+1+\cdots+1]\frac{1}{n} = \frac{n}{n} = 1$$

$$U(f) = \overline{\int_1^2} f(x)dx = \inf_P U(P,f) \leq \inf_{n\in\mathbb{N}} U(P_n, f) = 1$$

$$L(f) = \underline{\int_1^2} f(x)dx = \sup_P L(P,f) \geq \sup_{n\in\mathbb{N}} L(P_n, f) = 1$$

이므로

$$1 \leq \underline{\int_1^2} f(x)dx \leq \overline{\int_1^2} f(x)dx \leq 1$$

이다. 즉,

$$\underline{\int_1^2} f(x)dx = \overline{\int_1^2} f(x)dx = 1$$

이다.

예제 7.1.2 $f:[0,1]\to\mathbb{R}$를 연속이고 , 모든 $x\in[0,1]$에 대하여 $f(x)\geq 0$이고,

$$\int_0^1 f(x)dx = 0$$

를 만족하는 함수라 하자. 모든 $x\in[0,1]$에 대하여 $f(x)=0$임을 증명하라.

풀이 : $f(p)>0$을 만족하는 $p\in[0,1]$가 존재한다 가정하자. f가 p에서 연속이므로

$$|x-p|<\delta \Rightarrow |f(x)-f(p)|<\frac{f(p)}{2}$$

를 만족하는 $\delta>0$가 존재한다. 즉, $x\in(p-\delta,p+\delta)$에서 $f(x)>\frac{f(p)}{2}>0$이다. $P_k=(x_1,x_2,\ldots,p-\frac{\delta}{2},p+\frac{\delta}{2},\ldots,x_n)$이라 하자. 그러면

$$\int_0^1 f(x)dx = \underline{\int_0^1} f(x)dx \geq L(P_k,f) > \delta\frac{f(p)}{2} > 0$$

이다. 모순이 일어나 모든 $x\in[0,1]$에 대하여 $f(x)=0$이다.

연습 문제 7.1

1. $f:[1,2]\to\mathbb{R}$를 $f(x)=2x$로 정의된 함수라 할 때 리만 적분의 정의에 의하여

$$\int_1^2 f(x)dx = \int_1^2 2x\ dx = 3$$

인 것을 증명하여라.

2. $f:B\subseteq\mathbb{R}\to\mathbb{R}$가 리만-스틸체스(Riemann-Stieltjes) 적분 가능하면 $|f(x)|$도 B에서 리만 -스틸체스 적분이 가능한 것을 증명하여라.

제 7.2 절 리만-스틸체스 적분의 성질

정리 7.2.1 $f:[a,b]\to\mathbb{R}$와 $g:[a,b]\to\mathbb{R}$가 리만-스틸체스 적분 가능한 함수라 하자. 그러면 $f+g$가 리만-스틸체스 적분 가능하고

$$\int_a^b (f+g)(x)\ d\alpha(x) = \int_a^b f(x)\ d\alpha(x) + \int_a^b g(x)\ d\alpha(x)$$

이다.

증명 $\epsilon>0$이 주어졌다 하자. f와 g가 리만-스틸체 적분 가능하므로

$$U(P_1,f,\alpha)-L(P_1,f,\alpha)<\frac{\epsilon}{2},\ \ U(P_2,g,\alpha)-L(P_2,g,\alpha)<\frac{\epsilon}{2}$$

을 만족하는 $[a,b]$의 파티션 P_1과 P_2가 존재한다. P를 P_1과 P_2의 공통 리화인먼트라고 하자. 그러면

$$L(P_1,f,\alpha)\le L(P,f,\alpha)\le U(P,f,\alpha)\le U(P_1,f,\alpha)$$

이고

$$L(P_2,g,\alpha)\le L(P,g,\alpha)\le U(P,g,\alpha)\le U(P_2,g,\alpha)$$

이다. 그러므로

$$U(P,f,\alpha)-L(P,f,\alpha)<\frac{\epsilon}{2}$$

이고

$$U(P,g,\alpha)-L(P,g,\alpha)<\frac{\epsilon}{2}$$

이다. 따라서

$$[U(P,f,\alpha)+U(P,g,\alpha)]-[L(P,f,\alpha)+L(P,g,\alpha)]<\epsilon$$

을 만족하는 $[a,b]$의 파티션 P가 존재한다.

$h=f+g$라 하고

$$P=\{x_0,x_1,\ldots,x_n\}$$

라 하자.

$$\inf_{x_{i-1}\le x\le x_i} f(x)+\inf_{x_{i-1}\le x\le x_i} g(x)\le \inf_{x_{i-1}\le x\le x_i} h(x)$$

이므로

$$L(P,f,\alpha)+L(P,g,\alpha)\le L(P,h,\alpha)$$

이다. 또한

$$U(P,h,\alpha)\le U(P,f,\alpha)+U(P,g,\alpha)$$

이다. 그러므로

$$L(P,f,\alpha)+L(P,g,\alpha)\le L(P,h,\alpha)\le U(P,h,\alpha)\le U(P,f,\alpha)+U(P,g,\alpha)$$

이다. 따라서

$$U(P,h,\alpha)-L(P,h,\alpha)<\epsilon$$

을 만족하는 파티션 P가 존재한다. 즉, $h=f+g$가 리만-스틸체스 적분가능 하다.

$$\int f d\alpha=\inf_P U(P,f,\alpha)$$

이므로

$$U(P_3, f, \alpha) < \int f d\alpha + \frac{\epsilon}{2}$$

을 만족하는 파티션 P_3가 존재한다.

$$\int g d\alpha = \inf_P U(P, g, \alpha)$$

이므로

$$U(P_4, g, \alpha) < \int g d\alpha + \frac{\epsilon}{2}$$

을 만족하는 파티션 P_4가 존재한다. $P_5 = P_3 \cup P_4$라 하자. 그러면

$$U(P_5, f, \alpha) \leq U(P_3, f, \alpha) < \int f d\alpha + \frac{\epsilon}{2}$$

이고

$$U(P_5, g, \alpha) \leq U(P_4, g, \alpha) < \int g d\alpha + \frac{\epsilon}{2}$$

이다. 그러므로

$$\int h d\alpha \leq U(P_5, h, \alpha) \leq U(P_5, f, \alpha) + U(P_5, g, \alpha) < \int f d\alpha + \int g d\alpha + \epsilon$$

이다. ϵ이 임의의 수이므로 예제 1.1.4에 의하여

$$\int h d\alpha \leq \int f d\alpha + \int g d\alpha$$

이다.

$$\int f d\alpha = \sup_P L(P, f, \alpha)$$

이므로

$$L(P_6, f, \alpha) > \int f d\alpha - \frac{\epsilon}{2}$$

을 만족하는 파티션 P_6가 존재한다.

$$\int g d\alpha = \sup_P L(P, g, \alpha)$$

이므로

$$L(P_7, g, \alpha) > \int g d\alpha - \frac{\epsilon}{2}$$

을 만족하는 파티션 P_7가 존재한다. $P_8 = P_6 \cup P_7$라 하자. 그러면

$$L(P_8, f, \alpha) \geq L(P_6, f, \alpha) > \int f d\alpha - \frac{\epsilon}{2}$$

이고

$$L(P_8, g, \alpha) \geq L(P_7, g, \alpha) > \int g d\alpha - \frac{\epsilon}{2}$$

이다. 그러므로

$$\int h d\alpha \geq L(P_8, h, \alpha) \geq L(P_8, f, \alpha) + U(P_8, g, \alpha) > \int f d\alpha + \int g d\alpha - \epsilon$$

이다. 즉,

$$\int h d\alpha \geq \int f d\alpha + \int g d\alpha$$

이다. 따라서

$$\int (f + g) d\alpha = \int h d\alpha = \int f d\alpha + \int g d\alpha$$

이다.

정리 7.2.2 $f : [a,b] \to \mathbb{R}$가 리만-스틸체스 적분 가능한 함수라 하고 c를 상수라 하자. 그러면 cf가 리만-스틸체스 적분 가능하고

$$\int_a^b (cf)(x)\ d\alpha(x) = c\int_a^b f(x)\ d\alpha(x)$$

이다.

증명 (i) $c > 0$이라 하자. $P = \{x_0, x_1, \ldots, x_n\}$를 $[a,b]$의 파티션이라 하자.

$$\inf_{x_{i-1}\le x\le x_i} (cf)(x) = \inf_{x_{i-1}\le x\le x_i} c\, f(x) = c \inf_{x_{i-1}\le x\le x_i} f(x)$$

이다. 그러므로

$$L(P, cf, \alpha) = c\ L(P, f, \alpha)$$

이다. 같은 방법으로 $U(P, cf, \alpha) = c\ U(P, f, \alpha)$이다. f가 리만-스틸체스 적분 가능하므로

$$L(f, \alpha) = \sup_P L(P, f, \alpha) = \inf_P U(P, f, \alpha) = U(f, \alpha)$$

이다. 그러므로

$$L(cf, \alpha) = \sup_P L(P, cf, \alpha) = \sup_P c\ L(P, f, \alpha) = c\ \sup_P L(P, f, \alpha)$$

$$= c \inf_P U(P, f, \alpha) = \inf_P c\ U(P, f, \alpha) = \inf_P U(P, cf, \alpha) = U(cf, \alpha)$$

이다. 즉, cf가 리만-스틸체스 적분 가능하다.

$$\int cf d\alpha = \sup_P L(P, cf, \alpha) = \sup_P c\ L(P, f, \alpha)$$

$$= c \sup_P L(P,f,\alpha) = c \int f d\alpha$$

이다.

(ii) $c < 0$이라 하자. $P = \{x_0, x_1, \ldots, x_n\}$를 $[a,b]$의 파티션이라 하자.

$$\inf_{x_{i-1} \le x \le x_i} (cf)(x) = \inf_{x_{i-1} \le x \le x_i} c\, f(x) = c \sup_{x_{i-1} \le x \le x_i} f(x)$$

이다. 그러므로

$$L(P,cf,\alpha) = c\, U(P,f,\alpha)$$

이다. 같은 방법으로 $U(P,cf,\alpha) = c\, L(P,f,\alpha)$이다. f가 리만-스틸체스 적분 가능하므로

$$L(f,\alpha) = \sup_P L(P,f,\alpha) = \inf_P U(P,f,\alpha) = U(f,\alpha)$$

이다. 그러므로

$$L(cf,\alpha) = \sup_P L(P,cf,\alpha) = \sup_P c\, U(P,f,\alpha) = c \inf_P U(P,f,\alpha)$$

$$= c \sup_P L(P,f,\alpha) = \inf_P c\, L(P,f,\alpha) = \inf_P U(P,cf,\alpha) = U(cf,\alpha)$$

이다. 즉, cf가 리만-스틸체스 적분 가능하다.

$$\int cf d\alpha = \sup_P L(P,cf,\alpha) = \sup_P c\, U(P,f,\alpha)$$

$$= c \inf_P U(P,f,\alpha) = c \int f d\alpha$$

이다.

정리 7.2.3 $f : [a,b] \to \mathbb{R}$가 리만-스틸체스 적분 가능한 함수라 하고 $a < c < b$라 하자. 그러면 f가 $[a,c]$와 $[c,b]$에서 리만-스틸체스 적분 가능하고

$$\int_a^c f(x)\, d\alpha(x) + \int_c^b f(x)\, d\alpha(x) = \int_a^b f(x)\, d\alpha(x).$$

이다.

증명 $\epsilon > 0$이 주어졌다 하자. $f : [a,b] \to \mathbb{R}$가 리만-스틸체스 적분 가능하므로 $U(P,f,\alpha) - L(P,f,\alpha) < \frac{\epsilon}{2}$를 만족하는 $[a,b]$의 파티션 P가 존재한다. $Q = P \cup \{c\}$라 하자. 그러면 $U(Q,f,\alpha) \le U(P,f,\alpha)$이고 $L(P,f,\alpha) \le L(Q,f,\alpha)$이므로

$$U(Q,f,\alpha) - L(Q,f,\alpha) \le U(P,f,\alpha) - L(P,f,\alpha) < \frac{\epsilon}{2}$$

이다. $P_1 = Q \cap [a,c]$라 하고 $P_2 = Q \cap [c,b]$라 하자. 그러면

$$U(Q,f,\alpha) = U(P_1,f,\alpha) + U(P_2,f,\alpha),$$

$$L(Q,f,\alpha) = L(P_1,f,\alpha) + L(P_2,f,\alpha)$$

이다. $U(Q,f,\alpha) - L(Q,f,\alpha) < \frac{\epsilon}{2}$이므로

$$[U(P_1,f,\alpha) - L(P_1,f,\alpha)] + [U(P_2,f,\alpha) - L(P_2,f,\alpha)] < \frac{\epsilon}{2}$$

이다. 따라서

$$U(P_1,f,\alpha) - L(P_1,f,\alpha) < \frac{\epsilon}{2},$$

와

$$U(P_2,f,\alpha) - L(P_2,f,\alpha) < \frac{\epsilon}{2}$$

을 만족하는 파티션 P_1과 P_2이 존재한다. 즉, f가 $[a,c]$와 $[c,b]$에서 리만-스틸체스 적분 가능하다.

$$\int_a^b f d\alpha \le U(Q,f,\alpha) = U(P_1,f,\alpha) + U(P_2,f,\alpha)$$

$$< L(P_1,f,\alpha) + L(P_2,f,\alpha) + \epsilon \le \int_a^c f d\alpha + \int_c^b f d\alpha + \epsilon$$

이다. $\epsilon > 0$이 임의로 주어졌으므로

$$\int_a^b f d\alpha \le \int_a^c f d\alpha + \int_c^b f d\alpha$$

이다. 또한

$$\int_a^c f d\alpha + \int_c^b f d\alpha \le U(P_1,f,\alpha) + U(P_2,f,\alpha)$$

$$< L(P_1,f,\alpha) + L(P_2,f,\alpha) + \epsilon$$

$$= L(Q,f,\alpha) + \epsilon \le \int_a^b f d\alpha + \epsilon$$

이다. $\epsilon > 0$이 임의로 주어졌으므로

$$\int_a^b f d\alpha \ge \int_a^c f d\alpha + \int_c^b f d\alpha$$

이다. 따라서

$$\int_a^b f d\alpha = \int_a^c f d\alpha + \int_c^b f d\alpha$$

이다.

정리 7.2.4 $f : [a, b] \to \mathbb{R}$가 리만-스틸체스 적분 가능한 함수라 하고 모든 $x \in [a, b]$에 대하여 $f(x) \geq 0$이라 하자. 그러면

$$\int_a^b f(x)\ d\alpha(x) \geq 0$$

이다.

증명 $\{x_0, x_1, x_2, \ldots, x_n\}$를 $[a, b]$의 임의의 파티션이라 하고

$$m_i = \inf_{x_{i-1} \leq x \leq x_i} f(x)$$

라 하자. $f(x) \geq 0$이므로 모든 i에 대하여 $m_i \geq 0$이다. 그러므로

$$\int_a^b f(x) d\alpha(x) \geq L(P, f, \alpha) = \sum_{i=1}^{n} m_i\ (\alpha(x_i) - \alpha(x_{i-1})) \geq 0$$

이다.

정리 7.2.5 $f : [a, b] \to \mathbb{R}$와 $g : [a, b] \to \mathbb{R}$를 리만-스틸체스 적분 가능한 함수라 하면 $(fg)(x) = f(x)g(x)$로 정의된 함수 $fg : [a, b] \to \mathbb{R}$도 리만-스틸체스 적분 가능하다.

증명 정리 7.2.1과 7.2.2에 의하여 $f+g$와 $f-g$도 리만-스틸체스 적분 가능하다. $\phi(t) = t^2$는 연속함수이므로 정리 7.1.10에 의하여 $(f+g)^2$와 $(f-g)^2$도 리만-스틸체스 적분 가능하다. 그러므로

$$fg = \frac{(f+g)^2 - (f-g)^2}{4}$$

가 리만-스틸체스 적분 가능하다.

정리 7.2.6 $f : [a,b] \to \mathbb{R}$를 리만-스틸체스 적분 가능한 함수라 하고 $\alpha : [a,b] \to \mathbb{R}$를 단조 증가 함수라 하자. $h : [c,d] \to [a,b]$를 전사이고 순증가 연속(strictly increasing continuous) 함수라 하자. $\beta : [c,d] \to \mathbb{R}$를 $\beta(y) = \alpha(h(y))$로 정의된 함수라 하고 $g : [c,d] \to \mathbb{R}$를 $g(y) = f(h(y))$로 정의된 함수라 하자. 그러면 g가 리만-스틸체스 적분 가능하고

$$\int_c^d g(y)\, d\beta(y) = \int_a^b f(x)\, d\alpha(x)$$

이다.

증명 $\epsilon > 0$이 주어졌다 하자. f가 리만-스틸체스 적분 가능한 함수이므로

$$U(P_1, f, \alpha) - L(P_1, f, \alpha) < \epsilon$$

를 만족하는 $[a,b]$의 파티션 P_1이 존재한다. $P_1 = \{x_0, x_1, \ldots, x_n\}$라 하자. $x_i = h(y_i)$라 하면 $P_2 := \{y_0, y_1, \ldots, y_n\}$는 $[c,d]$의 파티션이다. $M_i = \sup_{y_{i-1} \le y \le y_i} g(y)$라 하면

$$M_i = \sup_{y_{i-1} \le y \le y_i} g(y) = \sup_{y_{i-1} \le y \le y_i} f(h(y)) = \sup_{x_{i-1} \le x \le x_i} f(x)$$

이므로

$$\begin{aligned} U(P_2, g, \beta) &= \sum_{i=1}^{n} M_i[\beta(y_i) - \beta(y_{i-1})] \\ &= \sum_{i=1}^{n} M_i[\alpha(x_i) - \alpha(x_{i-1})] = U(P_1, f, \alpha) \end{aligned}$$

이다. 같은 방법으로

$$L(P_2, g, \beta) = L(P_1, f, \alpha)$$

을 보일 수 있다. 그러므로

$$U(P_2, g, \beta) - L(P_2, g, \beta) < \epsilon$$

를 만족하는 $[c, d]$의 파티션 P_2가 존재한다. 따라서 g가 리만-스틸체스 적분 가능하다. 또한 다음이 성립한다.

$$\int_c^d g \, d\beta = \sup_{P_2} L(P_2, g, \beta) = \sup_{P_1} L(P_1, f, \alpha) = \int_a^b f \, d\alpha.$$

정리 7.2.7 (Change of Variable) $f : [a, b] \to \mathbb{R}$를 리만 적분 가능한 함수라 하고 $h : [c, d] \to [a, b]$를 전사이고 순증가(strictly increasing) 연속 함수라 하자. $g : [c, d] \to \mathbb{R}$를 $g(y) = f(h(y))$로 정의된 함수라 하자. 그러면 g가 리만 적분 가능하고

$$\int_c^d g(y)\, h'(y) \, dy = \int_a^b f(x) \, dx$$

이다.

증명 위의 정리 7.2.6에서 $\alpha(x) = x$라 하자. 그러면 g가 리만 적분 가능하고 $\beta = h$이다. 그러므로

$$\int_a^b f(x) \, dx = \int_a^b f(x) \, d\alpha(x) = \int_c^d g(y) \, d\beta(y)$$
$$= \int_c^d f(h(y))\beta'(y) \, dy = \int_c^d g(y) \, h'(y) \, dy$$

이다. 따라서

$$\int_c^d g(y) \, h'(y) \, dy = \int_a^b f(x) \, dx.$$

정리 7.2.8 (미적분학의 기본 정리(fundamental theorem of calculus)) $f : [a,b] \to \mathbb{R}$를 리만 적분 가능한 함수라 하고 $F : [a,b] \to \mathbb{R}$를 $F' = f$를 만족하는 미분 가능한 함수라 하자. 그러면

$$\int_a^b f(x)\,dx = F(b) - F(a)$$

이다.

증명 $\epsilon > 0$이 주어졌다 하자. f가 리만 적분 가능하므로

$$U(P,f) - L(P,f) < \epsilon$$

을 만족하는 $[a,b]$의 파티션 $P = \{x_0, x_1, \ldots, x_n\}$가 존재한다. 평균값 정리에 의하여 $i = 1, 2, \ldots, n$에 대하여

$$\frac{F(x_i) - F(x_{i-1})}{x_i - x_{i-1}} = F'(t_i) = f(t_i)$$

를 만족하는 $t_i \in [x_{i-1}, x_i]$가 존재한다. 그러므로

$$\sum_{i=1}^n f(t_i)(x_i - x_{i-1}) = \sum_{i=1}^n [F(x_i) - F(x_{i-1})] = F(b) - F(a)$$

이다.

$$L(P,f) \le \sum_{i=1}^n f(t_i)(x_i - x_{i-1}) \le U(P,f)$$

이고

$$L(P,f) \le \int_a^b f(x)\,dx \le U(P,f)$$

이므로

$$\left|\sum_{i=1}^{n} f(t_i)(x_i - x_{i-1}) - \int_a^b f(x)\,dx\right| < \epsilon$$

이다. 따라서

$$\left|F(b) - F(a) - \int_a^b f(x)\,dx\right| = \left|\sum_{i=1}^{n} f(t_i)(x_i - x_{i-1}) - \int_a^b f(x)\,dx\right| < \epsilon$$

이다. 즉,

$$F(b) - F(a) = \int_a^b f(x)\,dx$$

이다.

정리 7.2.9 $f : [a,b] \to \mathbb{R}$를 리만 적분 가능한 함수라 하자. $F : [a,b] \to \mathbb{R}$를

$$F(x) = \int_a^x f(t)\,dt$$

로 정의된 함수라 하자. 그러면 F가 $[a,b]$에서 균등 연속이다.

증명 f가 리만 적분 가능하므로 f가 유계이다. 즉, 모든 $x \in [a,b]$에 대하여 $|f(x)| \le M$이다. $p, q \in [a,b]$이고 $p > q$라 하자. 그러면

$$\begin{aligned}|F(p) - F(q)| &= \left|\int_a^p f(x)\,dx - \int_a^q f(x)\,dx\right| \\ &= \left|\int_q^p f(x)\,dx\right| \le \int_q^p |f(x)|dx = M|p-q|\end{aligned}$$

이다. $\epsilon > 0$이 주어졌다 하자.

$$(p, q \in [a,b] \ \wedge \ |p-q| < \delta) \Rightarrow |F(p) - F(q)| \le M|p-q| < \epsilon$$

을 만족하는 $\delta = \frac{\epsilon}{M}$이 존재한다. 즉, F가 $[a,b]$에서 균등 연속이다.

정리 7.2.10 $f : [a, b] \to \mathbb{R}$를 리만 적분 가능한 함수라 하자. $F : [a, b] \to \mathbb{R}$를

$$F(x) = \int_a^x f(t)\ dt$$

로 정의된 함수라 하자. f가 $p \in [a, b]$에서 연속이면 F가 p에서 미분 가능하고 $F'(p) = f(p)$이다.

증명 $\epsilon > 0$이 주어졌다 하자. f가 $p \in [a, b]$에서 연속이므로 $q \in [a, b]$일 때

$$|q - p| < \delta \Rightarrow |f(q) - f(p)| < \epsilon$$

을 만족하는 $\delta > 0$가 존재한다.

$$\begin{aligned}
&\left|\frac{F(q) - F(p)}{q - p} - f(p)\right| \\
&= \left|\frac{1}{q-p}\left(\int_a^q f(x)\ dx - \int_a^p f(x)\ dx - \int_p^q f(p)\ dx\right)\right| \\
&= \left|\frac{1}{q-p}\left(\int_p^q f(x)\ dx - \int_p^q f(p)\ dx\right)\right| \\
&= \left|\frac{1}{q-p}\right| \left|\int_p^q f(x) - f(p)\ dx\right| \le \left|\frac{1}{q-p}\right| \int_p^q |f(x) - f(p)|\ dx
\end{aligned}$$

이다. $x \in [p, q]$에 대하여 $|x - p| \le |q - p| < \delta \Rightarrow |f(x) - f(p)| < \epsilon$이므로 $\left|\frac{F(q)-F(p)}{q-p} - f(p)\right| \le \left|\frac{1}{q-p}\right| \int_p^q |f(x) - f(p)|\ dx < \left|\frac{1}{q-p}\right| \int_p^q \epsilon\ dx = \epsilon$이다. 그러므로 임의의 $\epsilon > 0$에 대하여

$$|q - p| < \delta \Rightarrow \left|\frac{F(q) - F(p)}{q - p} - f(p)\right| < \epsilon$$

를 만족하는 $\delta > 0$가 존재한다. 그러므로 $F'(p) = f(p)$이다.

예제 7.2.1 : $f : [0, 1] \to \mathbb{R}$를

$$f(x) = \begin{cases} 1, & x \in \mathbb{Q} \\ 1, & x \notin \mathbb{Q} \end{cases}$$

로 정의된 함수라 하자. f가 리만 적분 가능한지 아닌지 판별하라.

풀이: $P = \{x_0, x_1, \ldots, x_n\}$를 $[0, 1]$의 파티션이라 하자. 모든 $i = 1, 2, \ldots, n$에 대하여 각 구간 $[x_{i_1}, x_i]$은 유리수와 무리수를 포함한다. 그러므로

$$M_i = \sup_{x_{i-1} \le x \le x_i} f(x) = 1, \quad m_i = \inf_{x_{i-1} \le x \le x_i} f(x) = 0$$

이다. 따라서 모든 파티션 P에 대하여

$$U(P, f) = \sum_{i=1}^{n} M_i \ \Delta x_i = 1, \quad L(P, f) = \sum_{i=1}^{n} m_i \ \Delta x_i = 0$$

이다. 즉,

$$\overline{\int_0^1} f(x)dx = \inf_P \ U(P, f) = 1,$$

이고

$$\underline{\int_0^1} f(x)dx = \sup_P \ L(P, f) = 0$$

이 되어

$$\overline{\int_0^1} f(x)dx \neq \underline{\int_0^1} f(x)dx$$

이다. 그러므로 f가 리만 적분 가능하지 않다.

다음의 예제 7.2.2는 적분의 평균 값 정리(mean value theorem for integration)이다.

예제 7.2.2 $f:[a,b]\subseteq\mathbb{R}\to\mathbb{R}$가 연속이면

$$\int_a^b f(x)dx = (b-a)f(p)$$

를 만족하는 점 $p\in(a,b)$가 존재함을 증명하여라.

풀이 :

$$M = \sup_{x\in[a,b]} f(x),\ m = \inf_{x\in[a,b]} f(x)$$

라 하자. 그러면

$$m \le \frac{\int_a^b f(x)dx}{b-a} \le M$$

이다. 정리 7.2.10과 평균값 정리에 의하여

$$\frac{\int_a^b f(x)dx}{b-a} = f(p)$$

를 만족하는 $p\in(a,b)$가 존재한다. 즉,

$$\int_a^b f(x)dx = (b-a)f(p)$$

를 만족하는 $p\in(a,b)$가 존재한다.

연습 문제 7.2

1. $f:B\subseteq\mathbb{R}\to\mathbb{R}$가 리만-스틸체스 적분 가능하면

$$\left|\int_B f(x)dx\right| \le \int_B |f(x)|dx$$

임을 증명하여라.

2. $\alpha : \mathbb{R} \to \mathbb{R}$가

$$\alpha(x) = \begin{cases} x, & if\ 0 \le x \le 1 \\ 2x, & if\ 1 < x \le 2 \end{cases}$$

로 정의된 함수라 할 때

$$\int_0^2 x^2 \, d\alpha(x)$$

를 구하여라.

3. $f : [a,b] \to \mathbb{R}$와 $g : [a,b] \to \mathbb{R}$가 리만 적분 가능하면 $h(x) = \max(f(x), g(x))$가 리만 적분 가능함을 증명하여라.

4. $f : [a,b] \to \mathbb{R}$와 $h : [a,b] \to \mathbb{R}$가 미분 가능하고 f'와 h'가 $[a,b]$에서 리만 적분 가능할 때

$$\int_a^b f(x)h'(x)dx = f(b)h(b) - f(a)h(a) - \int_a^b f'(x)h(x)dx$$

임을 증명하여라.

5. $f : [a,b] \to \mathbb{R}$가 연속 함수이고 $\int_a^b f(x)dx = 0$이면 $f(c) = 0$을 만족하는 점 $c \in [a,b]$가 존재하는 것을 증명하여라.

제 8 장

균등 수렴 (Uniform Convergence)

8장에서는 수열 함수(sequence of functions)의 점 수렴(pointwise convergence)과 균등 수렴(uniform convergence), 무한 급수 함수의 균등 수렴 정리인 바이어스트라스 엠 테스트(Weierstrass M Test), 균등 수렴 함수의 미분과 적분에 대하여 설명한다.

제 8.1 절 균등 수렴의 정의

정의 8.1.1 (X,d)와 (Y,ρ)를 거리 공간이라 하고 $f_k : X \to Y$를 함수들의 수열(sequence of functions)이라 하자. $x \in X$라 하자. 임의의 $\epsilon > 0$에 대해

$$k \geq N_x \Rightarrow \rho(f_k(x), f(x)) < \epsilon$$

을 만족하는 양의 정수 N_x가 존재하면 $x \in X$에서 f_k가 함수 $f : X \to Y$로 **점 수렴한다(converge pointwise)**고 하고 $f_k(x) \to f(x)$로 나타낸다. 모든 $x \in X$에서 f_k가 함수 f로 점 수렴하면 X에서 f_k가 f로 **점 수렴한다**고 한다.

정의 8.1.2 (X,d)와 (Y,ρ)를 거리 공간이라 하고 $f_k : X \to Y$를 함수들의 수열(sequence of functions)이라 하자. 임의의 $\epsilon > 0$이 주어졌을 때

$$(x \in X \ \wedge \ k \geq N) \Rightarrow \rho(f_k(x), f(x)) < \epsilon$$

을 만족하는 양의 정수 N이 존재하면 f_k가 X에서 함수 $f : X \to Y$로 **균등 수렴한다(converge uniformly)**고 한다.

점 수렴은 N이 $\epsilon > 0$과 점 $x \in X$의 영향을 받지만 균등 수렴은 집합에서 정의되므로 N이 점 $x \in X$의 영향을 받지 않고 오직 ϵ의 영향만 받는다.

정의 8.1.2에 의하여 함수의 수열이 균등 수렴하는지 또는 균등 수렴하지 않는지 판별하기는 쉽지 않다. 다음의 정리 8.1.3은 함수 수열이 균등 수렴하는지 또는 아닌지를 쉽게 판별하게 해주는 중요 정리이다.

정리 8.1.3 (X, d)를 거리 공간이라 하고 $(Y, \|\cdot\|)$를 놈 공간이라 하고 $f_k : X \to Y$를 함수들의 수열(sequence of functions)이라 하자. f_k가 X에서 함수 $f : X \to Y$로 균등 수렴한다(converge uniformly)하는 필요 충분 조건은

$$\lim_{k\to\infty} \sup_{x\in X} \|f_k(x) - f(x)\| = 0$$

이다.

증명 f_k가 S에서 f로 균등 수렴한다.

$\Leftrightarrow$ 임의의 $\epsilon > 0$에 대하여

$$(x \in S \ \wedge \ k \geq N) \Rightarrow \|f_k(x) - f(x)\| < \epsilon$$

을 만족하는 양의 정수 N이 존재한다.

$\Leftrightarrow$ 임의의 $\epsilon > 0$에 대하여

$$k \geq N \Rightarrow \sup_{x\in S} \|f_k(x) - f(x)\| < \epsilon$$

을 만족하는 양의 정수 N이 존재한다.

$\Leftrightarrow$

$$\lim_{k\to\infty} \sup_{x\in X} \|f_k(x) - f(x)\| = 0$$

이다.

다음 예제 8.1.1에서는 위의 정리 8.1.3을 이용하여 주어진 함수가 균등 수렴하는지 또는 아닌지를 판별한다.

예제 8.1.1 : $f_k : \mathbb{R} \to \mathbb{R}$를

$$f_k(x) = \frac{\cos x}{k+2}$$

로 정의된 함수라 하자. f_k가 균등 수렴하는지 또는 하지 않는지를 판별하라.

풀이: $f_k(x)$가 $f(x) = 0$으로 점 수렴한다. 여기서 $f(x) = 0$은 모든 $x \in \mathbb{R}$에 대하여 $f(x) = 0$인 영 함수(zero function)이다.

$$\lim_{k\to\infty} \sup_{x\in\mathbb{R}} |f_k(x) - f(x)| = \lim_{k\to\infty} \sup_{x\in\mathbb{R}} \left| \frac{\cos x}{k+2} \right| = \lim_{k\to\infty} \frac{1}{k+2} = 0$$

이다. 즉,

$$\lim_{k\to\infty} \sup_{x\in\mathbb{R}} |f_k(x) - f(x)| = 0$$

이다. 그러므로 함수 f_k는 영 함수 f로 균등 수렴한다.

예제 8.1.2 : $f_k : \mathbb{R} \to \mathbb{R}$를

$$f_k(x) = \begin{cases} 0, & if\ x < k \\ 1, & if\ x \geq k \end{cases}$$

로 정의된 함수라 하자. f_k가 균등 수렴하는지 또는 하지 않는지를 판별하라.

풀이: $f_k(x)$가 $f(x) = 0$으로 점 수렴한다. 여기서 $f(x) = 0$은 모든 $x \in \mathbb{R}$에 대하여 $f(x) = 0$인 영 함수(zero function)이다.

$$\lim_{k\to\infty} \sup_{x\in\mathbb{R}} |f_k(x) - f(x)| = \lim_{k\to\infty} 1 = 1$$

이다. 그러므로 함수 f_k는 균등 수렴하지 않는다.

정리 8.1.4 (X,d)와 (Y,ρ)를 거리 공간이라 하고 $f_k : X \to Y$를 함수들의 수열이라 하자. f_k가 $S \subseteq X$에서 함수 $f : X \to Y$로 균등 수렴하면 모든 $x \in S$에서 f_k가 f로 점 수렴한다.

증명 $x \in S$라 하자. $\epsilon > 0$이 주어졌다 하자. f_k가 f로 균등 수렴하므로

$$(x \in S \ \wedge \ k \geq N) \Rightarrow \rho(f_k(x) - f(x)) < \epsilon$$

을 만족하는 양의 정수 N이 존재한다. 그러므로

$$k \geq N \Rightarrow \rho(f_k(x), f(x)) < \epsilon$$

이다.

정의 8.1.5 (X,d)와 (Y,ρ)를 거리 공간이라 하고 $f_k : X \to Y$를 함수들의 수열이라 하자. 함수의 수열

$$S_n(x) = \sum_{k=1}^{n} f_k(x)$$

이 $S(x)$로 점 수렴하면 함수의 무한 급수 $\sum_{k=1}^{\infty} f_k(x)$가 $S(x)$로 **점 수렴한다**고 하고

$$\sum_{k=1}^{\infty} f_k(x) = S(x)$$

로 나타낸다. 함수의 수열 $S_n(x) = \sum_{k=1}^{n} f_k(x)$이 $S(x)$로 균등 수렴하면 함수의 무한 급수 $\sum_{k=1}^{\infty} f_k(x)$가 $S(x)$로 **균등 수렴한다**고 한다.

다음 정리는 자주 이용되는 중요 정리이다.

정리 8.1.6 (X,d)와 (Y,ρ)를 거리 공간이라 하고 $f_k : X \to Y$를 연속 함수들의 수열이라 하자. f_k가 $S \subseteq X$에서 함수 $f : X \to Y$로 균등 수렴하면 f는 S에서 연속이다.

증명 $\epsilon > 0$이 주어졌다 하자. f_k가 f로 균등 수렴하므로

$$(x \in S \ \wedge \ k \geq N) \Rightarrow \rho(f_k(x), f(x)) < \frac{\epsilon}{3}$$

을 만족하는 양의 정수 N이 존재한다. 즉, 모든 $x \in S$에 대하여

$$\rho(f_N(x), f(x)) < \frac{\epsilon}{3}$$

이다. $p \in S$라 하자. f_N이 연속이므로

$$d(x,p) < \delta \Rightarrow \rho(f_N(x), f_N(p)) < \frac{\epsilon}{3}$$

를 만족하는 δ가 존재한다. 그러므로

$$\begin{aligned} d(x,p) < \delta \Rightarrow \rho(f(x), f(p)) & \\ &\leq \rho(f(x), f_N(x)) + \rho(f_N(x), f_N(p)) + \rho(f_N(p), f(p)) \\ &< \frac{\epsilon}{3} + \frac{\epsilon}{3} + \frac{\epsilon}{3} = \epsilon \end{aligned}$$

를 만족하는 δ가 존재한다. 따라서 f는 $p \in S$에서 연속이다. p가 S에 있는 임의의 원소이므로 f는 S에서 연속이다.

다음 예제 8.1.3에서는 위의 정리 8.1.6을 이용하여 주어진 함수가 균등 수렴하지 않는다는 것을 증명한다.

예제 8.1.3 : $f_k : \mathbb{R}_{\geq 0} \to \mathbb{R}$를

$$f_k(x) = \begin{cases} -\frac{k}{2}x + \frac{1}{2}, & if \ \ 0 \leq x < \frac{1}{k} \\ 0, & if \ \ x \geq \frac{1}{k} \end{cases}$$

으로 정의된 함수라 하자. f_k가 $\mathbb{R}_{\geq 0}$에서 균등 수렴하는지 또는 하지 않는지를 판별하라.

풀이: $f_k(x)$가 다음과 같은 $f(x)$로 점 수렴한다.

$$f(x) = \begin{cases} \frac{1}{2}, & if \ \ x = 0 \\ 0, & if \ \ x > 0 \end{cases}$$

$\mathbb{R}$에서 f_k가 f로 균등 수렴한다고 가정하자. 모든 양의 정수 k에 대하여 f_k가 연속이므로 정리 8.1.6에 의하여 f가 연속이다. 그러나 f가 연속이 아니므로 모순이 일어난다.따라서 f_k는 $\mathbb{R}$에서 f로 균등 수렴하지 않는다.

정리 8.1.7 (X, d)와 (Y, ρ)를 거리 공간이라 하고 $f_k : X \to Y$를 연속 함수들의 수열이라 하자. 함수의 무한 급수 $\sum_{k=1}^{\infty} f_k$가 $B \subseteq X$에서 함수 f로 균등 수렴하면 f는 B에서 연속이다.

증명

$$S_n = \sum_{k=1}^{n} f_k$$

라 하자. 그러면 S_n은 연속 함수이다. 함수의 무한 급수 $\sum_{k=1}^{\infty} f_k$가 B에서 함수 f로 균등 수렴하므로 S_n이 B에서 함수 f로 균등 수렴한다. 정리 8.1.6에 의하여 f가 B에서 연속이다.

정리 8.1.7에서 f가 $p \in B$에서 연속이므로

$$\lim_{x \to p} f(x) = f(p)$$

이다. $f(x) = \sum_{k=1}^{\infty} f_k(x)$이므로

$$\lim_{x \to p} \left[\sum_{k=1}^{\infty} f_k(x) \right] = \lim_{x \to p} [f(x)] = f(p) = \sum_{k=1}^{\infty} f_k(p) = \sum_{k=1}^{\infty} [\lim_{x \to p} f_k(x)]$$

이다. 즉,

$$\lim_{x \to p} \left[\sum_{k=1}^{\infty} f_k(x) \right] = \sum_{k=1}^{\infty} [\lim_{x \to p} f_k(x)]$$

이다. 그러므로 정리 8.1.7은 $\sum_{k=1}^{\infty} f_k$가 $B \subseteq X$에서 함수 f로 균등 수렴하면 $\lim_{x \to p}$과 $\sum_{k=1}^{\infty}$를 바꾸어도 그 값이 같다는 것을 의미한다.

예제 8.1.4 : $f_k : [0,1] \to \mathbb{R}$를

$$f_k(x) = \frac{x^k}{2} + 1$$

으로 정의된 함수라 하자. f_k가 $[0,1]$에서 균등 수렴하는지 또는 하지 않는지를 판별하라.

풀이: $f_k(x)$가 다음과 같은 $f(x)$로 점 수렴한다.

$$f(x) = \begin{cases} \frac{3}{2}, & if \quad x = 1 \\ 1, & if \quad x \neq 1 \end{cases}$$

$[0,1]$에서 f_k가 f로 균등 수렴한다고 가정하자. 모든 양의 정수 k에 대하여 f_k가 연속이므로 정리 8.1.6에 의하여 f가 연속이다. 그러나 f가 연속이 아니므로 모순이 일어난다.따라서 f_k는 $[0,1]$에서 f로 균등 수렴하지 않는다.

예제 8.1.5 : $f_k : [0,1) \to \mathbb{R}$를 $f_k(x) = \frac{x^k}{2} + 1$으로 정의된 함수라 하자. f_k가 $[0,1)$에서 균등 수렴하는지 또는 하지 않는지를 판별하라.

풀이: $f_k(x)$가 $f(x) = 1$로 점 수렴한다.

$$\lim_{k\to\infty} \sup_{x\in[0,1)} |f_k(x) - f(x)| = \lim_{k\to\infty} \sup_{x\in[0,1)} \left|\frac{x^k}{2}\right| = \lim_{k\to\infty} \frac{1}{2} = \frac{1}{2}$$

이다. 정리 8.1.3에 의하여 f_k는 $[0,1)$에서 f로 균등 수렴하지 않는다.

예제 8.1.6 $S \subseteq \mathbb{R}$이라 하자. $f_n : S \to \mathbb{R}$이 f로 균등 수렴하는 함수의 수열이고 $h_n : S \to \mathbb{R}$이 h로 균등 수렴하는 함수의 수열이라 하자. $f_n + h_n$이 S에서 균등 수렴하는 것을 증명하라.

풀이 : $\epsilon > 0$이 주어졌다 하자. f_n이 S에서 f로 균등 수렴하므로

$$(x \in S \ \wedge \ n \geq K_1) \Rightarrow |f_n(x) - f(x)| < \frac{\epsilon}{2}$$

를 만족하는 양의 정수 K_1이 존재한다. h_n이 S에서 h로 균등 수렴하므로

$$(x \in S \ \wedge \ n \geq K_2) \Rightarrow |h_n(x) - h(x)| < \frac{\epsilon}{2}$$

를 만족하는 양의 정수 K_2가 존재한다. $K = \max(K_1, K_2)$라 하자. 그러면

$$(x \in S \ \wedge \ n \geq K) \Rightarrow |(f_n + h_n)(x) - (f + h)(x)|$$

$$\leq |f_n(x) - f(x)| + |h_n(x) - h(x)| < \frac{\epsilon}{2} + \frac{\epsilon}{2} = \epsilon$$

을 만족하는 양의 정수 K가 존재한다.

예제 8.1.7 $S \subseteq \mathbb{R}$이라 하자. $f_n : S \to \mathbb{R}$이 f로 균등 수렴하는 함수의 수열이고 모든 f_n이 S에서 균등 연속이라 하자. f가 S에서 균등 연속인 것을 증명하라.

풀이 : $\epsilon > 0$이 주어졌다 하자. f_n이 S에서 균등 연속이므로

$$(x, y \in S \ \wedge \ |x-y| < \delta) \Rightarrow |f_n(x) - f_n(y)| < \frac{\epsilon}{3}$$

을 만족하는 $\delta > 0$가 존재한다. f_n이 S에서 f로 균등 수렴하므로

$$(x \in S \ \wedge \ n \geq K) \Rightarrow |f_n(x) - f(x)| < \frac{\epsilon}{3}$$

을 만족하는 양의 정수 K가 존재한다. 그러므로

$$(x, y \in S \ \wedge \ |x-y| < \delta) \Rightarrow |f(x) - f(y)|$$

$$\leq |f(x) - f_K(x)| + |f_K(x) - f_K(y)| + |f_K(y) - f(y)| < \frac{\epsilon}{3} + \frac{\epsilon}{3} + \frac{\epsilon}{3} = \epsilon$$

을 만족하는 $\delta > 0$가 존재한다.

예제 8.1.8 0으로 점 수렴하고 유계가 아닌 함수 수열의 예를 들라.

풀이 : $f_n : \mathbb{R} \to \mathbb{R}$를 $f_n(x) = \frac{1}{n}x$로 정의된 함수라 하자. 그러면 f_n은 0으로 수렴하고 f_n은 유계가 아니다.

예제 8.1.9 "균등 수렴하는 함수 수열은 유계이다"가 참인지 또는 거짓인지 판별하라.

풀이 : $f_n : \mathbb{R} \to \mathbb{R}$을 $f_n(x) = x - \frac{1}{n}$로 정의된 함수라 하자. 그러면 f_n은 $f(x) = x$로 균등 수렴하고 f_n은 유계가 아니다. 그러므로 거짓이다.

예제 8.1.10 $f_n : \mathbb{R} \to \mathbb{R}$을

$$f_n(x) = \int_0^x (\cos nt + i \sin nt) dt$$

로 정의된 함수라 하자. f_n은 $f(x) = 0$으로 균등 수렴하는 것을 보여라.

풀이 :

$$f_n(x) = \int_0^x (\cos nt + i \sin nt) dt = \frac{\sin nx}{n} + i(\frac{1}{n} - \frac{\cos nx}{n})$$

이므로 $\lim_{n\to\infty} f_n(x) = 0$이다. '

$$\lim_{n\to\infty} \sup_{x\in\mathbb{R}} \left| \frac{\sin nx}{n} + i(\frac{1}{n} - \frac{\cos nx}{n}) \right| =$$

$$\lim_{n\to\infty} \sup_{x\in\mathbb{R}} \sqrt{\frac{\sin^2 nx}{n^2} + \frac{1}{n^2} + \frac{\cos^2 nx}{n^2} - \frac{2\cos nx}{n^2}}$$

$$= \lim_{n\to\infty} \sqrt{\frac{2}{n^2}} = 0$$

예제 8.1.11 $f : [0, 1] \to \mathbb{R}$를 $[0, 1]$에서 음수가 아닌(nonnegative) 연속 함수라 하자. $f^{\frac{1}{n}}$이 g로 균등 수렴할 때 함수 g를 규명하여라.

풀이 :

$$\lim_{n\to\infty} f^{\frac{1}{n}}(x) = g(x)$$

라 하자. 그러면

$$g(x) = \begin{cases} 1, & if\ f(x) > 0 \\ 0, & if\ f(x) = 0 \end{cases}$$

f가 연속이고 $f^{\frac{1}{n}}$이 균등 수렴하므로 g는 연속이다. 그러므로 [0,1]에서 $g(x) = 0$ 또는 $g(x) = 1$이다.

예제 8.1.12 $f : (1,\infty)\times(1,\infty)\to\mathbb{R}$를

$$f(x,y)=\frac{x-y}{1-xy}$$

로 정의된 함수라 할 때 $\lim_{x\to\infty} f(x,y) = -\frac{1}{y}$로 변수 y에 대하여 균등 수렴하는 것을 증명하여라.

풀이 :

$$\lim_{x\to\infty}\sup_{y>1}\left|\frac{x-y}{1-xy}-(-\frac{1}{y})\right| = \lim_{x\to\infty}\sup_{y>1}\left|\frac{1-y^2}{(1-xy)y}\right| < \lim_{x\to\infty}\sup_{y>1}\frac{y^2}{(xy-1)y}$$

$$= \lim_{x\to\infty}\sup_{y>1}\frac{y}{xy-1} = \lim_{x\to\infty}\sup_{y>1}\frac{1}{x-\frac{1}{y}} < \lim_{x\to\infty}\sup_{y>1}\frac{1}{x-1}=0$$

이다.

예제 8.1.13 $g_n : \mathbb{R}\to\mathbb{R}$을 리만 적분 가능한 함수라 하고 $f_n : [a,b]\to\mathbb{R}$을

$$f_n(x)=\int_a^x g_n(t)dt$$

로 정의된 함수라 하자. g_n이 $[a,b]$에서 균등 수렴하면 f_n도 $[a,b]$에서 균등 수렴하는 것을 보여라.

풀이 : $\epsilon>0$이 주어졌다 하자.

$$(t\in[a,b]\ \wedge\ m,n\ge K)\Rightarrow |g_n(t)-g_m(t)|<\frac{\epsilon}{b-a}$$

을 만족하는 양의 정수 K가 존재한다.

$$|f_n(x)-f_m(x)| = \left|\int_a^x g_n(t)dt - \int_a^x g_m(t)dt\right|$$

$$\leq \int_a^x |g_n(t) - g_m(t)| dt < \frac{\epsilon}{b-a}(b-a) = \epsilon$$

이므로

$$(x \in [a,b] \ \wedge \ m, n \geq K) \Rightarrow |f_n(x) - f_m(x)| < \epsilon$$

을 만족하는 양의 정수 K가 존재한다. 그러므로 $f_n(x) \in \mathbb{R}$은 균등 코시 수열이다. $\mathbb{R}$이 완비 공간이므로 f_n이 $[a,b]$에서 균등 수렴한다.

연습 문제 8.1

1. $f_n : \mathbb{R} \to \mathbb{R}$을

$$f_n(x) = 2x + \frac{2}{n^2}$$

으로 정의된 함수의 수열이라 하자. f_n이 $\mathbb{R}$에서 균등 수렴하는지 또는 하지 않는지 판별하라.

2. $f_n : [0,2] \to \mathbb{R}$을

$$f_n(x) = \frac{x^2 + nx}{n}$$

로 정의된 함수의 수열이라 하자. f_n이 $[0,2]$에서 균등 수렴함을 보여라.

3. $f_n : [0,\infty] \to \mathbb{R}$을

$$f_n(x) = x^2 e^{-nx}$$

으로 정의된 함수의 수열이라 하자. f_n이 $[0,\infty]$에서 균등 수렴하는지 또는 하지 않는지 판별하라.

4. $f_n : [-1, 1] \to \mathbb{R}$을

$$f_n(x) = \frac{x}{1 + nx^2}$$

으로 정의된 함수의 수열이라 하자. f_n이 $[-1, 1]$에서 균등 수렴하는지 또는 하지 않는지 판별하라.

5. $f_n : [0, 1] \to \mathbb{R}$을

$$f_n(x) = \frac{x}{n}$$

으로 정의된 함수의 수열이라 하자. f_n이 $[0, 1]$에서 균등 수렴하는지 또는 하지 않는지 판별하라.

6. $f_n : [0, 0.5] \to \mathbb{R}$을

$$f_n(x) = 1 - x^n$$

으로 정의된 함수의 수열이라 하자. f_n이 $[0, 0.5]$에서 균등 수렴하는지 또는 하지 않는지 판별하라.

7. $f_n : [0, 1] \to \mathbb{R}$을

$$f_n(x) = 1 - x^n$$

으로 정의된 함수의 수열이라 하자. f_n이 $[0, 1]$에서 균등 수렴하는지 또는 하지 않는지 판별하라.

8. $f_n : [1, 2] \to \mathbb{R}$을 다음과 같이 정의된 함수의 수열이라 하자.

$$f_n(x) = \frac{n}{1 + nx^2}$$

f_n이 $[1, 2]$에서 균등 수렴하는지 또는 발산하는지 판별하라.

제 8.2 절 무한 급수 함수의 균등 수렴

정리 8.2.1 (X,d)를 거리 공간이라 하고 (Y,ρ)를 완비 거리 공간이라 하자. $S \subseteq X$이라 하고 $f_k : S \to Y$를 함수들의 수열이라 하자. f_k가 $S \subseteq X$에서 균등 수렴할 필요 충분 조건은 임의의 $\epsilon > 0$에 대하여

$$(x \in S \ \wedge \ l, k \geq N) \Rightarrow \rho(f_k(x), f_l(x)) < \epsilon$$

을 만족하는 양의 정수 N이 존재하는 것이다.

증명 $(\Rightarrow)$ $\epsilon > 0$이 주어졌다 하자. f_k가 f로 균등 수렴하므로

$$(x \in S \ \wedge \ k \geq N) \Rightarrow \rho(f_k(x), f(x)) < \frac{\epsilon}{2}$$

을 만족하는 양의 정수 N이 존재한다. 그러므로

$$(x \in S \ \wedge \ k, l \geq N) \Rightarrow \rho(f_k(x), f_l(x)) \leq \rho(f_k(x), f(x)) + \rho(f(x), f_l(x)) < \epsilon$$

을 만족하는 양의 정수 N이 존재한다.

$(\Leftarrow)$ $\epsilon > 0$이 주어졌다 하자. 그러면

$$(x \in S \ \wedge \ k, l \geq N) \Rightarrow \rho(f_k(x), f_l(x)) < \epsilon$$

을 만족하는 양의 정수 N이 존재한다.각 $x \in S$에서 $f_k(x)$가 Y안의 코시 수열이고 Y가 완비 공간이므로 $f_k(x)$는 Y내의 점으로 점 수렴한다. 그 점을 $f(x)$라 하자. 즉, $\lim_{k\to\infty} f_k = f$이다. l을 고정하고 $k \to \infty$라 하자. 그러면

$$(x \in S \ \wedge \ l \geq N) \Rightarrow \rho(f(x), f_l(x)) < \epsilon$$

을 만족하는 양의 정수 N이 존재한다.

정리 8.2.2 (X,d)를 거리 공간이라 하고 $(Y,\|\cdot\|)$를 완비 놈 공간이라 하자. $S \subseteq X$이라 하고 $f_k : S \to Y$를 함수들의 수열이라 하자. f_k가 $S \subseteq X$에서 균등 수렴할 필요 충분 조건은 임의의 $\epsilon > 0$에 대하여

$$(x \in S \ \wedge \ l,k \geq N) \Rightarrow \|f_k(x) - f_l(x)\| < \epsilon$$

을 만족하는 양의 정수 N이 존재하는 것이다.

증명 $(\Rightarrow)$ $\epsilon > 0$이 주어졌다 하자. f_k가 f로 균등 수렴하므로

$$(x \in S \ \wedge \ k \geq N) \Rightarrow \|f_k(x) - f(x)\| < \frac{\epsilon}{2}$$

을 만족하는 양의 정수 N이 존재한다. 그러므로

$$\begin{aligned}(x \in S \ \wedge \ k,l \geq N) \Rightarrow & \|f_k(x) - f_l(x)\| \\ & \leq \|f_k(x) - f(x)\| + \|f(x) - f_l(x)\| < \frac{\epsilon}{2} + \frac{\epsilon}{2} = \epsilon\end{aligned}$$

을 만족하는 양의 정수 N이 존재한다.

$(\Leftarrow)$ $\epsilon > 0$이 주어졌다 하자. 그러면

$$(x \in S \ \wedge \ k,l \geq N) \Rightarrow \|f_k(x) - f_l(x)\| < \epsilon$$

을 만족하는 양의 정수 N이 존재한다.각 $x \in S$에서 $f_k(x)$가 Y안의 코시 수열이고 Y가 완비 공간이므로 $f_k(x)$는 Y내의 점으로 점 수렴한다. 그 점을 $f(x)$라 하자. 즉, $\lim_{k\to\infty} f_k = f$이다. l을 고정하고 $k \to \infty$라 하자. 그러면

$$(x \in S \ \wedge \ l \geq N) \Rightarrow \|f(x) - f_l(x)\| < \epsilon$$

을 만족하는 양의 정수 N이 존재한다.

정리 8.2.3 x_k를 완비 놈 공간 $(X, \|\cdot\|)$에 있는 수열이라 하자. 무한 급수 $\sum_{k=1}^{\infty} x_k$가 수렴할 필요 충분 조건은 임의의 $\epsilon > 0$에 대하여

$$m, n \geq N \Rightarrow \|x_{n+1} + x_{n+2} + \cdots + x_m\| < \epsilon$$

을 만족하는 양의 정수 N이 존재하는 것이다.

증명 $S_n = \sum_{k=1}^{n} x_k$이라 하고 $S = \sum_{k=1}^{\infty} x_k$라 하자. 그러면

$\sum_{k=1}^{\infty} x_k$가 수렴한다 $\Leftrightarrow S_n \to S$이다 $\Leftrightarrow S_n$은 코시 수열이다

$\Leftrightarrow$ 임의의 $\epsilon > 0$에 대하여 $m, n \geq N \to \|S_m - S_n\| = \|x_{n+1} + \cdots + x_m\| < \epsilon$

을 만족하는 양의 정수 N이 존재한다.

정리 8.2.4 (X, d)를 거리 공간이라 하고 $(Y, \|\cdot\|)$를 완비 놈 공간이라 하자. $B \subseteq X$이라 하고 $f_k : B \to Y$를 함수들의 수열이라 하자. $\sum_{k=1}^{\infty} f_k$가 $B \subseteq X$에서 균등 수렴할 필요 충분 조건은 임의의 $\epsilon > 0$에 대하여

$$(x \in B \ \wedge \ m, n \geq N) \Rightarrow \|f_{n+1}(x) + f_{n+2}(x) + \cdots + f_m(x)\| < \epsilon$$

을 만족하는 양의 정수 N이 존재하는 것이다.

증명 $S_n(x) = \sum_{k=1}^{n} f_k(x)$이라 하고 $S(x) = \sum_{k=1}^{\infty} f_k(x)$라 하자. 그러면

$\sum_{k=1}^{\infty} f_k$가 B에서 균등 수렴한다 $\Leftrightarrow S_n$가 B에서 S로 균등 수렴한다

$\Leftrightarrow S_n(x) \in Y$은 균등 코시 수열이다 $\Leftrightarrow$ 임의의 $\epsilon > 0$에 대하여

$$(x \in B \ \wedge \ m, n \geq N) \Rightarrow \|S_m(x) - S_n(x)\| = \|f_{n+1}(x) + \cdots + f_m(x)\| < \epsilon$$

을 만족하는 양의 정수 N이 존재한다.

정리 8.2.5 (바이어슈트라스 엠 판정법(Weierstrass M test)) (X, d)를 거리 공간이라 하고 $(Y, \|\cdot\|)$를 완비 놈 공간이라 하자. $B \subseteq X$이라 하고 $f_k : B \to Y$를 함수들의 수열이라 하자. 모든 $x \in B$에 대하여 $\|f_k(x)\| \leq M_k$를 만족하는 상수 M_k가 존재하고 $\sum_{k=1}^{\infty} M_k$ 가 수렴하면

$$\sum_{k=1}^{\infty} f_k$$

가 B에서 균등 수렴한다.

증명 $\epsilon > 0$이 주어졌다 하자. 정리 8.2.3에 의하여

$$m, n \geq N \Rightarrow \|M_{n+1} + M_{n+2} + \cdots + M_m\| < \epsilon$$

을 만족하는 양의 정수 N이 존재한다. 모든 $x \in B$에 대하여

$$\|f_k(x)\| \leq M_k$$

이므로

$$(x \in B \ \wedge \ m, n \geq N) \Rightarrow \|f_{n+1}(x) + f_{n+2}(x) + \cdots + f_m(x)\| < \epsilon$$

을 만족하는 양의 정수 N이 존재한다. 정리 8.2.4에 의하여

$$\sum_{k=1}^{\infty} f_k$$

가 B에서 균등 수렴한다.

다음 예제 8.2.1에서는 정리 8.2.5를 이용하여 주어진 무한 급수 함수가 균등 수렴하는 것을 보인다.

예제 8.2.1 : $f_n : [0,1] \to \mathbb{R}$를 $f_n(x) = \frac{x}{n^2}$으로 정의된 함수라 하자. 다음 함수가 $[0,1]$에서 균등 수렴함을 증명하라.

$$\sum_{k=1}^{\infty} f_n(x) = \sum_{n=1}^{\infty} \frac{x}{n^2}$$

풀이: $\sum_{n=1}^{\infty} \frac{1}{n^2}$가 p-급수 판정법에 의하여 수렴한다. 모든 $x \in [0,1]$에 대하여

$$\left|\frac{x}{n^2}\right| \leq \frac{1}{n^2}$$

이므로 Weierstrass M 판정법에 의하여 $\sum_{k=1}^{\infty} f_n(x) = \sum_{n=1}^{\infty} \frac{x}{n^2}$가 $[0,1]$에서 균등 수렴한다.

예제 8.2.2 : $f_k : \mathbb{R} \to \mathbb{R}$를 $f_k(x) = \frac{\cos x}{k^3}$으로 정의된 함수라 하자.

$$\sum_{k=1}^{\infty} f_k(x) = \sum_{k=1}^{\infty} \frac{\cos x}{k^3}$$

가 $\mathbb{R}$에서 연속임을 증명하라.

풀이: $\sum_{k=1}^{\infty} \frac{1}{k^3}$가 p-급수 판정법에 의하여 수렴한다. 모든 $x \in \mathbb{R}$에 대하여 $\left|\frac{\cos x}{k^3}\right| \leq \frac{1}{k^3}$이므로 Weierstrass M 판정법에 의하여 $\sum_{k=1}^{\infty} f_k(x) = \sum_{k=1}^{\infty} \frac{\cos x}{k^3}$가 $\mathbb{R}$에서 균등 수렴한다. 즉,

$$S_n(x) = \sum_{k=1}^{n} \frac{\cos x}{k^3}$$

라 하면 $S_n(x)$이 $\mathbb{R}$에서 $S(x) = \sum_{k=1}^{\infty} \frac{\cos x}{k^3}$로 균등 수렴한다. $S_n(x)$이 연속이므로 정리 8.1.6에 의하여 $\sum_{k=1}^{\infty} \frac{\cos x}{k^3}$이 $\mathbb{R}$에서 연속이다.

예제 8.2.3 : $f_n : [-r, r] \to \mathbb{R}$를

$$f_n(x) = \frac{x^n}{n!}$$

으로 정의된 함수라 하자.

$$\sum_{n=1}^{\infty} f_n(x) = \sum_{n=1}^{\infty} \frac{x^n}{n!}$$

가 $[-r, r]$에서 균등 수렴함을 증명하라.

풀이:

$$M_n = \frac{r^n}{n!}$$

라 하자. 그러면

$$\lim_{n\to\infty} \frac{M_{n+1}}{M_n} = \lim_{n\to\infty} \frac{\frac{r^{n+1}}{(n+1)!}}{\frac{r^n}{n!}} = \lim_{n\to\infty} \frac{r}{n+1} = 0$$

이다. 비 판정법에 의하여

$$\sum_{n=1}^{\infty} \frac{r^n}{n!}$$

가 수렴한다. 모든 $x \in [-r, r]$에 대하여

$$\left| \frac{x^n}{n!} \right| \leq \frac{r^n}{n!}$$

이므로 Weierstrass M 판정법에 의하여

$$\sum_{n=1}^{\infty} f_n(x) = \sum_{n=1}^{\infty} \frac{x^n}{n!}$$

가 $[-r, r]$에서 균등 수렴한다.

연습 문제 8.2

1.

$$\sum_{n=1}^{\infty} \frac{x^2+x}{n^3+n}$$

이 $[2,5] \subseteq \mathbb{R}$에서 균등 수렴함을 증명하라.

2.

$$\sum_{n=1}^{\infty} \frac{x^n}{n!} e^{-nx}$$

가 $[1,2] \subseteq \mathbb{R}$에서 균등 수렴하는지 또는 발산하는지 판별하라.

3.

$$\sum_{n=1}^{\infty} \frac{(-1)^n}{n^2} x^n$$

이 $[0,1] \subseteq \mathbb{R}$에서 균등 수렴하는지 또는 발산하는지 판별하라.

4.

$$\sum_{n=1}^{\infty} \frac{x^n}{1+x^n}$$

이 $[0,\frac{1}{2}]$에서 균등 수렴하는지 또는 발산하는지 판별하라.

5.

$$\sum_{n=1}^{\infty} \frac{\cos nx}{n^3+n} x^2$$

가 $[-5,5]$에서 연속 함수가 되는 것을 증명하라.

제 8.3 절 균등 수렴의 적용

정리 8.3.1 $f_k : [a,b] \to \mathbb{R}$를 리만 적분 가능한(integrable) 함수들의 수열로서 함수 $f : [a,b] \to \mathbb{R}$로 균등 수렴한다 하자. 그러면 f가 $[a,b]$에서 리만 적분 가능하고

$$\lim_{k\to\infty} \int_a^b f_k(x)dx = \int_a^b f(x)dx$$

이다.

증명 먼저 f가 적분 가능한 것을 보이자. $\epsilon > 0$이 주어졌다 하자.

$$(x \in [a,b] \ \wedge \ n \geq K) \Rightarrow |f_n(x) - f(x)| < \frac{\epsilon}{2(b-a)}$$

을 만족하는 양의 정수 K가 존재한다. f_n이 리만 적분 가능하고 f_n이 f로 수렴하므로 f도 유계이다. $\{x_0, x_1, \ldots, x_n\}$를 $[a,b]$의 파티션이라하자. $n \geq K$에 대하여

$$\inf_{x\in[x_{i-1},x_i]} f(x) \geq \inf_{x\in[x_{i-1},x_i]} f_n(x) - \frac{\epsilon}{2(b-a)}$$

이므로

$$L(f,P) \geq L(f_n,P) - \frac{\epsilon}{2}$$

이다. 같은 방법으로

$$U(f_n,P) + \frac{\epsilon}{2} \geq U(f,P)$$

이다. 그러므로

$$\sup_P L(f,P) \geq \int_a^b f_n(x)dx - \frac{\epsilon}{2}$$

이고

$$\int_a^b f_n(x)dx \geq \inf_P U(f,P) - \frac{\epsilon}{2}$$

이다. 따라서

$$\inf_P U(f,P) - \sup_P L(f,P) < \epsilon$$

이다. $\epsilon > 0$이 임의의 수 이므로 f가 리만 적분 가능하다.

$\epsilon_1 > 0$이 주어졌다 하자. 그러면

$$(x \in [a,b] \ \wedge \ k \geq N) \Rightarrow |f_k(x) - f(x)| < \frac{\epsilon_1}{b-a}$$

을 만족하는 양의 정수 N이 존재한다. 그러므로

$$k \geq N \Rightarrow \left| \int_a^b f_k(x) - \int_a^b f(x)dx \right| = \left| \int_a^b (f_k(x) - f(x))dx \right|$$

$$\leq \int_a^b |f_k(x) - f(x)|dx < \frac{\epsilon_1}{b-a}(b-a) = \epsilon_1$$

을 만족하는 양의 정수 N이 존재한다. 즉,

$$k \geq N \Rightarrow \left| \int_a^b f_k(x) - \int_a^b f(x)dx \right| < \epsilon_1$$

을 만족하는 양의 정수 N이 존재한다. 그러므로

$$\lim_{k\to\infty} \int_a^b f_k(x)dx = \int_a^b f(x)dx$$

이다.

정리 8.3.2 $f_k : [a,b] \to \mathbb{R}$를 적분 가능한(integrable) 함수들의 수열이라 하고 $\sum_{k=1}^{\infty} f_k(x)$가 $[a,b]$에서 균등 수렴한다 하자. 그러면

$$\int_a^b \left(\sum_{k=1}^{\infty} f_k(x) \right) dx = \sum_{k=1}^{\infty} \left(\int_a^b f_k(x)dx \right)$$

이다.

증명

$$S_n(x) = \sum_{k=1}^{n} f_k(x)$$

라 하자. 그러면 $S_n(x)$가 $[a,b]$에서 $\sum_{k=1}^{\infty} f_k(x)$로 균등 수렴한다. 정리 8.3.1에 의하여

$$\lim_{n\to\infty} \int_a^b S_n(x)dx = \int_a^b \left(\sum_{k=1}^{\infty} f_k(x) \right) dx$$

이다. 그러므로

$$\lim_{n\to\infty} \int_a^b \left(\sum_{k=1}^{n} f_k(x) \right) dx = \int_a^b \left(\sum_{k=1}^{\infty} f_k(x) \right) dx$$

이다. 따라서

$$\lim_{n\to\infty} \sum_{k=1}^{n} \left(\int_a^b f_k(x)dx \right) = \int_a^b \left(\sum_{k=1}^{\infty} f_k(x) \right) dx$$

이다. 즉,

$$\sum_{k=1}^{\infty} \left(\int_a^b f_k(x)dx \right) = \int_a^b \left(\sum_{k=1}^{\infty} f_k(x) \right) dx$$

이다.

정리 8.3.3 $f_k : (a,b) \to \mathbb{R}$를 미분 가능한(differentiable) 함수들의 수열로서 f_k가 $f : (a,b) \to \mathbb{R}$로 점 수렴한다 하자. f_k'가 연속이고 f_k'가 (a,b)에서 함수 h로 균등 수렴하면 f는 미분 가능하고 $f' = h$이다.

증명 $p \in (a,b)$라 하자. 정리 7.2.8(Fundamental theorem of calculus)에 의하여

$$f_k(x) = f_k(p) + \int_p^x f_k'(t)dt$$

이다. f_k'가 h로 균등 수렴하므로

$$\lim_{k\to\infty} \int_p^x f_k'(t)dt = \int_p^x h(t)dt$$

이다. 그러므로

$$\lim_{k\to\infty} f_k(x) = \lim_{k\to\infty} f_k(p) + \lim_{k\to\infty} \int_p^x f_k'(t)dt$$

이다. f_k가 f로 수렴하므로

$$f(x) = f(p) + \int_p^x h(t)dt$$

이다. f_k'가 연속이고 f_k'가 (a,b)에서 함수 h로 균등 수렴하므로 정리 8.6에 의하여 h는 연속이다. 정리 7.2.10에 의하여

$$f'(x) = \frac{d}{dx}\left(f(p) + \int_p^x h(t)dt\right) = h(x)$$

이다. 따라서 f는 미분가능하고 $f'(x) = h(x)$이다.

정리 8.3.4 $f_k : [a,b] \to \mathbb{R}$를 미분 가능한 함수들의 수열이라 하고 f'_k들이 연속이라 하자. $\sum_{k=1}^{\infty} f_k(x)$가 점 수렴하고 $\sum_{k=1}^{\infty} f'_k(x)$가 균등 수렴하면

$$\left(\sum_{k=1}^{\infty} f_k(x)\right)' = \sum_{k=1}^{\infty} f'_k(x)$$

이다.

증명

$$S_n(x) = \sum_{k=1}^{n} f_k(x)$$

라 하자. $S_n(x)$가 유한개의 미분 가능한 함수들의 합이므로 $S_n(x)$가 미분 가능하고

$$S'_n(x) = \sum_{k=1}^{n} f'_k(x)$$

이다. $S'_n(x)$가 유한 개의 연속인 함수들의 합이므로 $S'_n(x)$도 연속이다.

$$\sum_{k=1}^{\infty} f_k(x)$$

가 점 수렴하므로 $S_n(x)$가 점 수렴한다.

$$\sum_{k=1}^{\infty} f'_k(x)$$

가 균등 수렴하므로 $S'_n(x)$가 $\sum_{k=1}^{\infty} f'_k(x)$로 균등 수렴한다. 정리 8.3.3에 의하여

$$\left(\sum_{k=1}^{\infty} f_k(x)\right)' = \sum_{k=1}^{\infty} f'_k(x).$$

이 성립한다.

정리 8.3.5 $f_k : B \subseteq \mathbb{R}^n \to \mathbb{R}$를 함수들의 수열이라 하고, $x \in B$라 하고, f_k가 B에서 f로 균등 수렴한다고 하자. 모든 양의 정수 k에 대하여 $\lim_{t\to x} f_k(t)$가 존재하면

$$\lim_{t\to x}\lim_{k\to\infty} f_k(t) = \lim_{k\to\infty}\lim_{t\to x} f_k(t)$$

이다.

증명 $\epsilon > 0$이 주어졌다 하자. f_k가 B에서 f로 균등 수렴하므로

$$(t \in B \ \wedge \ n, m \geq N) \Rightarrow |f_n(t) - f_m(t)| < \epsilon$$

을 만족하는 양의 정수 N이 존재한다.

$$\lim_{t\to x} f_k(t) = A_k \in \mathbb{R}$$

이라 하자. 그러면

$$n, m \geq N \Rightarrow |A_n - A_m| < \epsilon$$

을 만족하는 양의 정수 N이 존재한다. $A_k \in \mathbb{R}$이 코시 수열이고 $\mathbb{R}$이 완비 공간이므로 수열 A_k이 수렴한다. $\lim_{k\to\infty} A_k = A$라 하자. f_k가 B에서 f로 균등 수렴하므로

$$(t \in B \ \wedge \ k \geq N_1) \Rightarrow |f(t) - f_k(t)| < \frac{\epsilon}{3}$$

을 만족하는 양의 정수 N_1이 존재한다. A_k가 A로 수렴하므로

$$k \geq N_2 \Rightarrow |A_k - A| < \frac{\epsilon}{3}$$

을 만족하는 양의 정수 N_2가 존재한다.

$$\lim_{t\to x} f_k(t) = A_k$$

로 부터

$$\|t-x\| < \delta \Rightarrow |f_k(t) - A_k| < \frac{\epsilon}{3}$$

을 만족하는 $\delta > 0$가 존재한다.

$$N_3 = \max(N_1, N_2)$$

라 하자. 그러면

$$\begin{aligned}(\|t-x\| < \delta \ \wedge \ k \geq N_3) \Rightarrow |f(t) - A| \\ \leq |f(t) - f_k(t)| + |f_k(t) - A_k| + |A_k - A| \\ < \frac{\epsilon}{3} + \frac{\epsilon}{3} + \frac{\epsilon}{3} = \epsilon\end{aligned}$$

을 만족하는 $\delta > 0$와 양의 정수 N_3가 존재한다. 따라서

$$\lim_{t\to x} f(t) = A = \lim_{k\to\infty} A_k$$

이다. 즉,

$$\lim_{t\to x}\lim_{k\to\infty} f_k(t) = \lim_{k\to\infty}\lim_{t\to x} f_k(t)$$

이다.

정리 8.3.6 $f_k : [a,b] \to \mathbb{R}$를 미분 가능한(differentiable) 함수들의 수열로서 $f_k(p)$가 점 수렴하는 점 $p \in [a,b]$가 존재한다 하자. f'_k가 $[a,b]$에서 함수 h로 균등 수렴하면 f_k는 $[a,b]$에서 f로 균등 수렴하고, f는 미분 가능하고,

$$f' = h = \lim_{k\to\infty} f'_k$$

이다.

증명 $\epsilon > 0$이 주어졌다 하자. $f_k(p)$가 수렴하므로

$$k, l \geq N_1 \Rightarrow |f_k(p) - f_l(p)| < \frac{\epsilon}{2}$$

을 만족하는 양의 정수 N_1이 존재한다. f'_k가 $[a,b]$에서 균등 수렴하므로

$$(t \in [a,b] \ \wedge \ k, l \geq N_2) \Rightarrow |f'_k(t) - f'_l(t)| < \frac{\epsilon}{2(b-a)}$$

을 만족하는 양의 정수 N_2가 존재한다.

$$N = \max(N_1, N_2)$$

라 하자. 그러면

$$k, l \geq N \Rightarrow |f_k(p) - f_l(p)| < \frac{\epsilon}{2}$$

이고

$$(t \in [a,b] \ \wedge \ k, l \geq N) \Rightarrow |f'_k(t) - f'_l(t)| < \frac{\epsilon}{2(b-a)}$$

을 만족하는 양의 정수 N가 존재한다.

평균값 정리에 의하여

$$\begin{aligned}(t, x \in [a,b] \ \wedge \ k, l \geq N) \Rightarrow |f_k(x) - f_l(x) - f_k(t) + f_l(t)| \\ = |(f_k - f_l)(x) - (f_k - f_l)(t)| \\ = |x - t| \ |f_k'(c) - f_l'(c)| \\ < |x - t| \frac{\epsilon}{2(b-a)} \\ < \frac{\epsilon}{2}\end{aligned}$$

을 만족하는 양의 정수 N가 존재한다. $t = p$라 하자. 그러면

$$(x \in [a,b] \ \wedge \ k, l \geq N) \Rightarrow |f_k(x) - f_l(x) - f_k(p) + f_l(p)| < \frac{\epsilon}{2}$$

을 만족하는 양의 정수 N가 존재한다. 그러므로

$$(x \in [a,b] \ \wedge \ k, l \geq N) \Rightarrow |f_k(x) - f_l(x)|$$

$$\leq |f_k(x) - f_l(x) - f_k(p) + f_l(p)| + |f_k(p) - f_l(p)| < \frac{\epsilon}{2} + \frac{\epsilon}{2} = \epsilon$$

을 만족하는 양의 정수 N가 존재한다. 정리 8.2.2(Cauchy criterion)에 의하여

$$\lim_{k \to \infty} f_k(x) = f(x)$$

라 하면 f_k가 $[a,b]$에서 f로 균등 수렴한다. 점 $x \in [a,b]$를 잡자. $t \neq x$이고 $a \leq t \leq b$인 t에 대하여

$$\phi_k(t) = \frac{f_k(t) - f_k(x)}{t - x}, \quad \phi(t) = \frac{f(t) - f(x)}{t - x}$$

를 정의하자. 그러면

$$\lim_{t\to x}\phi_k(t) = f_k'(x)$$

이다. 그러므로

$$\begin{aligned}(t, x \in [a,b] \ with \ t \neq x \ \wedge \ k, l \geq N) \Rightarrow |\phi_k(t) - \phi_l(t)| \\ &= \left|\frac{1}{t-x}\right| \ |f_k(t) - f_k(x) - f_l(t) + f_l(x)| \\ &\leq \frac{1}{|t-x|}\ \frac{|x-t|\epsilon}{2(b-a)} \\ &= \frac{\epsilon}{2(b-a)}\end{aligned}$$

을 만족하는 양의 정수 N가 존재한다. 그러므로 ϕ_k는 $[a,b] \setminus \{x\}$에서 균등 수렴한다. f_k가 $[a,b]$에서 f로 균등 수렴하므로 $\phi_k(t)$가 $[a,b] \setminus \{x\}$에서 $\phi(t)$로 균등 수렴한다. 정리 8.3.5에 의하여

$$\lim_{t\to x}\phi(t) = \lim_{t\to x}(\lim_{k\to\infty}\phi_k(t)) = \lim_{k\to\infty}(\lim_{t\to x}\phi_k(t)) = \lim_{k\to\infty} f_k'(x)$$

이다. 그러므로

$$f'(x) = \lim_{t\to x}\frac{f(t) - f(x)}{t-x} = \lim_{t\to x}\phi(t) = \lim_{k\to\infty} f_k'(x) = h(x)$$

이다.

위의 정리 8.3.6은 정리 8.3.3보다 약한 조건에서 같은 결과를 얻을 수 있어 위의 정리가 정리 8.3.3보다 강한 정리라고 할 수 있다. 그렇지만 위의 정리의 증명 과정이 정리 8.3.3의 증명 과정 보다 아주 어렵고 복잡하다.

예제 8.3.1 : $|t| < 1$일 때

$$\sum_{k=1}^{\infty} \frac{t^k}{k} = -\log(1-t)$$

임을 보여라.

풀이: $x \in (-1, 1)$에 대하여

$$\sum_{n=0}^{\infty} x^n = \frac{1}{1-x}$$

이다. 임의의 $0 < \epsilon < 1$에 대하여

$$x \in [-(1-\epsilon), 1-\epsilon]$$

라 하자. 그러면

$$\sum_{n=0}^{\infty} |x^n| = \sum_{n=0}^{\infty} |x|^n \le \sum_{n=0}^{\infty} (1-\epsilon)^n = \frac{1}{1-(1-\epsilon)} = \frac{1}{\epsilon}$$

이다. $\sum_{n=0}^{\infty}(1-\epsilon)^n$이 수렴하므로 Weierstrass M test에 의하여 $\sum_{n=0}^{\infty} x^n$이 $[-(1-\epsilon), 1-\epsilon]$에서 균등 수렴한다. $t \in [-(1-\epsilon), 1-\epsilon]$라 하면 정리 8.3.2에 의하여

$$\int_0^t \frac{1}{1-x} dx = \int_0^t \sum_{n=0}^{\infty} x^n dx = \sum_{n=0}^{\infty} \int_0^t x^n dx = \sum_{n=0}^{\infty} \frac{t^{n+1}}{n+1}$$

이다. 그러므로 $t \in [-(1-\epsilon), 1-\epsilon]$일 때

$$-\log(1-t) = \sum_{n=0}^{\infty} \frac{t^{n+1}}{n+1} = \sum_{n=1}^{\infty} \frac{t^n}{n}$$

이 된다.

예제 8.3.2: $|x| < 1$일 때

$$\sum_{n=1}^{\infty} \frac{(-1)^{n+1} x^{2n-1}}{2n-1} = \tan^{-1} x$$

임을 보여라.

풀이: $-x^2 \in (-1, 1)$, 즉, $x \in (-1, 1)$에 대하여

$$\sum_{n=0}^{\infty} (-x^2)^n = \frac{1}{1-(-x^2)} = \frac{1}{1+x^2}$$

이다. 임의의 $0 < \epsilon < 1$에 대하여

$$x \in [-(1-\epsilon), 1-\epsilon]$$

라 하자. 그러면

$$\sum_{n=0}^{\infty} |(-x^2)^n| = \sum_{n=0}^{\infty} |x|^{2n} \leq \sum_{n=0}^{\infty} (1-\epsilon)^{2n} = \frac{1}{1-(1-\epsilon)^2} < \infty$$

이다. $\sum_{n=0}^{\infty}(1-\epsilon)^{2n}$이 수렴하므로 바이어슈트라스 엠 판정법에 의하여 $\sum_{n=0}^{\infty}(-x^2)^n$이 $[-(1-\epsilon), 1-\epsilon]$에서 균등 수렴한다. $x \in [-(1-\epsilon), 1-\epsilon]$라 하면 정리 8.3.2에 의하여

$$\int_0^x \frac{1}{1+t^2} dt = \int_0^x \sum_{n=0}^{\infty} (-t^2)^n dt = \sum_{n=0}^{\infty} \int_0^x (-t^2)^n dt = \sum_{n=0}^{\infty} \frac{(-1)^n x^{2n+1}}{2n+1}$$

이다. 그러므로 $x \in [-(1-\epsilon), 1-\epsilon]$일 때

$$\tan^{-1} x = \sum_{n=0}^{\infty} \frac{(-1)^n x^{2n+1}}{2n+1} = \sum_{n=1}^{\infty} \frac{(-1)^{n+1} x^{2n-1}}{2n-1}$$

이 된다.

예제 8.3.3 :

$$\frac{\pi}{4} = \sum_{n=1}^{\infty} \frac{(-1)^{n+1}}{2n-1}$$

임을 보여라.

풀이: $-x^2 \in (-1,1)$, 즉, $x \in (-1,1)$에 대하여

$$\sum_{k=0}^{n} (-x^2)^k = \frac{1-(-x^2)^{n+1}}{1-(-x^2)} = \frac{1-(-x^2)^{n+1}}{1+x^2}$$

이다. 그러므로

$$\sum_{k=0}^{n} (-x^2)^k + \frac{(-1)^{n+1}x^{2n+2}}{1+x^2} = \frac{1-(-x^2)^{n+1}}{1+x^2} + \frac{(-1)^{n+1}x^{2n+2}}{1+x^2} = \frac{1}{1+x^2}$$

이 된다. 따라서

$$\int_0^1 \left(\sum_{k=0}^{n} (-x^2)^k + \frac{(-1)^{n+1}x^{2n+2}}{1+x^2} \right) dx = \int_0^1 \frac{1}{1+x^2}\, dx$$

이다. 즉,

$$1 - \frac{1}{3} + \frac{1}{5} - \cdots + \frac{(-1)^n}{2n+1} + (-1)^{n+1} \int_0^1 \frac{x^{2n+2}}{1+x^2}\, dx = [\tan^{-1} x]_0^1 = \frac{\pi}{4}$$

이다.

$$0 \le \lim_{n\to\infty} \int_0^1 \frac{x^{2n+2}}{1+x^2}\, dx \le \lim_{n\to\infty} \int_0^1 x^{2n+2}\, dx = \lim_{n\to\infty} \frac{1}{2n+3} = 0$$

이므로

$$\lim_{n\to\infty} \int_0^1 \frac{x^{2n+2}}{1+x^2}\, dx = 0$$

이다. 그러므로

$$\sum_{n=1}^{\infty} \frac{(-1)^{n+1}}{2n-1} = \lim_{n\to\infty} \left[1 - \frac{1}{3} + \frac{1}{5} - \cdots + \frac{(-1)^n}{2n+1} + (-1)^{n+1} \int_0^1 \frac{x^{2n+2}}{1+x^2}\, dx \right] = \frac{\pi}{4}.$$

연습 문제 8.3

1. $S \subseteq \mathbb{R}$이라 하자. $f_n : S \to \mathbb{R}$과 $h_n : S \to \mathbb{R}$이 유계이고 S에서 각각 f와 h로 균등 수렴한다고 하자. $f_n h_n$이 S에서 fh로 균등 수렴함을 증명하라.

2. $f : \mathbb{R} \to \mathbb{R}$가 균등 연속이고

$$f_n(x) = f(x + \frac{1}{2n})$$

으로 정의된 함수의 수열이라 하자. f_n이 $\mathbb{R}$에서 f로 균등 수렴하는 것을 증명하라.

3. $S \subseteq \mathbb{R}$이라 하자. $f_n : S \to \mathbb{R}$이 f로 균등 수렴하고 모든 f_n이 S에서 유계라고 할 때 f도 S에서 유계임을 증명하라.

4. $f_n : [0, 1] \to \mathbb{R}$을

$$f_n(x) = \frac{x^n}{n}$$

로 정의된 함수라 하고 f_n이 함수 $f : [0, 1] \to \mathbb{R}$로 수렴한다 하자. f_n'가 f'로 수렴하는지 또는 수렴하지 않는지 판별하라.

5. 함수 수열 $f_n : [a, b] \to \mathbb{R}$이 f로 수렴한다 하고, f_n'이 $[a, b]$에서 연속이고, f_n'가 $[a, b]$에서 h로 균등 수렴한다고 하자. $[a, b]$에서 $f'(x) = h(x)$이고

$$f(x) - f(a) = \int_a^x h(t)dt$$

임을 증명하라.

6.

$$\sin x = \sum_{n=0}^{\infty} (-1)^n \frac{x^{2n+1}}{(2n+1)!}$$

이고

$$\cos x = \sum_{n=0}^{\infty} (-1)^n \frac{x^{2n}}{(2n)!}$$

인 것을 이용하여

$$\frac{d}{dx}(\cos x) = -\sin x$$

가 되는 것을 증명하라.

제 9 장

함수 공간 (Space of Functions)

9장에서는 정의역이 거리 공간이고 공역이 거리 공간(놈 공간)인 연속이고 유계인 함수들의 집합 C_b가 거리 공간(놈 공간)인 것을 증명하고, 컴팩트 집합 $B \subseteq C_b$를 규명하는 아젤라-아스콜리 정리(Arzela-Ascoli Theorem), 컴팩트 집합에서 정의되는 연속 함수가 다항식(polynomial)에 의하여 근사(approximation)될 수 있다는 스톤-바이어스트라스(Stone-Weierstrass) 정리 등에 대하여 설명한다.

제 9.1 절 연속 함수 공간

(X, d_1)을 거리 공간, $(Y, \|\cdot\|)$를 놈 공간, $V = \{f : X \to Y\}$를 정의역이 X이고 공역이 Y인 모든 함수들의 집합이라 하자. 임의의 $f, h \in V$와 $\alpha \in \mathbb{R}$에 대하여 함수 $f + h : X \to Y$를

$$(f + h)(x) = f(x) + h(x)$$

로 정의하고 함수 $(\alpha f) : X \to Y$를

$$(\alpha f)(x) = \alpha f(x)$$

로 정의하자. 그러면 V는 벡터 공간(vector space)이 된다.

(X, d_1)와 (Y, d_2)를 거리 공간이라 하고 $V = \{f : X \to Y\}$를 정의역이 X이고 공역이 Y인 모든 함수들의 집합이라 하자. 임의의 $f, h \in V$와 $\alpha \in \mathbb{R}$에 대하여 함수 $f + h : X \to Y$를

$$(f + h)(x) = f(x) + h(x)$$

로 정의하고 함수 $(\alpha f) : X \to Y$를

$$(\alpha f)(x) = \alpha f(x)$$

로 정의하자. 그러면 V는 벡터 공간(vector space)이 된다.

정의 9.1.1 (X, d_1)을 거리 공간, $(Y, \|\cdot\|)$를 놈 공간이라 하자. $f : X \to Y$를 함수라 하자. 모든 $x \in X$에 대하여 $\|f(x)\| \le M$을 만족하는 상수 M이 존재할 때 f를 **유계(bounded)**라고 한다.

W를 정의역이 X이고 공역이 Y인 모든 유계(bounded) 함수들의 집합이라 하자. 그러면 유계 함수들의 합은 유계 함수이고 유계 함수에 임의의 스케일러를 곱하여도 유계 함수이므로 W는 벡터 공간 V의 부분 벡터 공간(subspace)이 된다.

정리 9.1.2 (X, d_1)를 거리 공간이라 하고 $(Y, \|\cdot\|)$를 놈 공간이라 하자. W를 정의역이 X이고 공역이 Y인 모든 유계 함수들의 집합이라 하자. $f \in W$에 대하여 함수 $\|\cdot\|_* : W \to \mathbb{R}$를

$$\|f\|_* = \sup_{x \in X} \ \|f(x)\|$$

로 정의하자. 그러면 $(W, \|\cdot\|_*)$가 놈 공간이다.

증명 (1) $\|f\|_* \geq 0$은 분명하다.

(2) $f = 0$, 즉, 모든 $x \in X$에 대하여 $f(x) = 0$이면, $\|f\|_* = \sup_{x \in X} \ \|f(x)\|$ $= 0$이다. $\|f\|_* = 0$이면 $\sup_{x \in X} \ \|f(x)\| = 0$이므로 모든 $x \in X$에 대하여 $\|f(x)\| = 0$이 되어 모든 $x \in X$에 대하여 $f(x) = 0$, 즉, $f = 0$이다.

따라서 $\|f\|_* = 0 \Leftrightarrow f = 0$이다.

(3) $\|\alpha f\|_* = \sup_{x \in X} \ \|(\alpha f)(x)\| = \sup_{x \in X} \ |\alpha| \ \|f(x)\| = |\alpha| \ \sup_{x \in X} \|f(x)\| =$ $|\alpha| \ \|f\|_*$.

(4) $\|f + h\|_* = \sup_{x \in X} \|(f + h)(x)\| \leq \sup_{x \in X}(\|f(x)\| + \|h(x)\|) \leq \sup_{x \in X} \ \|f(x)\| +$ $\sup_{x \in X} \|h(x)\| = \|f\|_* + \|h\|_*$.

(1), (2), (3), (4)에 의하여 $(W, \|\cdot\|_*)$는 놈 공간이다.

정리 9.1.3 (X, d_1)와 (Y, d_2)를 거리 공간이라 하고 W를 정의역이 X, 공역이 Y인 모든 유계(bounded) 함수들의 집합이라 하자. 함수 $d : W \times W \to \mathbb{R}$를

$$d(f, h) = \sup_{x \in X} \ d_2(f(x), h(x))$$

로 정의하자. 그러면 (W, d)가 거리 공간이다.

증명 (1) $d(f, h) \geq 0$은 분명하다.

(2) $f = h$, 즉, 모든 $x \in X$에 대하여 $f(x) = h(x)$이면, $d(f, h) = d(f, f)$

$= \sup_{x \in X} \ d_2(f(x), f(x)) = 0$이다.

$d(f, h) = 0$이면 $\sup_{x \in X} \ d_2(f(x), h(x)) = 0$이므로 모든 $x \in X$에 대하여 $d_2(f(x), h(x)) = 0$가 되어 모든 $x \in X$에 대하여 $f(x) = h(x)$, 즉, $f = h$.

따라서 $d(f, h) = 0 \Leftrightarrow f = h$이다.

(3) $d(f, h) = \sup_{x \in X} \ d_2(f(x), h(x)) = \sup_{x \in X} \ d_2(h(x), f(x)) = d(h, f)$.

(4) $d_2(f(x), h(x)) \leq d_2(f(x), g(x)) + d_2(g(x), h(x))$ 이므로

$$\sup_{x \in X} d_2(f(x), h(x)) \leq \sup_{x \in X} [d_2(f(x), g(x)) + d_2(g(x), h(x))]$$

이다. 그러므로

$$d(f, h) = \sup_{x \in X} \ d_2(f(x), h(x)) \leq \sup_{x \in X} [d_2(f(x), g(x)) + d_2(g(x), h(x))]$$

$$\leq \sup_{x \in X} d_2(f(x), g(x)) + \sup_{x \in X} \ d_2(g(x), h(x)) = d(f, g) + d(g, h)$$

이다.

(1), (2), (3), (4)에 의하여 (W, d)는 거리 공간이다.

정의 9.1.4 (i) (X, d_1)을 거리 공간, $(Y, \|\cdot\|)$를 놈 공간, W를 정의역이 X이고 공역이 Y인 모든 유계 함수들의 집합이라 하자. 그러면 정리 9.1.2에 의하여 $(W, \|\cdot\|_*)$가 놈 공간이 된다. $f_k \in W$를 함수들의 수열이라 하자. 임의의 $\epsilon > 0$에 대하여

$$k, l \geq N \Rightarrow \|f_k - f_l\|_* < \epsilon$$

을 만족하는 양의 정수 N이 존재하면 $f_k \in W$를 **코시 수열**이라 한다.

(ii) (X, d_1)과 (Y, d_2)를 거리 공간이라 하고 W를 정의역이 X이고 공역이 Y인 모든 유계 함수들의 집합이라 하자. 그러면 정리 9.1.3에 의하여 (W, d)가 거리 공간이 된다. $f_k \in W$를 함수들의 수열이라 하자. 임의의 $\epsilon > 0$에 대하여

$$k, l \geq N \Rightarrow d(f_k, f_l) < \epsilon$$

을 만족하는 양의 정수 N이 존재하면 $f_k \in W$를 **코시 수열**이라 한다.

정의 9.1.5 놈 공간 W내에 있는 모든 코시 수열이 W내의 한 점으로 수렴하면 W를 **완비 놈 공간(complete normed space)** 또는 **바나하 공간(Banach space)**이라 한다. 거리 공간 W내에 있는 모든 코시 수열이 W내의 한 점으로 수렴하면 W를 **완비 거리 공간(complete metric space)**이라 한다.

다음의 정리 9.1.6에서는 함수 수열 f_k가 f로 균등 수렴할 필요 충분 조건이 함수 공간 W에서 f_k가 f로 수렴한다는 것을 증명한다.

정리 9.1.6 (X, d)를 거리 공간이라 하고 $(Y, \|\cdot\|)$를 놈 공간이라 하자. W를 정의역이 X이고 공역이 Y인 모든 유계 함수들의 집합으로 $(W, \|\cdot\|_*)$를 정리 9.1.2에서 정의된 놈 공간이라 하자. 즉, $\|f\|_* = \sup_{x\in X} \|f(x)\|$라 하자. $f_k \in W$를 함수들의 수열이라 하자. f_k가 X에서 f로 균등 수렴할 필요 충분 조건은

$$\lim_{k\to\infty} \|f_k - f\|_* = \lim_{k\to\infty} \sup_{x\in X} \|f_k(x) - f(x)\| = 0$$

이다. 즉, f_k가 W 안에서 f로 수렴 ($f_k \to f$ in W) 하는 것이다.

증명 f_k가 X에서 f로 균등 수렴한다.

$\Leftrightarrow$ 임의의 $\epsilon > 0$에 대하여

$$(x \in X \ \wedge \ k \geq N) \Rightarrow \|f_k(x) - f(x)\| < \epsilon$$

을 만족하는 양의 정수 N이 존재한다.

$\Leftrightarrow$ 임의의 $\epsilon > 0$에 대하여

$$k \geq N \Rightarrow \sup_{x\in X} \|f_k(x) - f(x)\| < \epsilon$$

을 만족하는 양의 정수 N이 존재한다.

$\Leftrightarrow$ 임의의 $\epsilon > 0$에 대하여

$$k \geq N \Rightarrow \|f_k - f\|_* < \epsilon$$

을 만족하는 양의 정수 N이 존재한다.

정리 9.1.7 (X, d_1)를 거리 공간이라 하고 $(Y, \|\cdot\|)$를 놈 공간이라 하자. W를 정의역이 X이고 공역이 Y인 모든 유계 함수들의 집합이라 하자. $f \in W$에 대하여 함수 $\|\cdot\|_* : W \to \mathbb{R}$를

$$\|f\|_* = \sup_{x \in X} \|f(x)\|$$

로 정의하자. $(Y, \|\cdot\|)$가 바나하 공간이면 $(W, \|\cdot\|_*)$도 바나하 공간이다.

증명 정리 9.1.2에 의하여 $(W, \|\cdot\|_*)$는 놈 공간이다.

$(Y, \|\cdot\|)$를 바나하 공간이라 하자. $f_k \in W$를 코시 수열이라 하자. 그러면 임의의 $\epsilon > 0$에 대하여

$$k, l \geq N \Rightarrow \|f_k - f_l\|_* = \sup_{x \in X} \|f_k(x) - f_l(x)\| < \epsilon$$

을 만족하는 양의 정수 N이 존재한다. 즉, 임의의 $\epsilon > 0$에 대하여

$$(x \in X \ \wedge \ k, l \geq N) \Rightarrow \|f_k(x) - f_l(x)\| < \epsilon$$

을 만족하는 양의 정수 N이 존재한다. 즉, $\{f_n(x)\}_{n=1}^{\infty}$가 Y 안의 균등 코시 수열이다. Y가 완비 거리 공간이므로 정리 8.2.2에 의하여 f_k가 X에서 f로 균등 수렴한다. 즉,

$$(x \in X \ \wedge \ k \geq K) \Rightarrow \|f_k(x) - f(x)\| < \epsilon$$

을 만족하는 양의 정수 K가 존재한다. 그러므로

$$k \geq K \Rightarrow \|f_k - f\|_* = \sup_{x \in X} \|f_k(x) - f(x)\| < \epsilon$$

을 만족하는 양의 정수 K가 존재한다. 즉, f_k가 W안에서 f로 수렴한다 ($f_k \to f$ in W). f_k가 X에서 f로 균등 수렴하므로

$$(x \in X \ \wedge \ k \geq L) \Rightarrow \|f_k(x) - f(x)\| < 1$$

을 만족하는 양의 정수 L이 존재한다. 즉,

$$(x \in X \ \wedge \ k \geq L) \Rightarrow \|f(x)\| < 1 + \|f_k(x)\|$$

을 만족하는 양의 정수 L이 존재한다. 모든 $x \in X$에 대하여

$$\|f(x)\| < 1 + \|f_L(x)\| < \infty$$

이므로 f는 유계 함수가 되어 $f \in W$이다. 즉, 임의의 코시 수열 $f_k \in W$가 W안에서 f로 수렴하고 $f \in W$이므로 $(W, \|\cdot\|_*)$는 바나하 공간이다.

정리 9.1.8 (X, d_1)와 (Y, d_2)를 거리 공간이라 하고 W를 정의역이 X, 공역이 Y인 모든 유계(bounded) 함수들의 집합이라 하자. 함수 $d : W \times W \to \mathbb{R}$를

$$d(f, h) = \sup_{x \in X} \ d_2(f(x), h(x))$$

로 정의하자. (Y, d_2)가 완비 거리 공간이면 (W, d)도 완비 거리 공간이다.

증명 정리 9.1.3에 의하여 (W, d)는 거리 공간이다.

(Y, d_2)를 완비 거리 공간이라 하자. $f_k \in W$를 코시 수열이라 하자. 그러면 임의의 $\epsilon > 0$에 대하여

$$k, l \geq N \Rightarrow d(f_k, f_l) = \sup_{x \in X} \ d_2(f_k(x), f_l(x)) < \epsilon$$

을 만족하는 양의 정수 N이 존재한다. 즉, 임의의 $\epsilon > 0$에 대하여

$$(x \in X \ \wedge \ k, l \geq N) \Rightarrow d_2(f_k(x), f_l(x)) < \epsilon$$

을 만족하는 양의 정수 N이 존재한다. 즉, $\{f_n(x)\}_{n=1}^{\infty}$가 Y 안의 균등 코시 수열이다. Y가 완비 거리 공간이므로 정리 8.2.1에 의하여 f_k가 f로 균등 수렴한다. 즉,

$$(x \in X \ \wedge \ k \geq K) \Rightarrow d_2(f_k(x), f(x)) < \epsilon$$

을 만족하는 양의 정수 K가 존재한다. 그러므로

$$k \geq K \Rightarrow d(f_k, f) = \sup_{x \in X} d_2(f_k(x), f(x)) < \epsilon$$

을 만족하는 양의 정수 K가 존재한다. 즉, W 안에서 f_k가 f로 수렴한다 ($f_k \to f$ in W). f_k가 X에서 f로 균등 수렴하므로

$$(x \in X \ \wedge \ k \geq L) \Rightarrow d_2(f_k(x), f(x)) < 1$$

을 만족하는 양의 정수 L이 존재한다. 즉, 모든 $x \in X$에 대하여 $f_L(x)$가 유계이고

$$d_2(f(x), f_L(x)) < 1$$

이므로 모든 $x \in X$에 대하여 $f(x)$가 유계이다. 즉, f는 유계 함수이다. 그러므로 $f \in W$이다. 즉, 임의의 코시 수열 $f_k \in W$가 W 안에서 f로 수렴하고 $f \in W$이므로 (W, d)는 완비 거리 공간이다.

C를 정의역이 X이고 공역이 Y인 모든 연속이고 유계인 함수들의 집합이라 하자. 그러면 C는 벡터 공간 W의 부분 벡터 공간(subspace)이다.

정리 9.1.9 (X, d_1)와 (Y, d_2)를 거리 공간이라 하자. C를 정의역이 X이고 공역이 Y인 모든 연속이고 유계인 함수들의 집합이라 하자. $f_k \in C$를 함수들의 수열이라 하자. f_k가 X에서 f로 균등 수렴할 필요 충분 조건은

$$\lim_{k\to\infty} d(f_k, f) = \lim_{k\to\infty} \sup_{x\in X} d_2(f_k(x), f(x)) = 0$$

이다. 즉, f_k가 C 안에서 f로 수렴 ($f_k \to f$ in C) 하는 것이다.

증명 f_k가 X에서 f로 균등 수렴한다.

$\Leftrightarrow$ 임의의 $\epsilon > 0$에 대하여

$$(x \in X \ \wedge \ k \geq N) \Rightarrow d_2(f_k(x), f(x)) < \epsilon$$

을 만족하는 양의 정수 N이 존재한다.

$\Leftrightarrow$ 임의의 $\epsilon > 0$에 대하여

$$k \geq N \Rightarrow \sup_{x\in X} d_2(f_k(x), f(x)) < \epsilon$$

을 만족하는 양의 정수 N이 존재한다.

$\Leftrightarrow$ 임의의 $\epsilon > 0$에 대하여

$$k \geq N \Rightarrow d(f_k, f) < \epsilon$$

을 만족하는 양의 정수 N이 존재한다.

정리 9.1.10 (X, d_1)와 (Y, d_2)를 거리 공간이라 하고 C를 정의역이 X이고 공역이 Y인 모든 유계(bounded)이고 연속인(continuous) 함수들의 집합이라 하자. 함수 $d : C \times C \to \mathbb{R}$를

$$d(f, h) = \sup_{x \in X} \ d_2(f(x), h(x))$$

로 정의하자. 그러면 (C, d)가 거리 공간이다. (Y, d_2)가 완비 거리 공간이면 (C, d)도 완비 거리 공간이다.

증명 연속 유계인 함수들의 합은 연속 유계인 함수이고 연속 유계인 함수에 스케일러를 곱하면 연속 유계인 함수가 되므로 C는 벡터 공간이다.

(1) $d(f, h) \geq 0$은 분명하다.

(2) $f = h$, 즉, 모든 $x \in X$에 대하여 $f(x) = h(x)$이면, $d(f, h) = d(f, f)$

$= \sup_{x \in X} \ d_2(f(x), f(x)) = 0$이다.

$d(f, h) = 0$이면 $\sup_{x \in X} \ d_2(f(x), h(x)) = 0$이므로 모든 $x \in X$에 대하여 $d_2(f(x), h(x)) = 0$가 되어 모든 $x \in X$에 대하여 $f(x) = h(x)$, 즉, $f = h$.

따라서 $d(f, h) = 0 \Leftrightarrow f = h$이다.

(3) $d(f, h) = \sup_{x \in X} \ d_2(f(x), h(x)) = \sup_{x \in X} \ d_2(h(x), f(x)) = d(h, f)$.

(4) $d_2(f(x), h(x)) \leq d_2(f(x), g(x)) + d_2(g(x), h(x))$이므로

$\sup_{x \in X} d_2(f(x), h(x)) \leq \sup_{x \in X}[d_2(f(x), g(x)) + d_2(g(x), h(x))]$이다.

$$d(f, h) = \sup_{x \in X} \ d_2(f(x), h(x)) \leq \sup_{x \in X}[d_2(f(x), g(x)) + d_2(g(x), h(x))]$$

$$\leq \sup_{x \in X} d_2(f(x), g(x)) + \sup_{x \in X} \ d_2(g(x), h(x)) = d(f, g) + d(g, h).$$

(1), (2), (3), (4)에 의하여 (W, d)는 거리 공간이다.

(Y, d_2)를 완비 거리 공간이라 하자. $f_k \in C$를 코시 수열이라 하자. 그러면 임의의 $\epsilon > 0$에 대하여

$$k, l \geq N \Rightarrow d(f_k, f_l) = \sup_{x \in X} d_2(f_k(x), f_l(x)) < \epsilon$$

을 만족하는 양의 정수 N이 존재한다. 즉, 임의의 $\epsilon > 0$에 대하여

$$(x \in X \ \wedge \ k, l \geq N) \Rightarrow d_2(f_k(x), f_l(x)) < \epsilon$$

을 만족하는 양의 정수 N이 존재한다. 즉, $f_n(x) \in Y$가 균등 코시 수열이다. Y가 완비 거리 공간이므로 정리 8.2.1에 의하여 f_k가 X에서 f로 균등 수렴한다. 즉,

$$(x \in X \ \wedge \ k \geq K) \Rightarrow d_2(f_k(x), f(x)) < \epsilon$$

을 만족하는 양의 정수 K가 존재한다. 그러므로

$$k \geq K \Rightarrow d(f_k, f) = \sup_{x \in X} d_2(f_k(x), f(x)) < \epsilon$$

을 만족하는 양의 정수 K가 존재한다. 즉, f_k가 C안에서 f로 수렴한다 ($f_k \to f$ in C). $f_k \in C$이고 f_k가 f로 균등 수렴하므로 정리 8.1.6에 의하여 f는 연속 함수이다. 정리 9.1.8과 같은 방법에 의하여 f는 유계이다. 그러므로 $f \in C$이다. 즉, 임의의 코시 수열 $f_k \in C$가 C 안에서 f로 수렴하고 $f \in C$이므로 (C, d)는 완비 거리 공간이다.

정리 9.1.11 (X, d_1)을 거리 공간이라 하고 $(Y, \|\cdot\|)$를 놈 공간이라 하자. C를 정의역이 X이고 공역이 Y인 모든 연속이고 유계인 함수들의 집합이라 하자. 함수 $\|\cdot\|_* : C \to \mathbb{R}$를

$$\|f\|_* = \sup_{x \in X} \|f(x)\|$$

로 정의하자. 그러면 $(C, \|\cdot\|_*)$가 놈 공간이다. $(Y, \|\cdot\|)$가 바나하 공간이면 $(C, \|\cdot\|_*)$도 바나하 공간이다.

증명 정리 9.1.2와 같은 방법에 의하여 $(C, \|\cdot\|_*)$가 놈 공간이다.

$(Y, \|\cdot\|)$를 바나하 공간이라 하자. $f_k \in C$를 코시 수열이라 하자. 그러면 임의의 $\epsilon > 0$에 대하여

$$k, l \geq N \Rightarrow \|f_k - f_l\|_* = \sup_{x \in X} \|f_k(x) - f_l(x)\| < \epsilon$$

을 만족하는 양의 정수 N이 존재한다. 즉, 임의의 $\epsilon > 0$에 대하여

$$(x \in X \ \wedge \ k, l \geq N) \Rightarrow \|f_k(x) - f_l(x)\| < \epsilon$$

을 만족하는 양의 정수 N이 존재한다. 즉, $f_n(x) \in Y$가 균등 코시 수열이다. Y가 완비 거리 공간이므로 정리 8.2.2에 의하여 f_k가 X에서 f로 균등 수렴한다. 즉,

$$(x \in X \ \wedge \ k \geq K) \Rightarrow \|f_k(x) - f(x)\| < \epsilon$$

을 만족하는 양의 정수 K가 존재한다. 그러므로

$$k \geq K \Rightarrow \|f_k - f\|_* = \sup_{x \in X} \|f_k(x) - f(x)\| < \epsilon$$

을 만족하는 양의 정수 K가 존재한다. 즉, f_k가 C 안에서 f로 수렴한다 ($f_k \to f$ in C). f_k가 X에서 f로 균등 수렴하고 $f_k \in C$이므로 정리 8.1.6에 의하여 f는 X에서 연속 함수이다. 정리 9.1.7과 같은 방법에 의하여 f는 유계이다. 그러므로 $f \in C$이다. 즉, 임의의 코시 수열 $f_k \in C$가 C 안에서 f로 수렴하고 $f \in C$이다. 따라서 $(C, \|\cdot\|_*)$는 바나하 공간이다.

예제 9.1.1 : $C([0,1],\mathbb{R})$을 정의역이 $[0,1] \subseteq \mathbb{R}$이고 공역이 $\mathbb{R}$인 연속인 함수들의 집합이라 하자. $f_n : [0,1] \to \mathbb{R}$을

$$f_n(x) = \frac{x^2}{n^2+n+1}$$

로 정의된 함수들의 수열이라 하자. $C([0,1],\mathbb{R})$ 안에서 f_n이 0으로 수렴함 (즉, $f_n \to 0$ in $C([0,1],\mathbb{R})$)을 증명하라.

풀이 :

$$\lim_{n\to\infty} f_n(x) = \lim_{n\to\infty} \frac{x^2}{n^2+n+1} = 0$$

이므로 $f(x) = 0$이다.

$$\lim_{n\to\infty} \sup_{x\in[0,1]} |f_n(x) - f(x)| = \lim_{n\to\infty} \sup_{x\in[0,1]} \frac{x^2}{n^2+n+1} = \lim_{n\to\infty} \frac{1}{n^2+n+1} = 0$$

이므로 f_n이 $[0,1]$에서 균등 수렴한다. f_n의 정의역 $[0,1]$이 컴팩트 집합이므로 f_n은 유계 함수이다. 정리 9.1.9에 의하여 $C([0,1],\mathbb{R})$ 안에서 f_n이 0으로 수렴한다.

예제 9.1.2 : (X,d)를 거리 공간이라 하자. $C(S,\mathbb{R})$를 정의역이 $S \subseteq X$이고 공역이 $\mathbb{R}$인 모든 연속인 함수들의 집합이라 하자. S가 컴팩트 집합이면 $C(S,\mathbb{R})$이 완비 놈 공간인 것을 보여라.

풀이 : S가 컴팩트 집합이므로 모든 $f \in C(S,\mathbb{R})$가 유계이다. 정리 9.1.2에 의하여 $C(S,\mathbb{R})$이 놈 공간이다. $f_n \in C(S,\mathbb{R})$을 코시 수열이라 하자. 그러면 임의의 $\epsilon > 0$에 대하여

$$k,l \geq K \Rightarrow \|f_k - f_l\| = \sup_{x\in S}|f_k(x) - f_l(x)| < \epsilon$$

을 만족하는 양의 정수 K가 존재한다. 즉, $f_n(x) \in \mathbb{R}$이 균등 코시 수열이다. $\mathbb{R}$이 완비 놈 공간이므로 정리 8.2.2에 의하여 수열 f_n이 S에서 균등 수렴한다. f_n이 f로 균등 수렴한다 하자. 즉, 임의의 $\epsilon > 0$에 대하여

$$(x \in S \ \wedge \ n \geq N) \Rightarrow |f_n(x) - f(x)| < \epsilon$$

을 만족하는 양의 정수 N이 존재한다. 그러므로

$$n \geq N \Rightarrow \|f_n - f\| = \sup_{x\in S}|f_n(x) - f(x)| < \epsilon$$

을 만족하는 양의 정수 N이 존재한다. 즉, $C(S,\mathbb{R})$ 안에서 $f_n \to f$이다. 또한 f_n이 연속 함수이므로 정리 8.1.6에 의하여 f가 연속이다. 그러므로 $f \in C(S,\mathbb{R})$이다. 따라서 $C(S,\mathbb{R})$가 완비 놈 공간이다.

다음 예제 9.1.3은 함수 공간 $C([0,1],\mathbb{R})$에서 수렴하는 함수의 수열이 유계인 것을 증명한다.

예제 9.1.3 : $f_n : [0,1] \to \mathbb{R}$을 $C([0,1],\mathbb{R})$ 안에서 수렴하는 함수들의 수열이라 할 때 f_n이 유계인 것을 증명하라.

풀이 : f_n이 $C([0,1],\mathbb{R})$ 안에서 0으로 수렴하므로

$$n \geq K \Rightarrow \|f_n - f\| < 1$$

을 만족하는 양의 정수 K가 존재한다. 즉,

$$\|f_K\| < \|f\| + 1,\ \|f_{K+1}\| < \|f\| + 1,\ \|f_{K+2}\| < \|f\| + 1, \ldots$$

이다. $M = \max(\|f_1\|, \|f_2\|, \ldots, \|f_{K-1}\|, \|f\| + 1)$라 하자. 그러면 모든 $n \in \mathbb{N}$에 대하여 $\|f_n\| \leq M$이다. 즉, 모든 $n \in \mathbb{N}$에 대하여

$$\sup_{x \in [0,1]} |f_n(x)| \leq M$$

이다.

연습 문제 9.1

1. C를 정의역이 $[1,2] \subseteq \mathbb{R}$이고 공역이 $\mathbb{R}$인 연속인 함수들의 집합이라 하자.

$$A = \{f \in C : f(x) < 0 \ for\ all\ x \in [1,2]\}$$

라 하면 A가 C에서 열린 집합인 것을 증명하라.

2. C를 정의역이 $[1,2] \subseteq \mathbb{R}$이고 공역이 $\mathbb{R}$인 연속인 함수들의 집합이라 하자. A가 다음과 같을 때 $\overline{A}$를 구하여라.

$$A = \{f \in C : f(x) < 0 \ for \ all \ x \in [1,2]\}.$$

3. (X,d)를 거리 공간이라 하고 $(Y, \|\cdot\|)$를 바나하 공간이라 하자. C_b를 정의역이 $S \subseteq X$이고 공역이 Y인 모든 연속이고 유계인 함수들의 집합이라 하자. $\sum_{n=1}^{\infty} w_n$를 수렴하는 무한 급수라 하고 $f_n \in C_b$가

$$\|f_{n+1} - f_n\|_* \leq w_n$$

를 만족하는 함수 수열이라 하자. f_n가 수렴하는 것을 증명하라.

제 9.2 절 아젤라-아스콜리 정리와 스톤-바이어슈트라스 정리

정의 9.2.1 (X,d)와 (Y,ρ)를 완비 거리 공간이라 하자. C를 정의역이 $S \subseteq X$이고 공역이 Y인 모든 연속인 함수들의 집합이라 하자. $B \subseteq C$라 하자. 임의의 $\epsilon > 0$이 주어졌을 때 모든 $f \in B$에 대하여

$$(x, y \in S \ \wedge \ d(x,y) < \delta) \Rightarrow \rho(f(x), f(y)) < \epsilon$$

을 만족하는 δ가 존재하면 B를 함수들의 **동등 연속 집합(equicontinuous set)**이라 한다.

위의 정의로 부터 동등 연속 집합의 각 원소는 균등 연속인 함수이다.

정리 9.2.2 (X, d)를 거리 공간이라 하고 $S \subseteq X$를 컴팩트 집합이라 하자. 그러면 임의의 $\eta > 0$가 주어졌을 때 모든 $x \in S$에 대하여 $x_i \in D_\eta$가 존재하여 $x \in B(x_i, \eta)$를 만족시키는

$$D_\eta = \{x_1, x_2, \ldots, x_r\}$$

가 존재한다.

증명

$$S \subseteq \bigcup_{x \in S} B(x, \eta)$$

이므로

$$\{B(x, \eta) : x \in S\}$$

는 S의 열린 덮개이다. S가 컴팩트 집합이므로

$$S \subseteq B(x_1, \eta) \cup B(x_2, \eta) \cup \cdots \cup B(x_r, \eta)$$

를 만족하는 $x_1, x_2, \ldots, x_r \in S$이 존재한다. $D_\eta = \{x_1, x_2, \ldots, x_r\}$라 하면 모든 $x \in S$에 대하여 $x \in B(x_i, \eta)$이다. 여기서 $x_i \in D_\eta$이다.

정의 9.2.3 (X, d)를 거리 공간, $(Y, \|\cdot\|)$를 놈 공간이라 하고 $S \subseteq X$이라 하자. $f_n : S \to Y$를 함수들의 수열이라 하자. 모든 $x \in S$에 대하여 수열 $f_n(x)$가 유계이면 수열 f_n을 S에서 **포인트와이즈 유계(pointwise bounded)**라고 한다. 모든 $x \in S$와 $n = 1, 2, \ldots$에 대하여 $\|f_n(x)\| < M < \infty$이면 수열 f_n을 S에서 **균등 유계(uniformly bounded)**라고 한다.

정리 9.2.4 (X, d)를 거리 공간이라 하고 $S \subseteq X$를 가산 집합이라 하자. $f_n : S \to \mathbb{R}^m$이 포인트와이즈 유계인 함수들의 수열이라 하면 f_n은 모든 점 $x \in S$에서 $f_{n_k}(x)$가 수렴하는 부분 수열 f_{n_k}를 갖는다.

증명 $S = \{x_1, x_2, \ldots\}$라 하자.수열 $f_n(x_1) \in \mathbb{R}^m$이 유계이므로 수열 $f_n(x_1)$이 수렴하는 부분 수열 $f_{11}(x_1), f_{12}(x_1), \ldots, f_{1n}(x_1), \ldots$를 갖는다.

$f_{1n}(x_2) \in \mathbb{R}^m$이 유계이므로 수열 $f_{1n}(x_2)$이 수렴하는 부분 수열 $f_{21}(x_2), f_{22}(x_2), \ldots, f_{2n}(x_2), \ldots$를 갖는다.

이 과정을 반복하면 다음과 같은 부분 수열들을 얻는다.

$$f_{11},\ f_{12},\ f_{13},\ f_{14},\ f_{15}, \ldots, f_{1n}, \ldots\ :\ \textit{subsequence of } f_n$$

$$f_{21},\ f_{22},\ f_{23},\ f_{24},\ f_{25}, \ldots, f_{2n}, \ldots\ :\ \textit{subsequence of } f_{1n}$$

$$f_{31},\ f_{32},\ f_{33},\ f_{34},\ f_{35}, \ldots, f_{3n}, \ldots\ :\ \textit{subsequence of } f_{2n}$$

$$\cdots\cdots\cdots\cdots\cdots\cdots\cdots\cdots\cdots\cdots\cdots\cdots\cdots\cdots\cdots\cdots$$

$f_{n_k} = f_{kk}$라 하자. 그러면

$$f_{n_1}, f_{n_2}, f_{n_3}, \cdots$$

는 x_1에서 수렴하고

$$f_{n_2}, f_{n_3}, f_{n_4}, \cdots$$

는 x_2에서 수렴한다. 그러므로 수열 f_{n_k}은 $\{x_1, x_2, x_3, \ldots\}$의 각 점에서 수렴한다.

정리 9.2.5 (X, d)를 거리 공간, $S \subseteq X$를 컴팩트 집합, C를 정의역이 S이고 공역이 $\mathbb{R}^m$인 연속인 함수들의 집합이라 하자. $B \subseteq C$가 포인트와이즈 유계(pointwise bounded)이고 동등 연속(equicontinuous) 이면 B에 있는 모든 수열은 균등 수렴하는 부분 수열을 갖는다.

증명

$$D = \bigcup_{n=1}^{\infty} D_{\frac{1}{n}}$$

라 하자. 여기서 $D_{\frac{1}{n}}$은 정리 9.2.2에서 정의한 유한 집합이다. 그러므로 D는 가산 집합이다.

$$D = \{x_1, x_2, \dots\} \subseteq S$$

라 하자. $\epsilon > 0$이 주어졌다 하자. B가 동등 연속(equicontinuous)이므로 모든 $f \in B$에 대하여

$$(x, y \in S \ \wedge \ d(x, y) < \delta) \Rightarrow \|f(x) - f(y)\| < \frac{\epsilon}{3}$$

를 만족하는 $\delta > 0$가 존재한다. $f_n \in B$라 하자. 그러면 정리 9.2.4에 의하여 f_n은 모든 점 $x \in D$에서 $f_{n_k}(x)$가 수렴하는 부분 수열 f_{n_k}를 갖는다.

$$D_{\frac{1}{t}} = \{y_1, y_2, \dots, y_r\} \subseteq D$$

를 모든 $x \in S$에 대하여 $y_j \in D_{\frac{1}{t}}$가 존재하여 $x \in B(y_j, \delta)$ 를 만족시키는 집합이라 하자. 수열 f_{n_k}가 D의 각 점에서 수렴하므로 수열 $f_{n_k}(y_1)$, 수열 $f_{n_k}(y_2)$, $\dots$, 수열 $f_{n_k}(y_r)$들이 수렴한다. 그러므로 각 $j = 1, 2, \dots, r$에 대하

여

$$k, l \geq N_j \Rightarrow \|f_{n_k}(y_j) - f_{n_l}(y_j)\| < \frac{\epsilon}{3}$$

을 만족하는 양의 정수 N_j가 존재한다.

$$N = \max(N_1, N_2, \ldots, N_r)$$

이라 하자. 그러면

$$(j \in \{1, 2, \ldots, r\} \ \wedge \ k, l \geq N) \Rightarrow \|f_{n_k}(y_j) - f_{n_l}(y_j)\| < \frac{\epsilon}{3}$$

을 만족하는 양의 정수 N가 존재한다.

$x \in S$라 하자. 그러면 $x \in B(y_j, \delta)$를 만족하는 $y_j \in D_{\frac{1}{t}}$가 존재하므로 $d(x, y_j) < \delta$이다. f_{n_k}가 f_n의 부분 수열이고, $f_n \in B$이므로 $\{f_{n_k}\}$가 동등 연속(equicontinuous)이다. $d(x, y_j) < \delta$이므로 모든 양의 정수 k에 대하여

$$\|f_{n_k}(x) - f_{n_k}(y_j)\| < \frac{\epsilon}{3}$$

이다. 그러므로 모든 $x \in S$에 대하여

$$\begin{aligned} k, l \geq N \Rightarrow & \|f_{n_k}(x) - f_{n_l}(x)\| \\ & \leq \|f_{n_k}(x) - f_{n_k}(y_j)\| + \|f_{n_k}(y_j) - f_{n_l}(y_j)\| + \|f_{n_l}(y_j) - f_{n_l}(x)\| \\ & < \frac{\epsilon}{3} + \frac{\epsilon}{3} + \frac{\epsilon}{3} = \epsilon \end{aligned}$$

이다. $\mathbb{R}^m$이 완비 공간이므로 정리 8.2.4(Cauchy criterion)에 의하여 f_{n_k}가 S에서 균등 수렴한다.

정리 9.2.6 (아젤라-아스콜리 정리 (Arzela-Ascoli theorem)) (X, d)를 거리 공간, $S \subseteq X$를 컴팩트 집합, C를 정의역이 S이고 공역이 $\mathbb{R}^m$인 연속인 함수들의 집합이라 하자. $B \subseteq C$가 컴팩트 집합일 필요 충분 조건은 B가 동등 연속이고, 유계이고, 닫힌 집합이다.

증명 $(\Rightarrow)$ $f \in C$라 하자. 그러면 $f : S \to \mathbb{R}^m$는 연속 함수이다. $h : X \to \mathbb{R}$를 $h(x) = \|f(x)\|$로 정의된 함수라 하고 $g : Y \to \mathbb{R}$를 $g(x) = \|x\|$로 정의된 함수라 하자. 그러면 g는 연속이고 $h = g \circ f$이다. 정리 6.2.4에 의하여 h는 연속 함수이다. S가 컴팩트 집합이므로 정리 6.2.11에 의하여 $\{\|f(x)\| : x \in S\}$는 유계 집합이다. 즉, 모든 $f \in C$는 유계 함수이다. $B \subseteq C$이므로 B는 유계이다. 정리 9.1.10에 의하여 C가 놈 공간이다. 놈이 거리를 만들므로 놈 공간인 C가 거리 공간이 된다. $B \subseteq C$가 컴팩트 집합이므로 B가 닫힌 집합이다.

$\epsilon > 0$이 주어졌다 하자. B가 컴팩트 집합이고

$$B \subseteq \bigcup_{f \in B} B(f, \frac{\epsilon}{3}) = \bigcup_{f \in B} \{h \in C : \|h - f\|_* = \sup_{x \in S} \|h(x) - f(x)\| < \frac{\epsilon}{3}\}$$

이므로

$$B \subseteq B(f_1, \frac{\epsilon}{3}) \cup B(f_2 . \frac{\epsilon}{3}) \cup \cdots \cup B(f_k, \frac{\epsilon}{3})$$

를 만족하는 $f_1, f_2, \ldots, f_k \in B$가 존재한다. $B \subseteq C$이고 S가 컴팩트 집합이므로 정리 6.3.2에 의하여 각 $f_1, f_2, \ldots, f_k$는 균등 연속이다. 그러므로 각각

의 $i = 1, 2, \ldots, k$에 대하여

$$(x, y \in S \ \wedge \ d(x, y) < \delta_i) \Rightarrow \|f_i(x) - f_i(y)\| < \frac{\epsilon}{3}$$

을 만족하는 $\delta_i > 0$가 존재한다. $\delta = \min(\delta_1, \delta_2, \ldots, \delta_k) > 0$이라 하자. 그러면 $i = 1, 2, \ldots, k$에 대하여

$$(x, y \in S \ \wedge \ d(x, y) < \delta) \Rightarrow \|f_i(x) - f_i(y)\| < \frac{\epsilon}{3}$$

이다. 즉, $\{f_1, f_2, \ldots, f_k\}$가 S에서 동등 연속이다.

$g \in B$라 하자. 그러면

$$B \subseteq B(f_1, \frac{\epsilon}{3}) \cup B(f_2, \frac{\epsilon}{3}) \cup \cdots \cup B(f_k, \frac{\epsilon}{3})$$

이므로 $g \in B(f_j, \frac{\epsilon}{3})$를 만족하는 j가 존재한다. 즉,

$$\|g - f_j\|_* = \sup_{x \in S} \|g(x) - f_j(x)\| < \frac{\epsilon}{3}$$

이다. 그러므로 임의의 $\epsilon > 0$에 대하여

$$\begin{aligned}(x, y \in S \ \wedge \ d(x, y) < \delta) \Rightarrow \|g(x) - g(y)\| & \\ &\le \|g(x) - f_j(x)\| + \|f_j(x) - f_j(y)\| + \|f_j(y) - g(y)\| \\ &< \frac{\epsilon}{3} + \frac{\epsilon}{3} + \frac{\epsilon}{3} = \epsilon\end{aligned}$$

을 만족하는 $\delta > 0$가 존재한다. 따라서 B가 동등 연속이다.

$(\Leftarrow)$ B가 유계이므로 모든 $f \in B$에 대하여 $\|f\| < M < \infty$이다. 즉, 모든 $f \in B$에 대하여 $\sup_{x \in S} \|f(x)\| < M$이다. 그러므로 모든 $f \in B$에 대하여

$\{f(x) : f \in B\} \subseteq \mathbb{R}^m$가 유계 집합이다. 즉, B가 포인트와이즈 유계이다. B가 동등 연속이므로 정리 9.2.5에 의하여 B에 있는 모든 수열 f_n은 S에서 균등 수렴하는 부분 수열 f_{n_k}을 갖는다. B가 닫힌 집합이므로 f_{n_k}은 B내의 함수로 수렴한다. 그러므로 B가 수열 컴팩트 집합이다. $B \subseteq C$이고 C가 거리 공간이므로 B는 컴팩트 집합이다.

정의 9.2.7 (X, d)와 (Y, ρ)를 거리 공간이라 하자. C를 정의역이 $S \subseteq X$이고 공역이 Y인 모든 연속인 함수들의 집합이라 하자. $B \subseteq C$라 하고

$$B_x = \{f(x) : f \in B\}$$

라 하자. 모든 $x \in S$에 대하여 $B_x \subseteq Y$가 컴팩트 집합이면 B를 **포인트와이즈 컴팩트(pointwise compact)** 집합이라 한다.

정리 9.2.8은 정리 9.2.6의 $\mathbb{R}^n$ 공간을 거리 공간으로 확장한 아젤라-아스콜리 정리이다.

정리 9.2.8 (X, d)를 거리 공간, $(Y, \|\cdot\|)$를 놈 공간, $S \subseteq X$를 컴팩트 집합이라 하자. C를 정의역이 S이고 공역이 Y인 연속인 함수들의 집합이라 하자. $B \subseteq C$가 컴팩트 집합일 필요 충분 조건은 B가 닫히고, 동등 연속이고, 포인트와이즈 컴팩트 집합이다.

증명 학부 과정을 넘으므로 생략한다.

예제 9.2.1 : $f_n : [0,1] \to \mathbb{R}$을 동등 연속인 함수들의 수열이라 하고 f_n이 $[0,1]$에서 수렴한다고 하자. f_n이 $[0,1]$에서 균등 수렴하는 것을 증명하라.

풀이 : $\epsilon > 0$이 주어졌다 하자. $\{f_n\}$이 동등 연속이므로 모든 $n \in \mathbb{N}$에 대하여

$$(x, y \in [0,1] \ \wedge \ |x-y| < \delta) \Rightarrow |f_n(x) - f_n(y)| < \frac{\epsilon}{3}$$

을 만족하는 $\delta > 0$가 존재한다. f_n이 수렴하므로

$$n, m \geq K \Rightarrow |f_n(y) - f_m(y)| < \frac{\epsilon}{3}$$

를 만족하는 양의 정수 K가 존재한다.

$$|x-y| < \delta$$

이므로

$$\begin{aligned}(n, m \geq K \ \wedge \ x \in [0,1]) \Rightarrow |f_n(x) - f_m(x)| & \\ &\leq |f_n(x) - f_n(y)| + |f_n(y) - f_m(y)| + |f_m(y) - f_m(x)| \\ &< \frac{\epsilon}{3} + \frac{\epsilon}{3} + \frac{\epsilon}{3} = \epsilon\end{aligned}$$

을 만족하는 양의 정수 K가 존재한다. 즉, $f_n(x) \in \mathbb{R}$가 균등 코시 수열이다. $\mathbb{R}$이 완비 공간이므로 f_n은 균등 수렴한다.

다음 예제 9.2.2에서는 정의역이 컴팩트 집합인 함수 공간 C에 있는 함수의 수열이 포인트와이즈 유계이고 동등 연속이면 균등 유계인 것을 증명한다.

예제 9.2.2 (X, d)를 거리 공간, $S \subseteq X$를 컴팩트 집합, C를 정의역이 S이고 공역이 $\mathbb{R}^m$인 연속인 함수들의 집합이라 하자. 수열 $f_n \in C$이 포인트와이즈 유계이고 동등 연속이면 수열 f_n이 균등 유계임을 증명하라.

풀이 : $\epsilon > 0$이 주어졌다 하자. f_n이 동등 연속(equicontinuous)이므로 모든 n에 대하여

$$(x, y \in S \ \wedge \ d(x, y) < \delta) \Rightarrow \|f_n(x) - f_n(y)\| < \epsilon$$

를 만족하는 $\delta > 0$가 존재한다. $S \subseteq \bigcup_{u \in S} B(u, \delta)$이고 S가 컴팩트 집합이므로

$$S \subseteq B(u_1, \delta) \cup B(u_2, \delta) \cup \cdots \cup B(u_r, \delta)$$

를 만족하는 $u_1, u_2, \ldots, u_r \in S$이 존재한다. $x \in S$라 하자. 그러면 $x \in B(u_j, \delta)$를 만족하는 u_j가 존재한다. 즉, $d(x, u_j) < \delta$를 만족하는 u_j가 존재한다. 수열 f_n이 포인트와이즈 유계이므로 모든 n에 대하여 $\|f_n(u_j)\| < M_j$를 만족하는 M_j가 존재한다. $M = \max(M_1, M_2, \ldots, M_r)$라 하자.

$d(x, u_j) < \delta$이므로 모든 $x \in S$와 모든 n에 대하여

$$\|f_n(x)\| - \|f_n(u_j)\| \leq \|f_n(x) - f_n(u_j)\| < \epsilon$$

이다. 그러므로 모든 $x \in S$와 모든 n에 대하여

$$\|f_n(x)\| < \|f_n(u_j)\| + \|f_n(x) - f_n(u_j)\| < M + \epsilon$$

이다.

예제 9.2.3 : C를 정의역이 $[1,2] \subseteq \mathbb{R}$이고 공역이 $\mathbb{R}$인 연속인 함수들의 집합이라 하자. $H : C \to \mathbb{R}$를 $H(f) = \int_1^2 f(x)\, dx$로 정의된 함수라 하자. 그러면 H가 C에서 연속임을 보여라.

풀이: $[1,2]$가 컴팩트 집합이므로 모든 $f \in C$는 유계 함수이다. f_n을 C에 있는 수열로서 $f_n \to f$라 하자. 정리 9.1.9에 의하여 f_n이 $[1,2]$에서 f로 균등 수렴한다. 정리 8.3.1에 의하여

$$\lim_{n\to\infty} \int_1^2 f_n(x)\, dx = \int_1^2 f(x)\, dx$$

이다. 즉, $\lim_{n\to\infty} H(f_n) = H(f)$이다. 그러므로 H가 C에서 연속이다.

정리 9.2.9 (스톤-바이어슈트라스 정리 (Stone-Weierstrass theorem)) (X,d)를 거리 공간이라 하고 $S \subseteq X$를 컴팩트 집합이라 하자. C를 정의역이 S이고 공역이 $\mathbb{R}$인 연속인 함수들의 집합이라 하자. $B \subseteq C$가 다음의 세 조건을 만족한다고 하자.

(1) 임의의 $f, g \in B$와 임의의 $k \in \mathbb{R}$에 대하여 $f+g \in B$, $fg \in B$, $kf \in B$을 만족한다.

(2) $h(x) = 1$로 정의된 상수 함수 $h : S \to \mathbb{R}$가 B에 속한다.

(3) 임의의 $x \neq y$인 $x, y \in S$에 대하여 $h(x) \neq h(y)$를 만족하는 함수 $h : S \to \mathbb{R}$가 B에 존재한다.

그러면 $\overline{B} = C$이다.

증명 증명은 학부 과정을 넘으므로 생략한다.

스톤-바이어슈트라스 정리를 증명하는 대신에 스톤-바이어슈트라스 정리의 간략형인 정리 9.2.10를 증명한다. 정리 9.2.10에서 주어진 연속 함수를 근사(approximation)하는 다항식을 번슈타인 다항식(Bernstein polynomial)이라 한다.

정리 9.2.10 $f : [0,1] \to \mathbb{R}$를 연속인 함수라 하자. $\epsilon > 0$이 주어졌다 하자. 그러면 $\|p - f\| < \epsilon$을 만족하는 다항식(polynomial) $p(x)$가 존재한다. 즉,

$$p_n(x) = \sum_{k=0}^{n} \binom{n}{k} f\left(\frac{k}{n}\right) x^k (1-x)^{n-k}$$

가 f로 균등 수렴한다. 여기서

$$\binom{n}{k} = \frac{n!}{k!\,(n-k)!}$$

이다.

증명

$$(x+y)^n = \sum_{k=0}^{n} \binom{n}{k} x^k y^{n-k}$$

에 $y = 1 - x$를 대입하면

$$(x+1-x)^n = \sum_{k=0}^{n} \binom{n}{k} x^k (1-x)^{n-k}$$

이다. 즉,

$$1 = \sum_{k=0}^{n} \binom{n}{k} x^k (1-x)^{n-k}$$

이다. 이 식을 x에 대하여 미분하면

$$0 = \sum_{k=0}^{n} \binom{n}{k} \{k x^{k-1} (1-x)^{n-k} - (n-k) x^k (1-x)^{n-k-1}\}$$

$$= \sum_{k=0}^{n} \binom{n}{k} x^{k-1}(1-x)^{n-k-1}(k-nx)$$

이다. 위 식에 $x(1-x)$를 곱하면

$$0 = \sum_{k=0}^{n} \binom{n}{k} x^{k}(1-x)^{n-k}(k-nx)$$

이다. 이 식을 x에 대하여 미분하면

$$0 = \sum_{k=0}^{n} \binom{n}{k} \{kx^{k-1}(1-x)^{n-k}(k-nx) - x^{k}(n-k)(1-x)^{n-k-1}(k-nx)$$

$$+x^{k}(1-x)^{n-k}(-n)\} = \sum_{k=0}^{n} \binom{n}{k} \{x^{k-1}(1-x)^{n-k-1}(k-nx)^2 - nx^{k}(1-x)^{n-k}\}$$

이다. 그러므로

$$n = \sum_{k=0}^{n} \binom{n}{k} nx^{k}(1-x)^{n-k} = \sum_{k=0}^{n} \binom{n}{k} x^{k-1}(1-x)^{n-k-1}(k-nx)^2$$

이다. 위 식에 $x(1-x)$를 곱하면

$$nx(1-x) = \sum_{k=0}^{n} \binom{n}{k} x^{k}(1-x)^{n-k}(k-nx)^2$$

이다.

$$w_k(x) = \binom{n}{k} x^{k}(1-x)^{n-k}$$

라 하자. 그러면

$$nx(1-x) = \sum_{k=0}^{n} w_k(x)(k-nx)^2$$

이다. f가 $[0,1]$에서 균등 연속이므로 임의의 $\epsilon > 0$에 대하여

$$|x-y| < \delta \Rightarrow |f(x)-f(y)| < \frac{\epsilon}{2}$$

를 만족하는 $\delta > 0$가 존재한다.

$$P_n(x) = \sum_{k=0}^{n} f\left(\frac{k}{n}\right) w_k(x)$$

라 하자.

$$|f(x)-P_n(x)| = \left|f(x) - \sum_{k=0}^{n} f\left(\frac{k}{n}\right) w_k(x)\right| = \left|\sum_{k=0}^{n} f(x)w_k(x) - \sum_{k=0}^{n} f\left(\frac{k}{n}\right) w_k(x)\right|$$

$$= \left|\sum_{k=0}^{n} \left(f(x) - f\left(\frac{k}{n}\right)\right) w_k(x)\right|$$

$|k - nx| < \delta n$인 경우

$$\left|x - \frac{k}{n}\right| < \delta \Rightarrow \left|f(x) - f(\frac{k}{n})\right| < \frac{\epsilon}{2}$$

이다. 따라서

$$|f(x) - P_n(x)| = \left|\sum_{k=0}^{n}(f(x) - f(\frac{k}{n}))w_k(x)\right| \leq \sum_{k=0}^{n} \left|f(x) - f(\frac{k}{n})\right| \; |w_k(x)|$$

$$< \sum_{k=0}^{n} \frac{\epsilon}{2}|w_k(x)| = \sum_{k=0}^{n} \frac{\epsilon}{2} w_k(x) = \frac{\epsilon}{2}$$

이다.

$|k - nx| \geq \delta n$인 경우

$\frac{(k-nx)^2}{\delta^2 n^2} \geq 1$이고 $nx(1-x) = \sum_{k=0}^{n} w_k(x)(k-nx)^2$이므로

$$|f(x) - P_n(x)| = \left|\sum_{k=0}^{n}(f(x) - f(\frac{k}{n}))w_k(x)\right| \leq 2M \sum_{k=0}^{n} w_k(x)$$

$$\leq 2M \sum_{k=0}^{n} \frac{(k-nx)^2}{\delta^2 n^2} w_k(x) = \frac{2M}{\delta^2 n^2} nx(1-x) \leq \frac{2M}{\delta^2 n^2} n \frac{1}{4} = \frac{M}{2\delta^2 n}$$

이다.

그러므로

$$|f(x) - P_n(x)| < \frac{\epsilon}{2} + \frac{M}{2\delta^2 n}$$

이다. 즉, 임의의 $\epsilon > 0$에 대하여

$$n \geq N \Rightarrow |f(x) - P_n(x)| < \frac{\epsilon}{2} + \frac{\epsilon}{2} = \epsilon$$

을 만족하는 양의 정수

$$N > \frac{M}{\epsilon\delta^2}$$

가 존재한다.

정리 9.2.10을 스톤-바이어슈트라스 정리를 써서 증명하면 다음과 같다. $S = [0, 1]$, C를 정의역이 [0,1]이고 공역이 $\mathbb{R}$인 연속인 함수들의 집합, B를 [0,1]에 정의되는 다항식들의 집합이라 하자. 그러면

(1) 임의의 $f, g \in B$와 $k \in \mathbb{R}$에 대하여 $f + g \in B$, $fg \in B$, $kf \in B$이고,

(2) $h(x) = 1$로 정의된 함수 $h : [0, 1] \to \mathbb{R}$가 다항식이므로 $h \in B$이고,

(3) $x \neq y$인 임의의 $x, y \in [0, 1]$에 대하여 $h(x) \neq h(y)$를 만족하는

$h(x) = x$로 정의되는 함수 $h : [0, 1] \to \mathbb{R}$가 다항식이므로 $h \in B$이다.

그러므로 스톤-바이어슈트라스 정리에 의하여 $\overline{B} = C$이다. 즉, 임의의 $\epsilon > 0$이 주어졌을 때 모든 연속 함수 $f : [0, 1] \to \mathbb{R}$에 대하여 $\|f - p\| < \epsilon$을 만족하는 다항식 $p(x)$가 존재한다. 따라서 정리 9.2.10는 스톤-바이어슈트라스 정리의 특별한 경우라는 것을 알 수 있다.

연습 문제 9.2

1. $C([0,1],\mathbb{R})$을 정의역이 $[0,1] \subseteq \mathbb{R}$이고 공역이 $\mathbb{R}$인 연속인 함수들의 집합이라 하자. $f_n : [0,1] \to \mathbb{R}$을 $f_n \in C([0,1],\mathbb{R})$ 인 함수들의 수열로 균등 수렴한다고 하자. f_n이 $[0,1]$에서 동등 연속(equicontinuous)인 것을 증명하라.

2. $f_n : [1,2] \to \mathbb{R}$을 연속인 함수들의 수열이고 모든 양의 정수 n과 모든 $x \in [1,2]$에 대하여 $|f_n(x)| \leq M_1$이라 하자. f_n'가 존재하고 모든 양의 정수 n과 모든 $x \in [1,2]$에 대하여 $|f_n'(x)| \leq M_2$이라 하자. 그러면 f_n이 균등 수렴하는 부분 수열을 갖는다는 것을 보여라.

3. $f_n : [a,b] \to \mathbb{R}$을 균등 유계(uniformly bounded)인 함수들의 수열이라 하자. $a \leq x \leq b$일 때

$$A_n(x) = \int_a^x f_n(t)dt$$

라 하자. A_n이 균등수렴하는 부분 수열을 갖고 있음을 증명하라.

4. $C([0,1],\mathbb{R})$을 정의역이 $[0,1] \subseteq \mathbb{R}$이고 공역이 $\mathbb{R}$인 연속인 함수들의 집합이라 하자. $S \subseteq C([0,1],\mathbb{R})$가 동등 연속이고 유계인 닫힌 집합이라 하자. $H : C([0,1],\mathbb{R}) \to \mathbb{R}$를

$$H(f) = \int_0^1 f(x)dx$$

로 정의된 함수라 하자. $H(S)$가 $\mathbb{R}$에서 닫힌 집합임을 증명하라.

5. 모든 $x \in [0, \pi]$에 대하여

$$|(\cos x + e^x) - p(x)| < \frac{1}{1000}$$

를 만족하는 다항식 $p(x)$가 존재 함을 증명하여라.

6. $f : [0,1] \to \mathbb{R}$가 연속인 함수이고 $n = 0, 1, 2, \ldots$에 대하여

$$\int_0^1 f(x)x^n dx = 0$$

이라 할 때 모든 $x \in [0,1]$에 대하여 $f(x) = 0$임을 증명하라.

제 10 장

미분 (Differentiation)

10장 에서는 다변수 함수의 미분을 정의하고, 미분 가능한 함수의 연속성, 미분 가능한 함수가 되기 위한 충분 조건, 연쇄법칙, 곱 법칙, 평균값 정리, 리얼 어낼리틱 함수, 역함수 정리 등을 다룬다.

제 10.1 절 미분의 정의

정의 10.1.1 $f : (a, b) \to \mathbb{R}$를 함수라 하자.

$$f'(p) = \lim_{h \to 0} \frac{f(p+h) - f(p)}{h}$$

가 존재하면 f가 $p \in (a, b)$에서 미분 가능하다(differentiable)고 한다.

$$f'(p) = \lim_{h \to 0} \frac{f(p+h) - f(p)}{h}$$

에서 $x = p + h$라 하면

$$\lim_{x \to p} \frac{f(x) - f(p)}{x - p} - f'(p) = 0$$

이다. 즉,

$$\lim_{x \to p} \frac{f(x) - f(p) - f'(p)(x - p)}{x - p} = 0$$

이 되면 f가 $p \in (a, b)$에서 미분 가능하다.

정의 10.1.2 $f : S \subseteq \mathbb{R}^n \to \mathbb{R}^m$를 함수라 하자.

$$\lim_{x \to p} \frac{\|f(x) - f(p) - Df(p)(x - p)\|}{\|x - p\|} = 0$$

을 만족하는 선형 함수(linear function) $Df(p) : \mathbb{R}^n \to \mathbb{R}^m$이 존재하면 f가 $p \in S$에서 **미분 가능하다(differentiable at p)**고 하고 $Df(p)$를 p에서 f의 **미계수(derivative)**라 한다. 즉, 임의의 $\epsilon > 0$에 대하여

$$(x \in S \ \wedge \ \|x - p\| < \delta) \Rightarrow \|f(x) - f(p) - Df(p)(x - p)\| \leq \epsilon \|x - p\|$$

을 만족하는 $\delta > 0$가 존재하면 f가 $p \in S$에서 미분 가능하다.

또한 위의 식에서 $x - p = h$라 하자. 그러면

$$f(p+h) - f(p) = Df(p)h + r(h)$$

와

$$\lim_{h \to 0} \frac{\|r(h)\|}{\|h\|} = 0$$

을 만족하는 선형 함수 $Df(p) : \mathbb{R}^n \to \mathbb{R}^m$이 존재하면 f가 $p \in S$에서 미분 가능하다.

다음 정리 10.1.3에서는 정의 10.1.2의 미계수의 정의를 정당화 시켜주는 미계수의 유일성을 증명한다.

정리 10.1.3 $S \subseteq \mathbb{R}^n$를 열린 집합이라 하고 $f : S \to \mathbb{R}^m$가 $p \in S$에서 미분 가능한 함수라 하자. 그러면 $Df(p)$가 f에 의하여 유일하게 결정된다.

증명 V와 W를 p에서 f의 미계수라 하자. 그러면

$$\lim_{x \to p} \frac{\|f(x) - f(p) - V(x-p)\|}{\|x-p\|} = 0, \quad \lim_{x \to p} \frac{\|f(x) - f(p) - W(x-p)\|}{\|x-p\|} = 0$$

이다. $u \in \mathbb{R}^n$라 하자. $k \in \mathbb{R}$에 대하여 $x = p + ku$라 하자. 그러면

$$\|V(u) - W(u)\| = \frac{\|V(x-p) - W(x-p)\|}{\|x-p\|} \|u\|$$

이다. S가 열린 집합이고 $p \in S$이므로 k가 충분히 적으면 $x \in S$이다.

$$\begin{aligned} \|V(u) - W(u)\| &= \frac{\|V(x-p) - W(x-p)\|}{\|x-p\|}\|u\| \\ &= \frac{\|f(x) - f(p) - W(x-p) + V(x-p) - (f(x) - f(p))\|}{\|x-p\|}\|u\| \end{aligned}$$

$$\le \frac{\|f(x)-f(p)-W(x-p)\|}{\|x-p\|}\|u\| + \frac{\|V(x-p)-(f(x)-f(p))\|}{\|x-p\|}\|u\|$$
$$= \frac{\|f(x)-f(p)-V(x-p)\|}{\|x-p\|}\|u\| + \frac{\|f(x)-f(p)-W(x-p)\|}{\|x-p\|}\|u\|$$

이다. 그러므로

$$\lim_{x\to p}\|V(u)-W(u)\| \le \lim_{x\to p}\frac{\|f(x)-f(p)-V(x-p)\|}{\|x-p\|}\|u\| + \lim_{x\to p}\frac{\|f(x)-f(p)-W(x-p)\|}{\|x-p\|}\|u\| = 0$$

이다. 따라서 $V(u)=W(u)$이다. 즉, 모든 $u\in\mathbb{R}^n$에 대하여 $V(u)=W(u)$이므로 $V=W$이다.

예제 10.1.1 : $f : S\subseteq\mathbb{R}^n\to\mathbb{R}^m$를 함수라 하자. 그러면

$f(x_1,\ldots,x_n) = (f_1(x_1,\ldots,x_n), f_2(x_1,\ldots,x_n),\ \ldots,\ f_m(x_1,\ldots,x_n))$

을 만족하는 함수 $f_1:\mathbb{R}^n\to\mathbb{R}$, $f_2:\mathbb{R}^n\to\mathbb{R}$, $\ldots$, $f_m:\mathbb{R}^n\to\mathbb{R}$이 존재한다. 예를들어 함수 $f:\mathbb{R}^3\to\mathbb{R}^2$를 $f(x_1,x_2,x_3)=(x_1-x_2,\ x_1x_2)$로 정의된 함수라 하면 $f_1(x_1,x_2,x_3)=x_1-x_2$, $f_2(x_1,x_2,x_3)=x_1x_2$이다.

정의 10.1.4 $f : S\subseteq\mathbb{R}^n\to\mathbb{R}^m$를 함수라 하고

$$f(x_1,\ldots,x_n) = (f_1(x_1,\ldots,x_n), f_2(x_1,\ldots,x_n),\ \ldots,\ f_m(x_1,\ldots,x_n))$$

라 하자. 그러면

$$\frac{\partial f_j}{\partial x_i}(x_1,\ldots,x_n) = \lim_{h\to 0}\frac{f_j(x_1,\ldots,x_i+h,\ldots,x_n)-f_j(x_1,\ldots,x_i,\ldots,x_n)}{h}$$

을 함수 f_j의 x_i에 대한 **편미분**이라 한다.

정리 10.1.5 $S \subseteq \mathbb{R}^n$를 열린 집합이라 하고 $f : S \to \mathbb{R}^m$가 미분 가능한 함수라 하자. 그러면 모든 편미분 $\frac{\partial f_j}{\partial x_i}$가 존재하고 선형 함수 $Df(x) : \mathbb{R}^n \to \mathbb{R}^m$의 $\mathbb{R}^n$과 $\mathbb{R}^m$의 표준 기저(standard basis)에 대한 행렬 표현은

$$\begin{pmatrix} \frac{\partial f_1}{\partial x_1} & \frac{\partial f_1}{\partial x_2} & \cdots & \frac{\partial f_1}{\partial x_n} \\ \frac{\partial f_2}{\partial x_1} & \frac{\partial f_2}{\partial x_2} & \cdots & \frac{\partial f_2}{\partial x_n} \\ \vdots & \vdots & \vdots & \vdots \\ \frac{\partial f_m}{\partial x_1} & \frac{\partial f_m}{\partial x_2} & \cdots & \frac{\partial f_m}{\partial x_n} \end{pmatrix}$$

이다. 여기서 각 편미분은 $x = (x_1, x_2, \ldots, x_n)$에서의 편미분이다.

증명 $f : S \to \mathbb{R}^m$가 미분 가능하므로 모든 $x \in S$에 대하여

$$\lim_{y \to x} \frac{\|f(y) - f(x) - Df(x)(y - x)\|}{\|y - x\|} = 0$$

을 만족하는 선형 함수(linear function) $Df(x) : \mathbb{R}^n \to \mathbb{R}^m$가 존재한다. $y - x = h$라 하자. 그러면

$$\lim_{h \to 0} \frac{\|f(x + h) - f(x) - Df(x)(h)\|}{\|h\|} = 0$$

을 만족하는 선형 함수(linear function) $Df(x) : \mathbb{R}^n \to \mathbb{R}^m$가 존재한다. $e_1, e_2, \ldots, e_n$을 $\mathbb{R}^n$의 표준 기저라 하고 $e_1, e_2, \ldots, e_m$을 $\mathbb{R}^m$의 표준 기저라 하자. $h = \alpha e_i$라 하면

$$\lim_{\alpha \to 0} \frac{\|f(x + \alpha e_i) - f(x) - Df(x)(\alpha e_i)\|}{|\alpha|} = 0$$

을 만족하는 선형 함수(linear function) $Df(x) : \mathbb{R}^n \to \mathbb{R}^m$가 존재한다. 그

러므로

$$\lim_{\alpha\to 0}\frac{f(x+\alpha e_i)-f(x)-\alpha Df(x)(e_i)}{\alpha}=0$$

을 만족하는 선형 함수(linear function) $Df(x):\mathbb{R}^n\to\mathbb{R}^m$가 존재한다. 즉,

$$\lim_{\alpha\to 0}\frac{f(x+\alpha e_i)-f(x)}{\alpha}=Df(x)e_i$$

이다. $f:S\subseteq\mathbb{R}^n\to\mathbb{R}^m$를

$$f(x_1,\ldots,x_n)=(f_1(x_1,\ldots,x_n),f_2(x_1,\ldots,x_n),\ \ldots,\ f_m(x_1,\ldots,x_n))$$

라 하자. 그러면

$$f(x_1,\ldots,x_n)=\sum_{k=1}^{m}f_k(x_1,\ldots,x_n)e_k$$

이다. 그러므로

$$\lim_{\alpha\to 0}\frac{\sum_{k=1}^{m}[f_k(x+\alpha e_i)-f_k(x)]e_k}{\alpha}=Df(x)e_i$$

을 만족하는 선형 함수(linear function) $Df(x):\mathbb{R}^n\to\mathbb{R}^m$가 존재한다. 즉,

$$\sum_{k=1}^{m}\lim_{\alpha\to 0}\frac{[f_k(x+\alpha e_i)-f_k(x)]e_k}{\alpha}=Df(x)e_i$$

이므로

$$\sum_{k=1}^{m}\lim_{\alpha\to 0}\frac{[f_k(x_1,x_2,\ldots,x_i+\alpha,\ldots,x_n)-f_k(x_1,x_2,\ldots,x_n)]e_k}{\alpha}=Df(x)e_i$$

을 만족하는 선형 함수(linear function) $Df(x):\mathbb{R}^n\to\mathbb{R}^m$가 존재한다. 따라서

$$\sum_{k=1}^{m}\left(\frac{\partial f_k}{\partial x_i}\right)e_k=Df(x)e_i$$

이다. 즉, $i = 1, 2, \ldots, n$에 대하여

$$Df(x)e_i = \begin{pmatrix} \frac{\partial f_1}{\partial x_i} \\ \frac{\partial f_2}{\partial x_i} \\ \vdots \\ \frac{\partial f_j}{\partial x_i} \\ \vdots \\ \frac{\partial f_m}{\partial x_i} \end{pmatrix}$$

이다. $Df(x)$가 존재하므로 $i = 1, 2, \ldots, n$과 $j = 1, 2, \ldots, m$에 대하여 $\frac{\partial f_j}{\partial x_i}$가 존재한다.

선형 함수 $Df(x)$의 행렬 표현을

$$\begin{pmatrix} a_{11} & a_{12} & \ldots & a_{1n} \\ a_{21} & a_{22} & \ldots & a_{2n} \\ \vdots & \vdots & \vdots & \vdots \\ a_{m1} & a_{m2} & \ldots & a_{mn} \end{pmatrix}$$

라고 하자. 그러면

$$Df(x)e_i = \begin{pmatrix} a_{11} & a_{12} & \ldots & a_{1i} & \ldots & a_{1n} \\ a_{21} & a_{22} & \ldots & a_{2i} & \ldots & a_{2n} \\ \vdots & \vdots & \vdots & \vdots & \vdots & \vdots \\ a_{j1} & a_{j2} & \ldots & a_{ji} & \ldots & a_{jn} \\ \vdots & \vdots & \vdots & \vdots & \vdots & \vdots \\ a_{m1} & a_{m2} & \ldots & a_{mi} & \ldots & a_{mn} \end{pmatrix} \begin{pmatrix} 0 \\ 0 \\ \vdots \\ 1 \\ \vdots \\ 0 \end{pmatrix} = \begin{pmatrix} a_{1i} \\ a_{2i} \\ \vdots \\ a_{ji} \\ \vdots \\ a_{mi} \end{pmatrix}$$

가 된다. 그러므로 $Df(x)$의 행렬 표현은

$$\begin{pmatrix} \frac{\partial f_1}{\partial x_1} & \frac{\partial f_1}{\partial x_2} & \cdots & \frac{\partial f_1}{\partial x_n} \\ \frac{\partial f_2}{\partial x_1} & \frac{\partial f_2}{\partial x_2} & \cdots & \frac{\partial f_2}{\partial x_n} \\ \vdots & \vdots & \vdots & \vdots \\ \frac{\partial f_m}{\partial x_1} & \frac{\partial f_m}{\partial x_2} & \cdots & \frac{\partial f_m}{\partial x_n} \end{pmatrix}$$

이다.

예제 10.1.2 : $S \subseteq \mathbb{R}^n$라 하자. $f : S \to \mathbb{R}^m$와 $h : S \to \mathbb{R}^m$를 S에서 미분 가능한 함수라 할 때 $D(f+h) = Df + Dh$를 증명하라.

증명 : $f : S \subseteq \mathbb{R}^n \to \mathbb{R}^m$가 미분 가능한 함수이므로 $p \in S$에 대하여

$$\lim_{x \to p} \frac{\|f(x) - f(p) - Df(p)(x-p)\|}{\|x-p\|} = 0$$

을 만족하는 선형 함수(linear function) $Df(p) : \mathbb{R}^n \to \mathbb{R}^m$이 존재한다. $h : S \subseteq \mathbb{R}^n \to \mathbb{R}^m$가 미분 가능한 함수이므로 $p \in S$에 대하여

$$\lim_{x \to p} \frac{\|h(x) - h(p) - Dh(p)(x-p)\|}{\|x-p\|} = 0$$

을 만족하는 선형 함수(linear function) $Dh(p) : \mathbb{R}^n \to \mathbb{R}^m$이 존재한다. 모든 $p \in S$에 대하여

$$\lim_{x \to p} \frac{\|(f+h)(x) - (f+h)(p) - [Df(p) + Dh(p)](x-p)\|}{\|x-p\|}$$

$$= \lim_{x \to p} \frac{\|[f(x) + h(x)] - [f(p) + h(p)] - [Df(p) + Dh(p)](x-p)\|}{\|x-p\|} \leq$$

$$\lim_{x \to p} \frac{\|f(x) - f(p) - Df(p)(x-p)\|}{\|x-p\|} + \lim_{x \to p} \frac{\|h(x) - h(p) - Dh(p)(x-p)\|}{\|x-p\|} = 0$$

을 만족하는 선형 함수(linear function) $Df(p) + Dh(p) : \mathbb{R}^n \to \mathbb{R}^m$이 존재한다. 미계수가 유일하므로 모든 $p \in S$에 대하여

$$D(f+h)(p) = Df(p) + Dh(p) = (Df + Dh)(p)$$

이다. 즉, $D(f+h) = Df + Dh$이다.

예제 10.1.3 :

$$\lim_{(x,y)\to(0,0)} \frac{x^2y}{x^2+y^2} = 0$$

을 증명하라.

풀이 :

$$\left|\frac{x^2y}{x^2+y^2}\right| \le \frac{|x^2y|}{|x^2|} = |y|$$

이다. $\epsilon > 0$이 주어졌다 하자.

$$\|(x,y)-(0,0)\| = \sqrt{x^2+y^2} < \delta \Rightarrow \left|\frac{x^2y}{x^2+y^2} - 0\right| \le |y| < \delta = \epsilon$$

을 만족하는 $\delta = \epsilon > 0$이 존재한다.

연습 문제 10.1

1. $f : \mathbb{R}^3 \to \mathbb{R}$를 $f(x,y,z) = x^2y + x - y + z^2$로 정의된 함수라 하자.

   Df를 구하여라.

2. $f : \mathbb{R}^2 \to \mathbb{R}^3$를 $f(x,y) = (x^2y, x-y, x-y^2+y)$로 정의된 함수라 하자.

   $Df(x)$의 행렬 표현을 구하여라.

3. $f : \mathbb{R}^3 \to \mathbb{R}$를 $f(x,y,z) = x^2y + yz - xz^2$로 정의된 함수라 하자.

$$\frac{\partial f}{\partial x}, \frac{\partial f}{\partial y}, \frac{\partial f}{\partial z}$$

   를 구하여라.

4. $f : \mathbb{R}^n \to \mathbb{R}^m$를 함수라 하고 모든 $x \in \mathbb{R}^n$에 대하여 $\|f(x)\| \le K\|x\|^3$를 만족하는 K가 존재한다고 할 때 f가 0에서 미분 가능하고 $Df(0) = 0$임을 증명하라.

제 10.2 절 미분 가능한 함수의 성질

정리 10.2.1 $f : \mathbb{R}^n \to \mathbb{R}^m$를 미분 가능한 선형 함수(linear map)라 하자. 그러면 $Df(x) = f$ 이다.

증명 $x \in \mathbb{R}^n$이라 하자. f가 미분 가능하므로

$$\lim_{y \to x} \frac{\|f(y) - f(x) - Df(x)(y - x)\|}{\|y - x\|} = 0$$

이다. f가 선형 함수이므로

$$\lim_{y \to x} \frac{\|f(y - x) - Df(x)(y - x)\|}{\|y - x\|} = 0$$

이다. $Df(x) = f$이면

$$\|f(y - x) - Df(x)(y - x)\| = 0$$

이 되어

$$\lim_{y \to x} \frac{\|f(y - x) - Df(x)(y - x)\|}{\|y - x\|} = 0$$

이다. 정리 10.1.3에 의하여 $Df(x)$가 유일하므로 $Df(x) = f$이다.

정리 10.2.2 $f : \mathbb{R}^n \to \mathbb{R}^m$를 선형 함수라 하자. 그러면 f가 연속이다. 즉,

$$\|f(x) - f(p)\| \le K\|x - p\|$$

를 만족하는 K가 존재한다.

증명 $\{e_1, e_2, \ldots, e_n\}$을 $\mathbb{R}^n$의 표준 기저라 하고

$$M = \sup\{\|f(e_1)\|, \|f(e_2)\|, \ldots, \|f(e_n)\|\}$$

라 하자. $x = (x_1, x_2, \ldots, x_n) \in \mathbb{R}^n$라 하면

$$x = x_1e_1 + x_2e_2 + \cdots + x_ne_n$$

이다.

$$\|f(x)\| = \|f(x_1e_1 + x_2e_2 + \cdots + x_ne_n)\| = \|x_1f(e_1) + x_2f(e_2) + \cdots + x_nf(e_n)\|$$

$$\le |x_1|\ \|f(e_1)\| + |x_2|\ \|f(e_2)\| + \cdots + |x_n|\ \|f(e_n)\|$$

$$\le M(|x_1| + |x_2| + \cdots + |x_n|) \le nM\|x\| = K\|x\|$$

그러므로

$$\|f(x) - f(p)\| = \|f(x - p)\| \le K\|x - p\|$$

이다. $\epsilon > 0$이 주어졌다 하자. 그러면

$$\|x - p\| < \delta \Rightarrow \|f(x) - f(p)\| \le K\|x - p\| < \epsilon$$

을 만족하는 $\delta = \frac{\epsilon}{K}$이 존재한다. 그러므로 f는 연속이다.

정리 10.2.3 $S \subseteq \mathbb{R}^n$를 열린 집합이라 하고 $f : S \to \mathbb{R}^m$가 미분 가능한 함수라 하자. 그러면 f가 연속이다.

증명 $p \in S$라 하자. f가 미분 가능하므로 $\epsilon = 1$에 대하여

$$\|x - p\| < \delta_1 \Rightarrow \|f(x) - f(p) - Df(p)(x - p)\| \leq \|x - p\|$$

를 만족하는 $\delta_1 > 0$이 존재한다.

$$\|f(x) - f(p)\| - \|Df(p)(x - p)\| \leq \|f(x) - f(p) - Df(p)(x - p)\|$$

이므로

$$\|x - p\| < \delta_1 \Rightarrow \|f(x) - f(p)\| - \|Df(p)(x - p)\| \leq \|x - p\|$$

를 만족하는 $\delta_1 > 0$이 존재한다. $\epsilon > 0$이 주어졌다 하자. $Df(p)$가 선형 함수이므로 정리 10.2.2에 의하여 $\|Df(p)(x - p)\| \leq K\|x - p\|$를 만족하는 K가 존재한다. 그러므로

$$\|x - p\| < \delta_2 \Rightarrow \|Df(p)(x - p)\| + \|x - p\| \leq (K + 1)\|x - p\| < \epsilon$$

를 만족하는 $\delta_2 = \frac{\epsilon}{K+1} > 0$가 존재한다. $\delta = \min(\delta_1, \delta_2)$라 하자. 그러면

$$\|x - p\| < \delta \Rightarrow \|f(x) - f(p)\| \leq (K + 1)\|x - p\| < (K + 1)\delta < \epsilon$$

를 만족하는 $\delta > 0$가 존재한다.

다변수 함수가 주어졌을 때 정의 10.1.2에 의하여 미분 가능한지 또는 아닌지 판별하기는 쉽지 않다. 다음의 정리 10.2.4는 주어진 다변수 함수의 미분 가능성을 쉽게 판별하게 해주는 중요 정리이다.

정리 10.2.4 $S \subseteq \mathbb{R}^n$를 열린 집합이라 하고 $f : S \to \mathbb{R}^m$를 함수라 하자. $f = (f_1, f_2, \ldots, f_m)$이라 하자. 각 $\frac{\partial f_j}{\partial x_i}$이 S에서 존재하고 연속이면 f는 S에서 미분 가능이다.

증명 $f = (f_1, f_2, \ldots, f_m)$이고 $f : S \to \mathbb{R}^m$이므로 각 $j = 1, 2, \ldots, m$에 대하여 $f_j : S \to \mathbb{R}$이다. $x \in S$라 하자. $\epsilon > 0$이 주어졌다 하자. 각 $\frac{\partial f_j}{\partial x_i}$가 연속이므로

$$\|t - x\| < \delta_i \Rightarrow \left|\frac{\partial f_j}{\partial x_i}(t) - \frac{\partial f_j}{\partial x_i}(x)\right| < \frac{\epsilon}{n\sqrt{m}}$$

을 만족하는 $\delta_i > 0$가 존재한다. $\delta = \min(\delta_1, \delta_2, \ldots, \delta_n)$라 하자. 그러면 모든 $i = 1, 2, \ldots, n$에 대하여

$$\|t - x\| < \delta \Rightarrow \left|\frac{\partial f_j}{\partial x_i}(t) - \frac{\partial f_j}{\partial x_i}(x)\right| < \frac{\epsilon}{n\sqrt{m}}$$

이다. $S \subseteq \mathbb{R}^n$이 열린 집합이므로 $B(x, r) \subseteq S$을 만족하는 $r > 0$이 존재한다. $y \in B(x, r)$이라 하자.

$$f_j(y) - f_j(x) = f_j(y_1, y_2, \ldots, y_n) - f_j(x_1, y_2, \ldots, y_n) + f_j(x_1, y_2, \ldots, y_n)$$

$$-f_j(x_1, x_2, y_3, \ldots, y_n) + \cdots + f_j(x_1, x_2, \ldots, x_{n-1}, y_n) - f_j(x_1, x_2, \ldots, x_n)$$

이다. $h : \mathbb{R} \to \mathbb{R}$를 $h(z) = f_j(x_1, x_2, \ldots, x_{i-1}, z, y_{i+1}, \ldots, y_n)$로 정의된 함수라 하자. 그러면

$$f_j(x_1, \ldots, x_{i-1}, y_i, \ldots, y_n) - f_j(x_1, \ldots, x_{i-1}, x_i, y_{i+1}, \ldots, y_n) = h(y_i) - h(x_i)$$

이다. $h' = \frac{\partial f_j}{\partial x_i}$가 존재하므로 평균값 정리에 의하여

$$h(y_i) - h(x_i) = h'(c_i)(y_i - x_i) = \frac{\partial f_j}{\partial x_i}(x_1, \ldots, x_{i-1}, c_i, y_{i+1}, \ldots, y_n)(y_i - x_i)$$

를 만족하는 c_i가 y_i와 x_i 사이에 존재한다.

$\alpha_i = (x_1, \ldots, x_{i-1}, c_i, y_{i+1}, \ldots, y_n)$라 하자. 그러면 $i = 1, 2, \ldots, n$에 대하여

$$f_j(x_1, \ldots, x_{i-1}, y_i, \ldots, y_n) - f_j(x_1, \ldots, x_{i-1}, x_i, y_{i+1}, \ldots, y_n) = \frac{\partial f_j}{\partial x_i}(\alpha_i)(y_i - x_i)$$

를 만족하는 α_i가 $(x_1, \ldots, x_{i-1}, y_i, \ldots, y_n)$와 $(x_1, \ldots, x_{i-1}, x_i, y_{i+1}, \ldots, y_n)$ 사이에 존재한다. $\|\alpha_i - x\| \leq \|y - x\| < r$이므로 $\alpha_i \in B(x, r) \subseteq S$이다. 그러므로

$$\begin{aligned} f_j(y) - f_j(x) &= \left[\frac{\partial f_j}{\partial x_1}(\alpha_1)\right] \cdot (y_1 - x_1) + \left[\frac{\partial f_j}{\partial x_2}(\alpha_2)\right] \cdot (y_2 - x_2) \\ &\quad + \cdots + \left[\frac{\partial f_j}{\partial x_n}(\alpha_n)\right] \cdot (y_n - x_n) \end{aligned}$$

이다. 또한

$$Df_j(x)(y - x) = \left[\frac{\partial f_j}{\partial x_1}, \ldots, \frac{\partial f_j}{\partial x_n}\right] \begin{pmatrix} y_1 - x_1 \\ \vdots \\ y_n - x_n \end{pmatrix} = \sum_{i=1}^{n} \frac{\partial f_j}{\partial x_i}(x_1, \ldots, x_n)(y_i - x_i)$$

이다. 그러므로

$$\begin{aligned} &\|f_j(y) - f_j(x) - Df_j(x)(y - x)\| \\ &\leq \left| \left[\frac{\partial f_j}{\partial x_1}(\alpha_1)\right] \cdot (y_1 - x_1) - \left[\frac{\partial f_j}{\partial x_1}(x)\right] \cdot (y_1 - x_1) \right| \\ &+ \left| \left[\frac{\partial f_j}{\partial x_2}(\alpha_2)\right] \cdot (y_2 - x_2) - \left[\frac{\partial f_j}{\partial x_2}(x)\right] \cdot (y_2 - x_2) \right| \end{aligned}$$

$$+\cdots\cdots\cdots\cdots\cdots\cdots\cdots\cdots\cdots\cdots\cdots\cdots$$

$$+\left|\left[\frac{\partial f_j}{\partial x_n}(\alpha_n)\right]\cdot(y_n-x_n)-\left[\frac{\partial f_j}{\partial x_n}(x)\right]\cdot(y_n-x_n)\right|$$

$$\le\left\{\left|\frac{\partial f_j}{\partial x_1}(\alpha_1)-\frac{\partial f_j}{\partial x_1}(x)\right|+\cdots+\left|\frac{\partial f_j}{\partial x_n}(\alpha_n)-\frac{\partial f_j}{\partial x_n}(x)\right|\right\}\|y-x\|$$

이다. 모든 $i=1,2,\ldots,n$에 대하여

$$\|\alpha_i-x\|<\delta\Rightarrow\left|\frac{\partial f_j}{\partial x_i}(\alpha_i)-\frac{\partial f_j}{\partial x_i}(x)\right|<\frac{\epsilon}{n\sqrt{m}}$$

을 만족하는 $\delta>0$가 존재한다. $\|\alpha_i-x\|<\|y-x\|$이므로

모든 $i=1,2,\ldots,n$에 대하여

$$\|y-x\|<\delta\Rightarrow\left|\frac{\partial f_j}{\partial x_i}(\alpha_i)-\frac{\partial f_j}{\partial x_i}(x)\right|<\frac{\epsilon}{n\sqrt{m}}$$

을 만족하는 $\delta>0$가 존재한다. 따라서

$$\|y-x\|<\delta\Rightarrow|f_j(y)-f_j(x)-Df_j(x)(y-x)|<\frac{\epsilon}{\sqrt{m}}\|y-x\|$$

를 만족하는 $\delta>0$가 존재한다. 그러므로 f_j가 미분 가능하다.

$$Df(x)(y-x)=(Df_1(x)(y-x),Df_2(x)(y-x),\ldots,Df_m(x)(y-x))$$

이므로

$$f(y)-f(x)-Df(x)(y-x)$$

$$=(f_1(y)-f_1(x)-Df_1(x)(y-x),\ \ldots,\ f_m(y)-f_m(x)-Df_m(x)(y-x))$$

이다. 그러므로

$$\|y-x\|<\delta\Rightarrow\|f(y)-f(x)-Df(x)(y-x)\|$$

$$= \sqrt{(f_1(y) - f_1(x) - Df_1(x)(y-x))^2 + \cdots + (f_m(y) - f_m(x) - Df_m(x)(y-x))^2}$$

$$= \sqrt{\frac{\epsilon^2\|y-x\|^2}{m} + \cdots + \frac{\epsilon^2\|y-x\|^2}{m}} < \epsilon\|y-x\|$$

를 만족하는 $\delta > 0$가 존재한다. 즉, f가 x에서 미분 가능하다.

예제 10.2.1 : $f : \mathbb{R}^2 \to \mathbb{R}$를 다음과 같이 정의된 함수라 하자.

$$f(x,y) = \frac{\sin x + e^y}{x^2 + y^2}$$

f가 $(0,0)$을 제외한 모든 점에서 미분 가능 함을 보여라.

풀이:

$$\frac{\partial f}{\partial x}(x,y) = \frac{\cos x(x^2+y^2) - 2x(\sin x + e^y)}{(x^2+y^2)^2}$$

$$\frac{\partial f}{\partial y}(x,y) = \frac{e^y(x^2+y^2) - 2y(\sin x + e^y)}{(x^2+y^2)^2}$$

$\frac{\partial f}{\partial x}(x,y)$와 $\frac{\partial f}{\partial y}(x,y)$는 $(0,0)$을 제외한 모든 점에서 연속이다. 그러므로 정리 10.2.4에 의하여 f는 $(0,0)$을 제외한 모든 점에서 미분 가능하다.

정의 10.2.5 $S \subseteq \mathbb{R}^n$를 열린 집합이라 하고 $f : S \to \mathbb{R}$를 함수라 하자. $p \in S$라 하고 $e \in \mathbb{R}^n$를 단위 벡터라 하자.

$$\frac{d}{dt}f(p+te)|_{t=0} = \lim_{t\to 0}\frac{f(p+te) - f(p)}{t}$$

를 p에서 e방향으로의 f의 **방향 미분(directional derivative)**이라고 한다.

정리 10.2.6 $S \subseteq \mathbb{R}^n$를 열린 집합이라 하고 $f : S \to \mathbb{R}$를 미분 가능한 함수라 하자. $p \in S$라 하고 $e \in \mathbb{R}^n$를 단위 벡터라 하자. 그러면 e방향으로의 f의 방향 미분은 $Df(p)e$이다.

증명 f가 p에서 미분 가능하므로

$$\lim_{x \to p} \frac{\|f(x) - f(p) - Df(p)(x-p)\|}{\|x-p\|} = 0$$

을 만족하는 선형 함수 $Df(p)$가 존재한다.

$$x = p + te$$

라 하자. 그러면

$$\lim_{t \to 0} \frac{\|f(p+te) - f(p) - Df(p)(p+te-p)\|}{\|p+te-p\|} = 0$$

즉,

$$\lim_{t \to 0} \frac{\|f(p+te) - f(p) - tDf(p)(e)\|}{|t|} = 0$$

이다. 그러므로

$$\lim_{t \to 0} \frac{f(p+te) - f(p) - tDf(p)(e)}{t} = 0$$

이다. 따라서

$$\lim_{t \to 0} \frac{f(p+te) - f(p)}{t} = Df(p)e$$

이다.

예제 10.2.2 : $f:\mathbb{R}^2 \to \mathbb{R}$를

$$f(x,y)=\begin{cases} \frac{xy}{x^2+y^2}, & if\ (x,y)\neq(0,0) \\ 0, & if(x,y)=(0,0) \end{cases}$$

로 정의된 함수라 할 때 다음을 구하여라.

$$\frac{\partial f}{\partial x}(0,0),\quad \frac{\partial f}{\partial y}(0,0)$$

증명 :

$$\frac{\partial f}{\partial x}(0,0)=\lim_{h\to 0}\frac{f(h,0)-f(0,0)}{h}=\lim_{h\to 0}\frac{\frac{0}{h^2}-0}{h}=0$$

$$\frac{\partial f}{\partial y}(0,0)=\lim_{h\to 0}\frac{f(0,h)-f(0,0)}{h}=\lim_{h\to 0}\frac{\frac{0}{h^2}-0}{h}=0$$

예제 10.2.3 : $f:\mathbb{R}^2 \to \mathbb{R}$를

$$f(x,y)=\begin{cases} \frac{x^2y^2}{\sqrt{x^2+y^2}}, & if\ (x,y)\neq(0,0) \\ 0, & if(x,y)=(0,0) \end{cases}$$

로 정의된 함수라 하자. f가 $(0,0)$에서 미분 가능한 것을 증명하라.

증명 :

$$\frac{\partial f}{\partial x}=\frac{2xy^2\sqrt{x^2+y^2}-x^2y^2\frac{2x}{2\sqrt{x^2+y^2}}}{x^2+y^2}=\frac{x^3y^2+2xy^4}{(x^2+y^2)^{\frac{3}{2}}}$$

$$\frac{\partial f}{\partial y}=\frac{2x^2y\sqrt{x^2+y^2}-x^2y^2\frac{2y}{2\sqrt{x^2+y^2}}}{x^2+y^2}=\frac{x^2y^3+2x^4y}{(x^2+y^2)^{\frac{3}{2}}}$$

$$\left|\frac{\partial f}{\partial x}\right|=\left|\frac{x^3y^2+2xy^4}{(x^2+y^2)^{\frac{3}{2}}}\right|\leq\left|\frac{x^3y^2}{x^3}\right|+\left|\frac{2xy^4}{y^3}\right|=|y^2|+2|xy|$$

$$\left|\frac{\partial f}{\partial y}\right|=\left|\frac{x^2y^3+2x^4y}{(x^2+y^2)^{\frac{3}{2}}}\right|\leq\left|\frac{x^2y^3}{y^3}\right|+\left|\frac{2x^4y}{x^3}\right|=|x^2|+2|xy|$$

$\epsilon > 0$이 주어졌다 하자. 그러면

$$\|(x,y)-(0,0)\| = \sqrt{x^2+y^2} < \delta \Rightarrow \left|\frac{\partial f}{\partial x}\right| \le |y^2| + 2|xy| < \delta^2 + \delta^2 = \epsilon$$

을 만족하는

$$\delta = \sqrt{\frac{\epsilon}{2}}$$

가 존재한다. 즉,

$$\lim_{(x,y)\to(0,0)} \frac{\partial f}{\partial x}(x,y) = 0$$

이다.

$$\|(x,y)-(0,0)\| = \sqrt{x^2+y^2} < \delta \Rightarrow \left|\frac{\partial f}{\partial y}\right| \le |x^2| + 2|xy| < \delta^2 + \delta^2 = \epsilon$$

을 만족하는 $\delta = \sqrt{\frac{\epsilon}{2}}$가 존재한다. 즉,

$$\lim_{(x,y)\to(0,0)} \frac{\partial f}{\partial y}(x,y) = 0$$

이다.

$$\frac{\partial f}{\partial x}(0,0) = \lim_{h\to 0} \frac{f(h,0)-f(0,0)}{h} = \lim_{h\to 0} \frac{\frac{0}{|h|}-0}{h} = 0$$
$$\frac{\partial f}{\partial y}(0,0) = \lim_{h\to 0} \frac{f(0,h)-f(0,0)}{h} = \lim_{h\to 0} \frac{\frac{0}{|h|}-0}{h} = 0$$

그러므로

$$\lim_{(x,y)\to(0,0)} \frac{\partial f}{\partial x}(x,y) = \frac{\partial f}{\partial x}(0,0), \quad \lim_{(x,y)\to(0,0)} \frac{\partial f}{\partial x}(x,y) = \frac{\partial f}{\partial x}(0,0)$$

이다. $\frac{\partial f}{\partial x}$와 $\frac{\partial f}{\partial y}$가 (0,0)에서 연속이므로 f가 (0,0)에서 미분 가능하다.

연습 문제 10.2

1. $f : \mathbb{R}^3 \to \mathbb{R}$를

$$f(x,y,z) = \sin(x+y) + \frac{z}{e^x}$$

로 정의된 함수라 하자. f가 $\mathbb{R}$에서 미분 가능한 것을 증명하라.

2. $f : \mathbb{R}^2 \to \mathbb{R}$를

$$f(x,y) = \frac{x+y}{x^2+y^2}$$

로 정의된 함수라 하자. f가 $\mathbb{R} \setminus \{(0,0)\}$에서 미분 가능한 것을 증명하라.

3. $f : \mathbb{R}^2 \to \mathbb{R}$를

$$f(x,y) = x+y$$

로 정의된 함수라 하자.

$$e = (\frac{1}{\sqrt{2}}, \frac{1}{\sqrt{2}}) \in \mathbb{R}^2$$

라 하자. $(0,0)$에서 e방향으로의 f의 방향 도함수를 구하여라.

4.

$$f(t) = (2t, t-2t^2, 3-5t)$$

로 정의된 커브 $f : \mathbb{R} \to \mathbb{R}^3$의 탄젠트 벡터를 구하여라.

제 10.3 절 연쇄 법칙 (Chain Rules)

정리 10.3.1 (연쇄 법칙) $S \subseteq \mathbb{R}^n$를 열린 집합이라 하고 $f : S \to \mathbb{R}^m$를 미분 가능한 함수라 하자. $T \subseteq \mathbb{R}^m$를 열린 집합이라 하고 $g : T \to \mathbb{R}^q$를 미분 가능한 함수라 하자. $f(S) \subseteq T$라 하자. 그러면 $g \circ f$가 S에서 미분 가능하고

$$D(g \circ f)(p) = Dg(f(p)) \circ Df(p)$$

이다.

증명 $L : \mathbb{R}^n \to \mathbb{R}^m$을 선형 함수라 하고

$$\|L\| = \sup_{\|x\| \leq 1} \|L(x)\|$$

라 하면 $\|L(\frac{x}{\|x\|})\| \leq \|L\|$이므로 $\|L(x)\| \leq \|L\| \; \|x\|$이다. $\{e_1, e_2, \ldots, e_n\}$을 $\mathbb{R}^n$의 표준 기저라 하자. $x \in \mathbb{R}^n$가 $\|x\| \leq 1$를 만족한다 하자. $x = s_1e_1 + s_2e_2 + \cdots + s_ne_n$이라 하면 $\|x\| = \sqrt{s_1^2 + s_2^2 + \cdots + s_n^2} \leq 1$이므로 모든 $i = 1, 2, \ldots, n$에 대하여 $|s_i| \leq 1$이다. 그러므로

$$\|L(x)\| = \|L(s_1e_1 + \cdots + s_ne_n)\| = \|s_1L(e_1) + \cdots + s_nL(e_n)\|$$

$$\leq |s_1|\|L(e_1)\| + \cdots + |s_n|\|L(e_n)\| \leq \|L(e_1)\| + \cdots + \|L(e_n)\| < \infty$$

이다. 따라서 $\|L\|$가 유계이다.

$h \in \mathbb{R}^n$이라 하자. f가 미분 가능한 함수이므로 정의 10.1.2로 부터 $x - p = h$라 하면

$$\lim_{h \to 0} \frac{\|f(p+h) - f(p) - Df(p)h\|}{\|h\|} = 0$$

이다. $l = f(p+h) - f(p)$라 하고 $r(h) = f(p+h) - f(p) - Df(p)h$라 하자. $Df(p) : \mathbb{R}^n \to \mathbb{R}^m$가 선형 함수이고 유계이므로

$$\lim_{h\to 0}\|l\| = \lim_{h\to 0}\|Df(p)h + r(h)\|$$

$$\leq \lim_{h\to 0}\left(\|Df(p)\|\|h\| + \frac{\|r(h)\|}{\|h\|}\|h\|\right) = 0.$$

즉, $\lim_{h\to 0}\|l\| = 0$이다. $Dg(f(p)) : \mathbb{R}^m \to \mathbb{R}^q$가 선형함수이고 유계이므로

$$\|\ (g\circ f)(p+h) - (g\circ f)(p) - [Dg(f(p))\circ Df(p)]h\ \|$$

$$= \|\ g(f(p+h)) - g(f(p)) - [Dg(f(p))\circ Df(p)]h\ \|$$

$$= \|\ Dg(f(p))\ [f(p+h) - f(p) - Df(p)h] + g(f(p+h))$$

$$-g(f(p)) - Dg(f(p))\ [f(p+h) - f(p)]\ \|$$

$$\leq \|\ Dg(f(p))\ \|\ \|\ f(p+h) - f(p) - Df(p)h\ \|$$

$$+\|\ g(f(p+h)) - g(f(p)) - Dg(f(p))[f(p+h) - f(p)]\ \|$$

$$= \|Dg(f(p))\|\ \|f(p+h) - f(p) - Df(p)h\|$$

$$+\|\ g(f(p)+l) - g(f(p)) - Dg(f(p))[(f(p)+l) - f(p)]\ \|$$

이다. f가 p에서 미분가능하므로

$$\lim_{h\to 0}\frac{\|f(p+h) - f(p) - Df(p)h\|}{\|h\|} = 0$$

이다. g가 $f(p)$에서 미분 가능하므로

$$\lim_{l\to 0}\frac{\|g(f(p)+l) - g(f(p)) - Dg(f(p))[(f(p)+l) - f(p)]\ \|}{\|l\|} = 0$$

이다. $\lim_{h\to 0}\|l\| = 0$이므로

$$\lim_{h\to 0}\frac{\|g(f(p)+l)-g(f(p))-Dg(f(p))[(f(p)+l)-f(p)]\ \|}{\|h\|}$$
$$=\lim_{h\to 0}\frac{\|g(f(p)+l)-g(f(p))-Dg(f(p))[(f(p)+l)-f(p)]\ \|}{\|l\|}\ \frac{\|l\|}{\|h\|}$$
$$=\lim_{h\to 0}\frac{\|g(f(p)+l)-g(f(p))-Dg(f(p))[(f(p)+l)-f(p)]\|}{\|l\|}\ \frac{\|Df(p)h+r(h)\|}{\|h\|}$$
$$\le\lim_{h\to 0}\frac{\|g(f(p)+l)-g(f(p))-Dg(f(p))[(f(p)+l)-f(p)]\|}{\|l\|}(\|Df(p)\|+\frac{\|r(h)\|}{\|h\|})$$

이다. 즉,

$$\lim_{h\to 0}\frac{\|g(f(p)+l)-g(f(p))-Dg(f(p))[(f(p)+l)-f(p)]\ \|}{\|h\|}=0$$

이다.

$$\lim_{h\to 0}\frac{\|(g\circ f)(p+h)-(g\circ f)(p)-[Dg(f(p))\circ Df(p)]h\|}{\|h\|}$$
$$\le\lim_{h\to 0}\frac{\|Dg(f(p))\|\ \|f(p+h)-f(p)-Df(p)h\|}{\|h\|}$$
$$+\lim_{h\to 0}\frac{\|\ g(f(p)+l)-g(f(p))-Dg(f(p))[(f(p)+l)-f(p)]\ \|}{\|h\|}$$

이므로

$$\lim_{h\to 0}\frac{\|(g\circ f)(p+h)-(g\circ f)(p)-[Dg(f(p))\circ Df(p)]h\|}{\|h\|}=0$$

이다. 정리 10.1.3에 의하여 미계수가 유일하므로

$$D(g\circ f)(p)=Dg(f(p))\circ Df(p)$$

이다.

정리 10.3.2 $S \subseteq \mathbb{R}^n$를 열린 집합이라 하고 $f : S \to \mathbb{R}^m$를 미분 가능한 함수라 하자. $T \subseteq \mathbb{R}^m$를 열린 집합이라 하고 $g : T \to \mathbb{R}^p$를 미분 가능한 함수라 하자. $f(S) \subseteq T$라 하자. 그러면 $x = (x_1, x_2, \ldots, x_n)$에서 $g \circ f$의 자코비안 행렬(Jacobian matrix)은 $f(x)$에서 g의 자코비안 행렬과 x에서 f의 자코비안 행렬의 곱이다.

증명 $h = g \circ f$라 하자. 연쇄 법칙(chain rule)에 의하여

$$Dh(x) = D(g \circ f)(x) = Dg(f(x)) \circ Df(x)$$

이다. 선형대수학 이론에 의하면 선형 함수들의 합성(composition)은 선형 함수들이 행렬로 표현 되었을 때 행렬들의 곱에 해당된다. 그러므로 $D(g \circ f)(x)$의 행렬 표현은 $Dg(f(x))$의 행렬표현과 $Df(x)$의 행렬 표현의 곱과 같다. 즉,

$$\begin{pmatrix} \frac{\partial h_1}{\partial x_1} & \frac{\partial h_1}{\partial x_2} & \cdots & \frac{\partial h_1}{\partial x_n} \\ \frac{\partial h_2}{\partial x_1} & \frac{\partial h_2}{\partial x_2} & \cdots & \frac{\partial h_2}{\partial x_n} \\ \vdots & \vdots & \vdots & \vdots \\ \frac{\partial h_p}{\partial x_1} & \frac{\partial h_p}{\partial x_2} & \cdots & \frac{\partial h_p}{\partial x_n} \end{pmatrix}$$

$$= \begin{pmatrix} \frac{\partial g_1}{\partial y_1} & \frac{\partial g_1}{\partial y_2} & \cdots & \frac{\partial g_1}{\partial y_m} \\ \frac{\partial g_2}{\partial y_1} & \frac{\partial g_2}{\partial y_2} & \cdots & \frac{\partial g_2}{\partial y_m} \\ \vdots & \vdots & \vdots & \vdots \\ \frac{\partial g_p}{\partial y_1} & \frac{\partial g_p}{\partial y_2} & \cdots & \frac{\partial g_p}{\partial y_m} \end{pmatrix} \begin{pmatrix} \frac{\partial f_1}{\partial x_1} & \frac{\partial f_1}{\partial x_2} & \cdots & \frac{\partial f_1}{\partial x_n} \\ \frac{\partial f_2}{\partial x_1} & \frac{\partial f_2}{\partial x_2} & \cdots & \frac{\partial f_2}{\partial x_n} \\ \vdots & \vdots & \vdots & \vdots \\ \frac{\partial f_m}{\partial x_1} & \frac{\partial f_m}{\partial x_2} & \cdots & \frac{\partial f_m}{\partial x_n} \end{pmatrix}$$

이다. 여기서 $y = f(x)$이다.

예제 10.3.1 : $f : \mathbb{R}^2 \to \mathbb{R}$를 함수, $h : \mathbb{R}^2 \to \mathbb{R}$를 $h(r,\theta) = f(r\cos\theta, r\sin\theta)$로 정의된 함수라 하자. $x = r\cos\theta$, $y = r\sin\theta$일 때 다음을 증명하라.

$$\frac{\partial h}{\partial r} = \frac{\partial f}{\partial x}\cos\theta + \frac{\partial f}{\partial y}\sin\theta, \quad \frac{\partial h}{\partial \theta} = -\frac{\partial f}{\partial x}r\sin\theta + \frac{\partial f}{\partial y}r\cos\theta$$

풀이: $g : \mathbb{R}^2 \to \mathbb{R}^2$를

$$g(r,\theta) = (r\cos\theta,\ r\sin\theta)$$

로 정의된 함수라 하자. 그러면 $h = f \circ g$이다.

$$g_1(r,\theta) = r\cos\theta,\ g_2(r,\theta) = r\sin\theta$$

라 하자. 연쇄법칙에 의하여

$$Dh(r,\theta) = D(f \circ g)(r,\theta) = Df(g(r,\theta)) \circ Dg(r,\theta)$$

이다. 이를 행렬로 표현하면

$$\begin{pmatrix} \frac{\partial h}{\partial r} & \frac{\partial h}{\partial \theta} \end{pmatrix} = \begin{pmatrix} \frac{\partial f}{\partial x} & \frac{\partial f}{\partial y} \end{pmatrix} \begin{pmatrix} \frac{\partial g_1}{\partial r} & \frac{\partial g_1}{\partial \theta} \\ \frac{\partial g_2}{\partial r} & \frac{\partial g_2}{\partial \theta} \end{pmatrix}$$

이다. 그러므로

$$\begin{pmatrix} \frac{\partial h}{\partial r} & \frac{\partial h}{\partial \theta} \end{pmatrix} = \begin{pmatrix} \frac{\partial f}{\partial x} & \frac{\partial f}{\partial y} \end{pmatrix} \begin{pmatrix} \cos\theta & -r\sin\theta \\ \sin\theta & r\cos\theta \end{pmatrix}$$

이다. 따라서

$$\frac{\partial h}{\partial r} = \frac{\partial f}{\partial x}\cos\theta + \frac{\partial f}{\partial y}\sin\theta, \quad \frac{\partial h}{\partial \theta} = -\frac{\partial f}{\partial x}r\sin\theta + \frac{\partial f}{\partial y}r\cos\theta$$

이다.

예제 10.3.2 : 함수 $u : \mathbb{R}^2 \to \mathbb{R}$, $v : \mathbb{R}^2 \to \mathbb{R}$, $w : \mathbb{R}^2 \to \mathbb{R}$, $f : \mathbb{R}^3 \to \mathbb{R}$가 주어졌다 하자. $h : \mathbb{R}^2 \to \mathbb{R}$를

$$h(x,y) = f(u(x,y), v(x,y), w(x,y))$$

로 정의된 함수라 하면

$$\frac{\partial h}{\partial x} = \frac{\partial f}{\partial u}\frac{\partial u}{\partial x} + \frac{\partial f}{\partial v}\frac{\partial v}{\partial x} + \frac{\partial f}{\partial w}\frac{\partial w}{\partial x}$$

이다.

풀이: $g : \mathbb{R}^2 \to \mathbb{R}^3$를

$$g(x,y) = (u(x,y), v(x,y), w(x,y))$$

로 정의된 함수라 하자. 그러면 $h = f \circ g$이다.

$$g_1(x,y) = u(x,y),\ g_2(x,y) = v(x,y),\ g_3(x,y) = w(x,y)$$

라 하자. 연쇄법칙에 의하여

$$Dh(x,y) = D(f \circ g)(x,y) = Df(g(x,y)) \circ Dg(x,y)$$

이다. 이를 행렬로 표현하면

$$\begin{pmatrix} \frac{\partial h}{\partial x} & \frac{\partial h}{\partial y} \end{pmatrix} = \begin{pmatrix} \frac{\partial f}{\partial u} & \frac{\partial f}{\partial v} & \frac{\partial f}{\partial w} \end{pmatrix} \begin{pmatrix} \frac{\partial g_1}{\partial x} & \frac{\partial g_1}{\partial y} \\ \frac{\partial g_2}{\partial x} & \frac{\partial g_2}{\partial y} \\ \frac{\partial g_3}{\partial x} & \frac{\partial g_3}{\partial y} \end{pmatrix}$$

이다. 그러므로

$$\begin{pmatrix} \frac{\partial h}{\partial x} & \frac{\partial h}{\partial y} \end{pmatrix} = \begin{pmatrix} \frac{\partial f}{\partial u} & \frac{\partial f}{\partial v} & \frac{\partial f}{\partial w} \end{pmatrix} \begin{pmatrix} \frac{\partial u}{\partial x} & \frac{\partial u}{\partial y} \\ \frac{\partial v}{\partial x} & \frac{\partial v}{\partial y} \\ \frac{\partial w}{\partial x} & \frac{\partial w}{\partial y} \end{pmatrix}$$

이다. 따라서

$$\frac{\partial h}{\partial x} = \frac{\partial f}{\partial u}\frac{\partial u}{\partial x} + \frac{\partial f}{\partial v}\frac{\partial v}{\partial x} + \frac{\partial f}{\partial w}\frac{\partial w}{\partial x}$$

이다.

연습 문제 10.3

1. $f : \mathbb{R}^3 \to \mathbb{R}$를 미분 가능한 함수, $g : \mathbb{R}^3 \to \mathbb{R}^3$를

$$g(x, y, z) = (u(x, y), v(x, y, z), w(x, z))$$

로 정의된 미분 가능한 함수라 하자. $h : \mathbb{R}^3 \to \mathbb{R}$를

$$h(x, y, z) = f(u(x, y), v(x, y, z), w(x, z))$$

로 정의된 함수라 하자. $f(u, v, w) = 2u^3 - 5v + w^2$일 때

$$\frac{\partial h}{\partial x}, \frac{\partial h}{\partial y}, \frac{\partial h}{\partial z}$$

를 구하여라.

2. $f : \mathbb{R}^2 \to \mathbb{R}^2$를 $f(u, v) = (u+v, 2u-3v)$로 정의된 함수이고 $g : \mathbb{R}^2 \to \mathbb{R}^2$를 $g(x, y) = (e^x, x - y)$로 정의된 함수라 할 때 $D(f \circ g)(x, y)$를 구하여라.

3.

$$u = \frac{x}{y} + \frac{z}{y} - \frac{x}{z}$$

라 하고 $x = \sin t,\ y = e^t,\ z = e^{2t}$라 할 때

$$\frac{du}{dt}$$

를 구하여라.

4.

$$w = f(u, v),\ u = xyz, v = x + y - z$$

일 때 $(1, 2, 3)$에서 두 함수를 합성한 함수의 미분의 행렬 표현을 구하여라.

5. $f : \mathbb{R}^2 \to \mathbb{R}^2$를

$$f(u, v) = (\sin u + v, u^2 - 3v)$$

로 정의된 함수이고 $g : \mathbb{R}^2 \to \mathbb{R}^2$를

$$g(x, y) = (x + y, x - 2y)$$

로 정의된 함수라 할 때 $(1, 2)$에서 $D(f \circ g)(x, y)$를 구하여라.

6. x와 y를 t의 함수라 하고 $v = \sqrt{x^2 + y^2}$라 할 때

$$\frac{dv}{dt}$$

를 구하여라.

제 10.4 절 곱 법칙과 평균값 정리

정리 10.4.1 (곱법칙(Product Rule)) $S \subseteq \mathbb{R}^n$를 열린 집합이라 하고 $h : S \to \mathbb{R}$와 $f : S \to \mathbb{R}^m$를 미분 가능한 함수라 하자. 그러면 $(hf)(x) = h(x)f(x)$로 정의된 $hf : S \to \mathbb{R}^m$가 미분 가능하고 모든 $v \in \mathbb{R}^n$에 대하여

$$D(hf)(x)v = h(x)(Df(x)v) + (Dh(x)v)f(x)$$

이다.

증명 f가 p에서 미분 가능하므로

$$\lim_{x \to p} \frac{\|f(x) - f(p) - Df(p)(x-p)\|}{\|x-p\|} = 0$$

을 만족하는 선형 함수 $Df(p) : S \subseteq \mathbb{R}^n \to \mathbb{R}^m$가 존재한다. $Df(p)$가 선형 함수이므로 정리 10.2.2에 의하여 모든 $y \in \mathbb{R}^n$에 대하여

$$\|Df(p)(y)\| \leq M_1\|y\|$$

을 만족하는 M_1이 존재한다.

$$|h(p)| + 1 = M_2$$

라 하고 $M = \max(M_1, M_2)$라 하자. 그러면

$$\|Df(p)(y)\| \leq M\|y\|$$

이고 $|h(p)| + 1 \leq M$이다. h가 p에서 연속이므로

$$\|x-p\| < \delta_1 \Rightarrow |h(x) - h(p)| < 1$$

을 만족하는 $\delta_1 > 0$이 존재한다. 즉,

$$\|x-p\| < \delta_1 \Rightarrow |h(x)| < |h(p)| + 1 \leq M$$

을 만족하는 $\delta_1 > 0$이 존재한다. $\epsilon > 0$이 주어졌다 하자. f가 p에서 미분 가능하므로

$$\|x-p\| < \delta_2 \to \frac{\|f(x) - f(p) - Df(p)(x-p)\|}{\|x-p\|} < \frac{\epsilon}{3M}$$

를 만족하는 $\delta_2 > 0$가 존재한다. 즉,

$$\|x-p\| < \delta_2 \to \|f(x) - f(p) - Df(p)(x-p)\| < \frac{\epsilon\|x-p\|}{3M}$$

를 만족하는 $\delta_2 > 0$가 존재한다. h가 p에서 미분 가능하므로

$$\|x-p\| < \delta_3 \to |h(x) - h(p) - Dh(p)(x-p)| < \frac{\epsilon\|x-p\|}{3\|f(p)\|}$$

를 만족하는 $\delta_3 > 0$가 존재한다. h가 p에서 연속이므로

$$\|x-p\| < \delta_4 \Rightarrow |h(x) - h(p)| < \frac{\epsilon}{3M}$$

을 만족하는 $\delta_4 > 0$가 존재한다. $\delta = \min(\delta_1, \delta_2, \delta_3, \delta_4)$라 하자. 그러면

$$\|x-p\| < \delta \Rightarrow |h(x)| < |h(p)| + 1 \leq M,$$

$$\|f(x) - f(p) - Df(p)(x-p)\| < \frac{\epsilon\|x-p\|}{3M},$$

$$|h(x) - h(p) - Dh(p)(x-p)| < \frac{\epsilon\|x-p\|}{3\|f(p)\|},$$

$$|h(x) - h(p)| < \frac{\epsilon}{3M}$$

이다. 그러므로

$$\|x-p\| < \delta \to \|h(x)f(x) - h(p)f(p) - h(p)Df(p)(x-p) - Dh(p)(x-p)f(p)\|$$

$$\leq \|h(x)f(x) - h(x)f(p) - h(x)Df(p)(x-p)\|$$

$$+\|h(x)Df(p)(x-p) - h(p)Df(p)(x-p)\|$$

$$+\|h(x)f(p) - h(p)f(p) - Dh(p)(x-p)f(p)\|$$

$$= |h(x)|\ \|f(x)-f(p)-Df(p)(x-p)\| + |h(x)-h(p)|\ \|Df(p)(x-p)\|$$

$$+\|f(p)\|\ |h(x) - h(p) - Dh(p)(x-p)|$$

$$< M\frac{\epsilon\|x-p\|}{3M} + \frac{\epsilon}{3M}M\|x-p\| + \frac{\epsilon\|x-p\|}{3\|f(p)\|}\|f(p)\| = \epsilon\|x-p\|$$

를 만족하는 $\delta > 0$가 존재한다. 즉,

$$\lim_{x\to p} \frac{\|h(x)f(x) - h(p)f(p) - h(p)Df(p)(x-p) - Dh(p)(x-p)f(p)\|}{\|x-p\|} = 0$$

이다. 그러므로 hf는 p에서 미분 가능하고

$$D(hf)(p)(x-p) = h(p)Df(p)(x-p) + Dh(p)(x-p)f(p)$$

이다. $p = x$라 하고 $x - p = v$라 하자. 그러면

$$D(hf)(x)v = h(x)(Df(x)v) + (Dh(x)v)f(x).$$

정리 10.4.2 (일변수 함수의 평균값 정리 (mean value theorem of one variable function)) $f : [a,b] \to \mathbb{R}$를 연속인 함수라 하고 f가 열린 구간 (a,b)에서 미분 가능하다고 하자. 그러면

$$f(b) - f(a) = f'(c)(b - a)$$

를 만족하는 $c \in (a,b)$가 존재한다.

증명 $h : [a,b] \to \mathbb{R}$를

$$h(x) = f(x) - f(a) - \frac{f(b) - f(a)}{b - a}(x - a)$$

로 정의된 함수라 하자. 그러면 h는 $[a,b]$에서 연속이고, (a,b)에서 미분 가능하고,

$$h(a) = h(b) = 0$$

이다. 롤레의 정리(Rolle's theorem)에 의하여 $h'(c) = 0$을 만족하는 $c \in (a,b)$가 존재한다. 그러므로

$$f'(c) - \frac{f(b) - f(a)}{b - a} = 0$$

을 만족하는 $c \in (a,b)$가 존재한다.

정의 10.4.3 $S \subseteq \mathbb{R}^n$라 하자. $x, y \in S$일 때 모든 $0 \leq k \leq 1$에 대하여

$$(1 - k)x + ky \in S$$

이면 S를 **콘벡스(convex)** 집합이라 한다.

정리 10.4.4 (다변수 함수의 평균값 정리) $S \subseteq \mathbb{R}^n$를 열린 콘벡스 집합이라 하고 $f : S \to \mathbb{R}^m$를 미분 가능한 함수라 하고 $f = (f_1, f_2, \ldots, f_m)$라 하자. 그러면 $i = 1, 2, \ldots, m$에 대하여

$$f_i(y) - f_i(x) = Df_i(\alpha_i)(y - x)$$

를 만족하는 $\alpha_1, \alpha_2, \ldots, \alpha_m$가 x와 y를 연결하는 라인 세그먼트 위에 존재한다.

증명 $f : S \subseteq \mathbb{R}^n \to \mathbb{R}^m$이고 $f = (f_1, f_2, \ldots, f_m)$이므로 $i = 1, 2, \ldots, m$에 대하여 $f_i : S \subseteq \mathbb{R}^n \to \mathbb{R}$이다. $g_i : [0, 1] \to \mathbb{R}$를

$$g_i(t) = f_i((1 - t)x + ty)$$

로 정의된 함수라 하자. 그러면 정리 10.3.1에 의하여 g_i가 $(0, 1)$에서 미분 가능하다.평균값 정리에 의하여 $g_i(1) - g_i(0) = g_i'(k_i)(1 - 0)$을 만족하는 $k_i \in (0, 1)$가 존재한다. 정리 10.3.1에 의하여

$$g_i'(k_i) = Df_i((1 - k_i)x + k_i y)(-x + y)$$

이다. $\alpha_i = (1 - k_i)x + k_i y$라 하자. 그러면 $g_i(1) - g_i(0) = Df_i(\alpha_i)(y - x)$이다. $g_i(1) = f_i(y)$이고 $g_i(0) = f_i(x)$이므로

$$f_i(y) - f_i(x) = Df_i(\alpha_i)(y - x)$$

이다. $\alpha_i = (1 - k_i)x + k_i y$이므로 α_i가 x와 y를 연결하는 라인 세그먼트 위에 존재한다.

예제 10.4.1 : $S \subseteq \mathbb{R}^2$를 열린 집합이라 하고 $f : S \to \mathbb{R}$를 함수라 하자.

$$\frac{\partial f}{\partial x}, \quad \frac{\partial f}{\partial y}, \quad \frac{\partial^2 f}{\partial x \partial y}, \quad \frac{\partial^2 f}{\partial y \partial x}$$

들이 존재하고 연속이면 다음이 성립한다.

$$\frac{\partial^2 f}{\partial x \partial y} = \frac{\partial^2 f}{\partial y \partial x}$$

풀이 : $(x, y) \in S$라 하고 $h(x) = f(x, y+l) - f(x, y)$라 하자. 그러면 평균값 정리에 의하여 $h(x+k) - h(x) = h'(b)k$를 만족하는 b가 x와 $x+k$사이에 존재한다. 그러므로

$$f(x+k, y+l) - f(x+k, y) - f(x, y+l) + f(x, y) = h(x+k) - h(x)$$

$$= h'(b)k = \left[\frac{\partial f}{\partial x}(b, y+l) - \frac{\partial f}{\partial x}(b, y)\right] k = \frac{\partial}{\partial y}\left[\frac{\partial f}{\partial x}(b, d)\right] kl = \frac{\partial^2 f}{\partial y \partial x}(b, d)kl$$

를 만족하는 d가 y와 $y+l$사이에 존재한다.

$g(y) = f(x+k, y) - f(x, y)$라 하자. 그러면 평균값 정리에 의하여 $g(y+l) - g(y) = g'(v)l$를 만족하는 v가 y와 $y+l$사이에 존재한다. 그러므로

$$f(x+k, y+l) - f(x+k, y) - f(x, y+l) + f(x, y) = g(y+l) - g(y)$$

$$= g'(v)l = \left[\frac{\partial f}{\partial y}(x+k, v) - \frac{\partial f}{\partial y}(x, v)\right] l = \frac{\partial}{\partial x}\left[\frac{\partial f}{\partial y}(w, v)\right] kl = \frac{\partial^2 f}{\partial x \partial y}(w, v)kl$$

를 만족하는 w가 x와 $x+k$사이에 존재한다. 그러므로

$$\frac{\partial^2 f}{\partial y \partial x}(b, d) = \frac{\partial^2 f}{\partial x \partial y}(w, v)$$

이다. 따라서

$$\frac{\partial^2 f}{\partial y \partial x}(x,y) = \lim_{k\to 0, l\to 0} \frac{\partial^2 f}{\partial y \partial x}(b,d) = \lim_{k\to 0, l\to 0} \frac{\partial^2 f}{\partial x \partial y}(w,v) = \frac{\partial^2 f}{\partial x \partial y}(x,y)$$

이다.

연습 문제 10.4

1. 모든 $x, y \in \mathbb{R}$에 대하여 $|\cos y - \cos x| \le |y - x|$가 성립됨을 증명하라.

2. $a_1, a_2, \ldots, a_n$을

$$a_1 + \frac{a_2}{2} + \cdots + \frac{a_n}{n} + \frac{a_{n+1}}{n+1} = 0$$

을 만족하는 상수라 할 때

$$a_1 + a_2 x + \cdots + a_n x^{n-1} + a_{n+1} x^n = 0$$

이 0과 1사이에 적어도 하나의 실근을 갖음을 증명하라.

제 10.5 절 어낼리틱 함수와 역함수 정리

정의 10.5.1 $f : \mathbb{R}^n \to \mathbb{R}^m$을 함수라 하자. f의 모든 r차 편미분들이 존재하고 연속이면 f를 **클래스(class) C^r 함수**라 한다. f가 모든 양의 정수 r에 대하여 클래스(class) C^r 함수이면 f를 **클래스 C^∞ 함수**라 한다.

정리 10.5.2 $f : [a, b] \to \mathbb{R}$를 함수라 하자. $f^{(n-1)}$이 연속이고 모든 $t \in (a, b)$에 대하여 $f^{(n)}(t)$가 존재한다 하자. $c, d \in [a, b]$, $c \neq d$라 하고

$$P(t) = \sum_{k=0}^{n-1} \frac{f^{(k)}(c)}{k!}(t-c)^k$$

라 하자. 그러면

$$f(d) = P(d) + \frac{f^{(n)}(x)}{n!}(d-c)^n$$

를 만족하는 x가 c와 d 사이에 존재한다.

증명

$$M = \frac{f(d) - P(d)}{(d-c)^n}$$

이라 하자.

$$g(t) = f(t) - P(t) - M(t-c)^n$$

이라 하자. 그러면

$$g^{(n)}(t) = f^{(n)}(t) - n!M$$

이다. $k = 0, 1, \ldots, n-1$에 대하여 $P^{(k)}(c) = f^{(k)}(c)$이다. 그러므로

$$g(c) = g'(c) = \cdots = g^{(n-1)}(c) = 0$$

이다.

$$g(d) = f(d) - P(d) - M(d-c)^n = 0$$

이므로 $g(c) = g(d) = 0$이다. 평균값 정리에 의하여 $g'(x_1) = 0$을 만족하는 x_1이 c와 d 사이에 존재한다. 평균값 정리에 의하여 $g''(x_2) = 0$을 만족하는 x_2가 c와 x_1 사이에 존재한다. 이 과정을 반복하면 $g^{(n)}(x_n) = 0$을 만족하는 x_n이 c와 x_{n-1} 사이에 존재한다. 그러므로 $f^{(n)}(x_n) = n!M$이다. 따라서 $f(d) = P(d) + \frac{f^{(n)}(x_n)}{n!}(d-c)^n$이다.

정의 10.5.3 $f : S \subseteq \mathbb{R} \to \mathbb{R}$를 함수라 하자. $p \in S$ 라 하자.

$$\sum_{k=0}^{\infty} \frac{f^{(k)}(p)}{k!}(x-p)^k$$

이 p의 네이버후드에서 수렴하면 f를 p에서 **리얼 어낼리틱(real analytic)**이라 한다.

예제 10.5.1 : 모든 C^∞ 함수는 리얼 어낼리틱 함수가 아니다.

풀이: $f : \mathbb{R} \to \mathbb{R}$를

$$f(x) = \begin{cases} 0, & x \le 0 \\ e^{-\frac{1}{x^2}}, & x > 0 \end{cases}$$

로 정의된 함수라 하자. 그러면 f는 C^∞ 함수이다. 모든 $n = 1, 2, \ldots$에 대하여 $f^{(n)}(0) = 0$이므로 $x = 0$에서의 f의 테일러 급수는 0이다. 즉, $x = 0$에서의 f의 테일러 급수는 f로 수렴하지 않는다. 따라서 f는 0에서 리얼 어낼리틱이 아니다.

예제 10.5.2 : $f : \mathbb{R} \to \mathbb{R}$가 0을 포함하는 구간에서 리얼 어낼리틱 함수라 하자. 모든 $n = 1, 2, \ldots$에 대하여 $f(x_n) = 0$과

$$\lim_{n\to\infty} x_n = 0$$

을 만족하는 수열 $x_n \neq 0$이 존재하면 $f = 0$인 것을 보여라.

풀이: f가 0을 포함하는 구간에서 리얼 어낼리틱 함수이므로

$$f(x) = \sum_{n=0}^{\infty} \frac{1}{n!} f^{(n)}(0)\ x^n$$

이다.

$$a_n = \frac{1}{n!} f^{(n)}(0)$$

이라 하자. $\lim_{n\to\infty} x_n = 0$이고 f가 연속이므로

$$\lim_{n\to\infty} f(x_n) = f(0)$$

이다. $f(x_n) = 0$이므로

$$\lim_{n\to\infty} f(x_n) = 0$$

이다. 그러므로

$$a_0 = f(0) = 0$$

이다. 모든 $n = 1, 2, \ldots$에 대하여

$$f(x_n) = 0,\ f(x_{n+1}) = 0$$

이고 f가 C^∞ 함수이므로 롤레의 정리로부터

$$f'(c_n) = 0$$

과 $x_n < c_n < x_{n+1}$을 만족하는 c_n이 존재한다. $x_n < c_n < x_{n+1}$이고 $\lim_{n\to\infty} x_n = 0$이므로

$$\lim_{n\to\infty} c_n = 0$$

이다. f'가 연속이므로

$$a_1 = f'(0) = \lim_{n\to\infty} f'(c_n) = 0$$

이다.

$$f'(c_n) = 0,\ f'(c_{n+1}) = 0$$

이고 f가 C^∞ 함수이므로 롤레의 정리로부터 $f''(d_n) = 0$과 $c_n < d_n < c_{n+1}$을 만족하는 d_n이 존재한다. $c_n < d_n < c_{n+1}$이고 $\lim_{n\to\infty} c_n = 0$이므로

$$\lim_{n\to\infty} d_n = 0$$

이다. f''가 연속이므로

$$a_2 = \frac{f''(0)}{2!} = \frac{1}{2!}\lim_{n\to\infty} f''(d_n) = 0$$

이다. 이 과정을 반복하면

$$f(x) = \sum_{n=1}^{\infty} a_n x^n = 0$$

가 된다.

예제 10.5.3 : $0 < |x| < 1$일 때

$$\log(1+x) = \sum_{n=0}^{\infty} \frac{(-1)^n}{n+1} x^{n+1}$$

이 리얼 어낼리틱인 것을 보여라.

풀이: $|t| < 1$이면

$$\frac{1}{1+t} = \frac{1}{1-(-t)} = \sum_{n=0}^{\infty} (-1)^n t^n$$

이다. $t \in [-x, x]$에서

$$|(-1)^n t^n| = |t^n| \leq |x|^n$$

이고

$$\sum_{n=0}^{\infty} |x|^n$$

이 수렴하므로

$$\sum_{n=0}^{\infty} (-1)^n t^n$$

이 $[-x, x]$에서 균등 수렴한다. 그러므로

$$\int_0^x \frac{1}{1+t} dt = \int_0^x \sum_{n=0}^{\infty} (-1)^n t^n \, dt = \sum_{n=0}^{\infty} \int_0^x (-1)^n t^n \, dt$$

이다. 따라서

$$\log(1+x) = \sum_{n=0}^{\infty} \frac{(-1)^n}{n+1} x^{n+1}$$

가 $0 < |x| < 1$일 때 리얼 어낼리틱이다.

다음 정리 10.5.4와 10.5.5에서는 주어진 함수가 적절한 조건하에서 미분 가능한 역함수를 갖는다는 역함수 정리를 다룬다.

정리 10.5.4 (역함수 정리 (inverse function theorem)) $f : (a,b) \to \mathbb{R}$를 (a,b)에서 $f'(x) > 0$ 또는 $f'(x) < 0$를 만족하는 미분 가능한 함수라 하자. 그러면 f의 역함수인 f^{-1}는 미분 가능하고 $y = f(x)$라 할 때

$$(f^{-1})'(y) = \frac{1}{f'(x)}$$

이다.

증명

$$\{f(x) : a < x < b\} = (c,d)$$

라 하자. $y, t \in (c,d)$이고 $y \neq t$라 하자.

$$F(t) = \frac{f(f^{-1}(t)) - f(f^{-1}(y))}{f^{-1}(t) - f^{-1}(y)}$$

라 하자. 즉,

$$F(t) = \frac{t - y}{f^{-1}(t) - f^{-1}(y)}$$

이다. $\epsilon > 0$이 주어졌다 하자. f가 $x = f^{-1}(y) \in (a,b)$에서 미분 가능하므로

$$z \in (a,b) \ \wedge \ 0 < |z - x| < \delta \Rightarrow \left| \frac{f(z) - f(x)}{z - x} - f'(x) \right| < \epsilon$$

을 만족하는 $\delta > 0$가 존재한다. f^{-1}가 $y = f(x)$에서 연속이므로

$$|t - y| < \alpha \Rightarrow |f^{-1}(t) - f^{-1}(y)| < \delta$$

를 만족하는 $\alpha > 0$가 존재한다. 즉,

$$|t - y| < \alpha \Rightarrow |f^{-1}(t) - x| < \delta$$

를 만족하는 $\alpha > 0$가 존재한다. 그러므로

$$|t-y| < \alpha \Rightarrow |F(t) - f'(x)| = \left| \frac{f(f^{-1}(t)) - f(f^{-1}(y))}{f^{-1}(t) - f^{-1}(y)} - f'(x) \right| < \epsilon$$

이다. 즉,

$$\lim_{t \to y} F(t) = f'(x)$$

이다. 따라서

$$\frac{1}{(f^{-1})'(y)} = \lim_{t \to y} \frac{t-y}{f^{-1}(t) - f^{-1}(y)} = \lim_{t \to y} F(t) = f'(x)$$

이다. 즉,

$$(f^{-1})'(y) = \frac{1}{f'(x)}$$

이다.

정리 10.5.5 (국부 역함수 정리 (local inverse function theorem)) $f : (a,b) \to \mathbb{R}$를 (a,b)에서 미분 가능하고 f'가 연속인 함수라 하자. $p \in (a,b)$에서 $f'(p) \neq 0$라 하자. 그러면 p의 네이버후드 $(\alpha, \beta) \subseteq (a,b)$가 존재하여 $f|_{(\alpha,\beta)}$가 미분 가능한 역함수 f^{-1}를 갖는다. 즉, f가 (α, β)에서 미분 가능한 역함수를 갖는다.

증명 f'가 (a,b)에서 연속이고 $f'(p) \neq 0$이므로 모든 $x \in (\alpha, \beta)$에 대하여 $f'(x) > 0$ 또는 $f'(x) < 0$를 만족하는 p의 네이버후드 (α, β)가 존재한다. 정리 10.5.4에 의하여 f가 (α, β)에서 미분 가능한 역함수를 갖는다.

연습 문제 10.5

1. $f : S \subseteq \mathbb{R} \to \mathbb{R}$가 $a \in S$에서 클래스 C^∞함수라 하자. f가 $a \in S$에서 리얼 어낼리틱이될 필요 충분 조건이

$$|x - a| < \delta \Rightarrow |f^{(k)}(x)| \leq M^k k!$$

을 만족하는 $\delta > 0$과 $M > 0$이 존재 한다는 것을 증명하라.

2. $f : S \subseteq \mathbb{R} \to \mathbb{R}$와 $g : S \subseteq \mathbb{R} \to \mathbb{R}$가 $a \in S$에서 리얼 어낼리틱이면 fg도 $a \in S$에서 리얼 어낼리틱인 것을 증명하라.

3. $S \subseteq \mathbb{R}$를 구간이라 하고 $f : S \to \mathbb{R}$가 S내의 모든 점에서 리얼 어낼리틱이라 하자. f가 열린 구간 $J \subseteq S$에서 0이면 f가 S에서 0인 것을 증명하라.

4. $f : (-\frac{\pi}{2}, \frac{\pi}{2}) \to \mathbb{R}$를 $f(x) = \sin x$로 정의된 함수라 하자. f의 역함수를 $g : (-1, 1) \to \mathbb{R}$라 할 때 $g'(y)$를 구하여라.

5. $f : (0, \infty) \to \mathbb{R}$를 $f(x) = x^n$으로 정의된 함수라 하자. f의 역함수를 $g : (0, \infty) \to \mathbb{R}$라 할 때 $g'(y)$를 구하여라.

제 11 장

푸리에 급수 (Fourier Series)

실 구간(real interval)에서 멱급수(power series)로 전개하는 것이 불가능한 미분 가능한 함수들이 있다. 리얼 어낼리리틱(real analytic) 함수를 실 구간에서 멱급수로 전개하는 것이 가능하지만 이 함수들은 많지 않다. 11장에서는 실 구간에서 미분 가능한 함수를 삼각 급수(trigonometric series)로 전개하는 것에 대하여 설명한다.

제 11.1 절 푸리에 급수

함수 $f : [-\pi, \pi] \to \mathbb{C}$를

$$f(x) = \sum_{n=-\infty}^{\infty} c_n \, e^{inx}$$

로 전개하려 한다. $a_n = c_n + c_{-n}$, $b_n = i(c_n - c_{-n})$이라 하자. 그러면

$$f(x) = \sum_{n=-\infty}^{\infty} c_n \, e^{inx} = c_0 + (c_1 + c_{-1}) \cos x + i(c_1 - c_{-1}) \sin x + \dots$$

$$= c_0 + \sum_{n=1}^{\infty} (a_n \cos nx + b_n \sin nx)$$

이다.

$\sum_{n=-\infty}^{\infty} c_n \, e^{inx}$가 $[-\pi, \pi]$에서 균등 수렴하면

$$\frac{1}{2\pi} \int_{-\pi}^{\pi} e^{-ikx} f(x) dx = \frac{1}{2\pi} \int_{-\pi}^{\pi} e^{-ikx} \sum_{n=-\infty}^{\infty} c_n \, e^{inx} dx$$

$$= \sum_{n=-\infty}^{\infty} c_n \frac{1}{2\pi} \int_{-\pi}^{\pi} e^{i(n-k)x} dx = c_k$$

이다. 즉, 모든 $k = 0, \pm 1, \pm 2$에 대하여

$$c_k = \frac{1}{2\pi} \int_{-\pi}^{\pi} e^{-ikx} f(x) dx$$

이다.

정의 11.1.1 $f : [a, b] \to \mathbb{R}^m$를 함수라 하자. $[a, b]$의 파티션 $P(x_0, x_1, \dots, x_n)$가 존재하여 f가 모든 $i = 1, 2, \dots, n$에 대한 개구간 (x_{i-1}, x_i)에서 균등 연속이면 함수 f를 **피이스와이즈 연속(piecewise continuous)**이라 한다.

정리 11.1.2 $f : [a,b] \to \mathbb{R}$를 피이스와이즈 연속인 함수라 하면

$$\lim_{|t|\to\infty} \int_a^b f(x)e^{itx}dx = 0$$

이다.

증명 함수 f가 $[a,b]$에서 피이스와이즈 연속(piecewise continuous)이므로 구간 $[a,b]$의 파티션

$$P = \{x_0, x_1, \ldots, x_m\}$$

가 존재하여 f가 모든 $i = 1, 2, \ldots, m$에 대한 개구간 (x_{i-1}, x_i)에서 균등 연속이다.

$\epsilon > 0$이 주어졌다 하자.

$$c = x_{i-1}, \quad d = x_i$$

라 하면 f가 (c,d)에서 균등 연속이다. 그러므로

$$(y_1, y_2 \in (c,d) \ \wedge \ |y_1 - y_2| < \delta) \Rightarrow |f(y_1) - f(y_2)| < \epsilon$$

을 만족하는 $\delta > 0$가 존재한다.

$$c = y_0 < y_1 < y_2 < \cdots < y_n = d, \quad \max_{1\le i\le n}(y_i - y_{i-1}) < \delta$$

를 만족하는 점 $y_0, y_1, \ldots, y_n$들이 존재한다.

$$f_n(x) = \begin{cases} f(y_1), & if \ c < x \le y_1 \\ f(y_2), & if \ y_1 < x \le y_2 \\ \cdots & \\ f(y_{n-1}), & if \ y_{n-1} < x < d \end{cases}$$

라 하자. 그러면 f_n은 (c,d)에서 f로 균등 수렴한다. 그러므로

$$\lim_{n\to\infty}\int_c^d f_n(x)e^{itx}dx = \int_c^d \lim_{n\to\infty} f_n(x)e^{itx}dx = \int_c^d f(x)e^{itx}dx$$

이다. 즉,

$$n \geq K \Rightarrow \left|\int_c^d f(x)e^{itx}dx - \int_c^d f_n(x)e^{itx}dx\right| < \frac{\epsilon}{2}$$

을 만족하는 양의 정수 K가 존재한다. 따라서

$$\left|\int_c^d f(x)e^{itx}dx - \int_c^d f_K(x)e^{itx}dx\right| < \frac{\epsilon}{2}$$

이다.

$$\left|\int_\alpha^\beta e^{itx}dx\right| = \left[\frac{e^{itx}}{it}\right]_\alpha^\beta = \left|\frac{e^{it\beta}}{it} - \frac{e^{it\alpha}}{it}\right| < \frac{2}{|t|}$$

그러므로

$$\lim_{|t|\to\infty}\left|\int_\alpha^\beta e^{itx}dx\right| = 0$$

이다. f_K가 피이스와이즈 상수(piecewise constant) 함수이므로

$$\lim_{|t|\to\infty}\left|\int_c^d f_K(x)e^{itx}dx\right| = 0$$

이다. 즉,

$$|t| \geq T \Rightarrow \left|\int_c^d f_K(x)e^{itx}dx\right| < \frac{\epsilon}{2}$$

을 만족하는 T가 존재한다. 위에서

$$\left|\int_c^d f(x)e^{itx}dx - \int_c^d f_K(x)e^{itx}dx\right| < \frac{\epsilon}{2}$$

이므로

$$|t| \geq T \Rightarrow \left| \int_c^d f(x) e^{itx} dx \right| < \frac{\epsilon}{2} + \left| \int_c^d f_K(x) e^{itx} dx \right| < \epsilon$$

을 만족하는 T가 존재한다. $c = x_{i-1}, d = x_i$이므로

$$\lim_{|t| \to \infty} \left| \int_{x_{i-1}}^{x_i} f(x) e^{itx} dx \right| = \lim_{|t| \to \infty} \left| \int_c^d f(x) e^{itx} dx \right| = 0$$

이다.

$$\begin{aligned} & \lim_{|t| \to \infty} \left| \int_a^b f(x) e^{itx} dx \right| \\ = & \lim_{|t| \to \infty} \left| \int_{x_0}^{x_1} f(x) e^{itx} dx + \int_{x_1}^{x_2} f(x) e^{itx} dx + \cdots + \int_{x_{m-1}}^{x_m} f(x) e^{itx} dx \right| \\ \leq & \lim_{|t| \to \infty} \left| \int_{x_0}^{x_1} f(x) e^{itx} dx \right| + \lim_{|t| \to \infty} \left| \int_{x_1}^{x_2} f(x) e^{itx} dx \right| + \cdots + \lim_{|t| \to \infty} \left| \int_{x_{m-1}}^{x_m} f(x) e^{itx} dx \right| \end{aligned}$$

이므로

$$\lim_{|t| \to \infty} \left| \int_a^b f(x) e^{itx} dx \right| = 0$$

이다.

따름 정리 11.1.3 $f : [a, b] \to \mathbb{R}$를 피이스와이즈 연속인 함수라 하면

$$\lim_{|t| \to \infty} \int_a^b f(x) \cos tx \ dx = 0, \quad \lim_{|t| \to \infty} \int_a^b f(x) \sin tx \ dx = 0$$

이다.

증명

$$\lim_{|t| \to \infty} \int_a^b f(x) \cos tx \ dx = \lim_{|t| \to \infty} \int_a^b f(x) \frac{e^{itx} + e^{-itx}}{2} dx = 0.$$

$$\lim_{|t| \to \infty} \int_a^b f(x) \sin tx \ dx = \lim_{|t| \to \infty} \int_a^b f(x) \frac{e^{itx} - e^{-itx}}{2i} dx = 0.$$

정리 11.1.4 $f : [-\pi, \pi] \to \mathbb{R}$를 피이스와이즈 연속인 함수라 하면 f의 푸리에 급수의 n번째 부분 합은

$$S_n(x) = \frac{1}{2\pi}\int_{-\pi}^{\pi} f(x-t)\frac{\sin(n+\frac{1}{2})t}{\sin\frac{1}{2}t}dt$$

이다.

증명 f를 $f(x+2\pi) = f(x)$를 만족하는 $\mathbb{R}$에 정의되는 피이스와이즈 연속 함수로 확장하자. $D_n(x) = \sum_{k=-n}^{n} e^{ikx}$라 하자. 그러면

$$S_n(x) = \sum_{k=-n}^{n} c_k e^{ikx} = \sum_{k=-n}^{n} e^{ikx}\frac{1}{2\pi}\int_{-\pi}^{\pi} f(t)e^{-ikt}dt$$

$$= \frac{1}{2\pi}\int_{-\pi}^{\pi} f(t)\sum_{k=-n}^{n} e^{ik(x-t)}dt = \frac{1}{2\pi}\int_{-\pi}^{\pi} f(t)D_n(x-t)dt$$

$$= \frac{-1}{2\pi}\int_{x+\pi}^{x-\pi} f(x-u)D_n(u)du = \frac{1}{2\pi}\int_{x-\pi}^{x+\pi} f(x-u)D_n(u)du$$

$$= \frac{1}{2\pi}\int_{-\pi}^{\pi} f(x-u)D_n(u)du = \frac{1}{2\pi}\int_{-\pi}^{\pi} f(x-t)D_n(t)dt$$

$$D_n(x) = \sum_{k=-n}^{n} e^{ikx} = \sum_{k=0}^{n} e^{ikx} + \sum_{k=-1}^{-n} e^{ikx} = \frac{e^{i(n+1)x}-1}{e^{ix}-1} + \frac{e^{-i(n+1)x}-1}{e^{-ix}-1} - 1$$

$$= \frac{e^{inx} - e^{-ix} - e^{i(n+1)x} + e^{-inx} - e^{ix} - e^{-i(n+1)x}}{(e^{ix}-1)(e^{-ix}-1)} - 1$$

$$= \frac{2\cos nx - 2\cos x - 2\cos(n+1)x + 2}{1 - e^{ix} - e^{-ix} + 1} - 1$$

$$= \frac{\cos nx - \cos(n+1)x}{1-\cos x} = \frac{-2\sin(n+\frac{1}{2})x\sin(-\frac{1}{2}x)}{2\sin^2\frac{1}{2}x}$$

$$= \frac{\sin(n+\frac{1}{2})x}{\sin\frac{1}{2}x}$$

정리 11.1.5 $f : \mathbb{R} \to \mathbb{R}$를 주기가 2π인 피이스와이즈 연속인 함수라 하면 f가 미분 가능한 점 x에서 f의 푸리에 급수는 $f(x)$로 수렴한다.

증명 $g(x) = 1$이라 하면

$$c_0 = \frac{1}{2\pi} \int_{-\pi}^{\pi} g(x) e^{-i0x}\, dx = 1.$$

$n \neq 0$이면

$$c_n = \frac{1}{2\pi} \int_{-\pi}^{\pi} g(x) e^{-inx}\, dx = 0.$$

그러므로 g의 푸리에 급수는

$$c_0 e^{i0x} = 1$$

이다.

$$1 = \frac{1}{2\pi} \int_{-\pi}^{\pi} g(x-t) D_n(t)\, dt = \frac{1}{2\pi} \int_{-\pi}^{\pi} D_n(t)\, dt$$

이므로

$$S_n(x) - f(x) = \frac{1}{2\pi} \int_{-\pi}^{\pi} f(x-t) D_n(t)\, dt - \frac{1}{2\pi} \int_{-\pi}^{\pi} f(x) D_n(t)\, dt$$

$$= \frac{1}{2\pi} \int_{-\pi}^{\pi} [f(x-t) - f(x)] D_n(t)\, dt = \frac{1}{2\pi} \int_{-\pi}^{\pi} \frac{f(x-t) - f(x)}{t} t D_n(t)\, dt$$

$$= \frac{1}{2\pi} \int_{-\pi}^{\pi} \frac{f(x-t) - f(x)}{t} \quad \frac{t}{\sin(\frac{t}{2})} \quad \sin\left(n + \frac{1}{2}\right) t\, dt$$

f가 x에서 미분 가능하므로

$$\frac{f(x-t) - f(x)}{t}$$

가 $-\pi \le t \le \pi$에서 피이스와이즈 연속이다.

$$\lim_{t\to 0} \frac{t}{\sin(\frac{t}{2})} = 2$$

이므로

$$\frac{t}{\sin(\frac{t}{2})}$$

가 피이스와이즈 연속이다.

$$S_n(x) - f(x) = \frac{1}{2\pi}\int_{-\pi}^{\pi} \frac{f(x-t)-f(x)}{t} \; \frac{t}{\sin(\frac{t}{2})} \; \sin\left(n+\frac{1}{2}\right) t \, dt$$

이고

$$\frac{f(x-t)-f(x)}{t} \; \frac{t}{\sin(\frac{t}{2})}$$

가 피이스와이즈 연속이므로 따름 정리 11.1.3에 의하여

$$\lim_{n\to\infty} S_n(x) - f(x) = 0$$

이다.

연습 문제 11.1

1. $f(x) = \sin x \cos 2x$라 할 때 f의 푸리에 급수를 구하여라.

2. $f : \mathbb{R} \to \mathbb{R}$를 $f(-x) = f(x)$를 만족하는 함수라 할 때 f의 푸리에 계수(Fourier coefficient) c_n이 $c_n = c_{-n}$을 만족 함을 증명하라.

제 11.2 절　푸리에 급수의 성질

정리 11.2.1 $f : \mathbb{R} \to \mathbb{R}$를 클래스 C^1 함수로서 $f(\pi) = f(-\pi)$라 하자. 그러면 f'의 푸리에 급수는 f의 푸리에 급수의 각 항(term)을 미분한 것이다.

증명

$$f(x) = \sum_{n=-\infty}^{\infty} c_n e^{inx}$$

라 하자.

$$f(-\pi) = f(\pi)$$

이므로

$$c_n = \frac{1}{2\pi}\int_{-\pi}^{\pi} f(x)e^{-inx}\,dx = \frac{1}{2\pi}\left[-\frac{f(x)}{in}e^{-inx}\right]_{-\pi}^{\pi} - \frac{1}{2\pi}\int_{-\pi}^{\pi}\frac{f'(x)}{-in}e^{-inx}\,dx$$

$$= \frac{1}{2\pi in}\left[-f(\pi)e^{-in\pi} + f(-\pi)e^{in\pi} + \int_{-\pi}^{\pi} f'(x)e^{-inx}\,dx\right]$$

$$= \frac{1}{2\pi in}\int_{-\pi}^{\pi} f'(x)e^{-inx}\,dx$$

이다. 그러므로

$$\frac{1}{2\pi}\int_{-\pi}^{\pi} f'(x)e^{-inx}\,dx = in\,c_n$$

이다. f'의 푸리에 급수는

$$f'(x) = \sum_{n=-\infty}^{\infty}\left(\frac{1}{2\pi}\int_{-\pi}^{\pi} f'(x)\,e^{-inx}\,dx\right)e^{inx} = \sum_{n=-\infty}^{\infty} in\,c_n\,e^{inx}$$

이다. 그러므로 f'의 푸리에 급수는 f의 푸리에 급수의 각 항(term)을 미분한 것이다.

예제 11.2.1 : $f : [-\pi, \pi] \to \mathbb{R}$를 $f(-\pi) = f(\pi)$인 C^2 함수라 하자.

$$\sum_{n=-\infty}^{\infty} |c_n| < \infty$$

를 보여라.

증명 : 정리 11.2.1의 증명으로부터

$$c_n = \frac{1}{in}\frac{1}{2\pi}\int_{-\pi}^{\pi} f'(x)e^{-inx}dx$$

이다. 그러므로

$$c_n = \frac{1}{in}\frac{1}{2\pi}\left[\frac{f'(x)}{-in}e^{-inx}\right]_{-\pi}^{\pi} + \frac{1}{in}\frac{1}{2\pi}\int_{-\pi}^{\pi} \frac{f''(x)}{in}e^{-inx}\, dx$$
$$= \frac{1}{2\pi}\frac{1}{(in)^2}\int_{-\pi}^{\pi} f''(x)e^{-inx}\, dx = -\frac{1}{2\pi}\frac{1}{n^2}\int_{-\pi}^{\pi} f''(x)e^{-inx}\, dx$$

이다. 따라서

$$|c_n| \le \frac{1}{2\pi}\frac{1}{n^2}\int_{-\pi}^{\pi} |f''(x)e^{-inx}|\, dx = \frac{1}{2\pi}\frac{1}{n^2}\int_{-\pi}^{\pi} |f''(x)|\, dx$$

이다. f가 $[-\pi, \pi]$에서 C^2 함수이므로

$$|f''(x)| < M < \infty$$

이다. 그러므로

$$|c_n| \le \frac{1}{n^2}\frac{1}{2\pi}2\pi M = \frac{M}{n^2}$$

이다. 따라서

$$\sum_{n=-\infty}^{\infty} |c_n| < \infty.$$

예제 11.2.2 : $f : [-\pi, \pi] \to \mathbb{R}$를 $f(-\pi) = f(\pi)$인 C^2 함수라 하자. f의 푸리에 급수가 균등 수렴함을 보여라.

증명 : $f(x) = \sum_{n=-\infty}^{\infty} c_n e^{inx}$이다. 예제 11.2.1로 부터

$$c_n = \frac{1}{2\pi}\int_{-\pi}^{\pi} f(x)e^{-inx}dx = -\frac{1}{2\pi}\frac{1}{n^2}\int_{-\pi}^{\pi} f''(x)e^{-inx}\, dx$$

이다. 따라서

$$|c_n| \le \frac{1}{2\pi}\frac{1}{n^2}\int_{-\pi}^{\pi} |f''(x)e^{-inx}|\, dx = \frac{1}{2\pi}\frac{1}{n^2}\int_{-\pi}^{\pi} |f''(x)|\, dx$$

이다. f가 $[-\pi, \pi]$에서 C^2 함수이므로 $|f''(x)| < M < \infty$ 이다. 그러므로

$$|c_n| \le \frac{1}{n^2}\frac{1}{2\pi}2\pi M = \frac{M}{n^2}$$

이다. 즉,

$$|c_n e^{inx}| = |c_n| \le \frac{M}{n^2}$$

이 되고 $\sum_{n=-\infty}^{\infty} \frac{M}{n^2}$가 수렴하므로 $\sum_{n=-\infty}^{\infty} c_n e^{inx}$가 균등 수렴한다.

연습 문제 11.2

1. $f_n : [a, b] \to \mathbb{R}$을 함수의 수열로서 f_n이 정리 11.1.2를 만족한다고 하자. f_n이 f로 균등 수렴할 때 f도 정리 11.1.2를 만족함을 증명하라.

2. $f_n : [a, b] \to \mathbb{R}$을 함수의 수열로서 f_n이 정리 11.1.2를 만족한다고 하자. $\lim_{n\to\infty} \int_{-\pi}^{\pi} |f_n - f| = 0$일 때 f도 정리 11.1.2를 만족함을 증명하라.

참고 문헌

1. S. Abbott, Understanding analysis, Springer, 2001.

2. R. G. Bartle and D. R. Sherbert, Introduction to real analysis, Wiley, 1992.

3. K. Hoffman, Analysis in Euclidean space, Prentice-Hall, 1975.

4. R. Johnsonbaugh and W. E. Pfaffenberger, Foundations of mathematical analysis, 1981.

5. S. Lang, Undergraduate analysis, Springer, 1997.

6. J. E. Marsden and M. J. Hoffman, Elementary classical analysis, Freeman, 1993.

7. W. Rudin, Principles of mathematical analysis, McGraw-Hill, 1976.

8. G. F. Simmons, Topology and modern analysis, McGraw-Hill, 1963.

9. 김성기, 김도한, 계승혁, 해석 개론, 서울대학교 출판부, 2002.

10. 조열제, 정종수, 남영만, 김종규, 해석학 개론, 교우사, 1995.

연습 문제 해답

연습 문제 1.1

1. $x + y = y$의 양변에 $(-y)$를 더하면 $(x+y)+(-y) = y+(-y)$이다. 즉, $x+(y+(-y)) = 0$이다. 그러므로 $x+0 = 0$이다. 즉, $x = 0$이다.

2. $x + y = 0$의 양변에 $(-y)$를 더하면 $(x+y)+(-y) = 0+(-y)$이다. 즉, $x+(y+(-y)) = -y$이다. 그러므로 $x = -y$이다.

3. $x+(-x) = 0$이다. 위의 2번의 결과로부터 $x = -(-x)$이다.

4. $x + x\cdot 0 = x\cdot 1 + x\cdot 0 = x\cdot(1+0) = x\cdot 1 = x$이다. 그러므로 $(-x)+(x+x\cdot 0) = (-x)+x$이다. 따라서 $x\cdot 0 = 0$이다.

5. $x+(-1)\cdot x = 1\cdot x+(-1)\cdot x = (1+(-1))\cdot x = 0\cdot x = 0$이다. 위의 2번의 결과로부터 $(-1)\cdot x = -x$이다.

6. $\frac{1}{p} > 0$이므로 $p > 0$이다. $\mathbb{R}$이 아르키미디언 체이므로 $p < N$을 만족하는 양의 정수가 존재한다. 그러므로 $\frac{1}{N} < \frac{1}{p}$를 만족하는 양의 정수 N이 존재한다.

연습 문제 1.2

1. 집합론 책을 참조하라.

2. $p, q, s, t \in \mathbb{Z}$라 하고 $x = \frac{q}{p}$라 하고 $y = \frac{s}{t}$라 하자. $r = \frac{x+y}{2}$라 하자. 그러면

$$r = \frac{\frac{q}{p} + \frac{s}{t}}{2} = \frac{qt + ps}{2pt} \in \mathbb{Q}$$

이다. $r - x = \frac{x+y}{2} - x = \frac{y-x}{2} > 0$이고 $y - r = y - \frac{x+y}{2} = \frac{y-x}{2} > 0$이다.

그러므로 $x < r < y$를 만족하는 유리수 r이 존재한다.

3. $x > 0$이라 하자. $y - x > 0$이므로 $\frac{1}{y-x} > 0$이다. 아르키미디언 성질에

의하여 $\frac{1}{y-x} < p$를 만족하는 양의 정수 p가 존재한다. 즉, $py - px > 1$

이다. 아르키미디언 성질에 의하여 $S = \{m \in \mathbb{N} : px < m\}$가

공집합이 아니다. t를 S의 최소 원소라 하면 $t - 1 \leq px < t$이다.

그러므로 $t \leq px + 1 < py$이다. 따라서 $px < t < py$이다.

즉, $x < r = \frac{t}{p} < y$를 만족하는 유리수 r이 존재한다.

연습 문제 2.1

1. $x_n \geq y_n$이므로 $x_n - y_n \geq 0$이다. $(x_n - y_n) \to (x - y)$이므로 예제 2.2에

의하여 $x - y \geq 0$이다. 즉, $x \geq y$이다.

2. $\epsilon > 0$이 주어졌다 하자. $x_n \to x$이므로

$$n \geq K_1 \Rightarrow |x_n - x| < \frac{\epsilon}{2}$$

를 만족하는 양의 정수 K_1이 존재한다. $y_n \to y$이므로

$$n \geq K_2 \Rightarrow |y_n - y| < \frac{\epsilon}{4}$$

를 만족하는 양의 정수 K_2이 존재한다. $K = \max(K_1, K_2)$라 하자.

그러면

$$n \geq K \Rightarrow |(x_n + 2y_n) - (x + 2y)| \leq |x_n - x| + 2|y_n - y| < \frac{\epsilon}{2} + 2\frac{\epsilon}{4} = \epsilon$$

를 만족하는 양의 정수 K가 존재한다.

3. $x_n \leq y_n$이므로 1번에 의하여

$$\lim_{n\to\infty} x_n \leq \lim_{n\to\infty} y_n$$

이다. $y_n \leq z_n$이므로 1번에 의하여

$$\lim_{n\to\infty} y_n \leq \lim_{n\to\infty} z_n$$

이다. 그러므로

$$\lim_{n\to\infty} x_n \leq \lim_{n\to\infty} y_n \leq \lim_{n\to\infty} z_n$$

이다.

$$\lim_{n\to\infty} x_n = \lim_{n\to\infty} z_n$$

이므로

$$\lim_{n\to\infty} x_n = \lim_{n\to\infty} y_n = \lim_{n\to\infty} z_n$$

이다.

4. $|x_n| = |x_n - x + x| \le |x_n - x| + |x|$이므로 $|x_n| - |x| \le |x_n - x|$이다.

$|x| = |x - x_n + x_n| \le |x_n - x| + |x_n|$이므로 $|x| - |x_n| \le |x_n - x|$이다.

그러므로 $||x_n| - |x|| \le |x_n - x|$이다.

$\epsilon > 0$이 주어졌다 하자. $x_n \to x$이므로

$$n \ge K \Rightarrow |x_n - x| < \epsilon$$

를 만족하는 양의 정수 K이 존재한다. 따라서

$$n \ge K \Rightarrow ||x_n| - |x|| < \epsilon$$

를 만족하는 양의 정수 K가 존재한다.

5. 0.

6. $3, -3$

연습 문제 2.2

1. $x^2 - 3x + 2 < 0$을 풀면 $1 < x < 2$이다. 즉, $B = (1, 2)$이다. 그러므로 $\sup B = 2$이고 $\inf B = 1$이다.

2. $\sup(r + S) = a$라 하자. $\epsilon > 0$이 주어졌다 하자. 그러면 a는 $r + S$의 상계

이고 $a-\epsilon<p$를 만족하는 $p\in r+S$가 존재한다. 그러므로

$$(a-r)-\epsilon<p-r$$

를 만족하는 $p-r\in S$가 존재한다. $a-r$은 S의 상계이다. 따라서 $\sup(S)=a-r$이다. 즉, $r+\sup(S)=a$이다. 그러므로 $r+\sup(S)=\sup(r+S)$이다.

3. $b=\sup(S)$라 하자. 그러면 b는 S의 상계이고 $b-\frac{1}{n}<p$를 만족하는 $p\in S$가 존재한다. 즉, $b-\frac{1}{n}<p\le b$를 만족하는 $p\in S$가 존재한다. $x_n\in S\cap(b-\frac{1}{n},b]$라 하자. 그러면 $x_n\in S$이고 $x_n\to b$이다.

4. 분명히 $0\in\cap_{n=1}^{\infty}I_n$이다. $p>0$이고 $p\in\cap_{n=1}^{\infty}I_n$이라 하자. 그러면 모든 양의 정수 n에 대하여 $0<p\le\frac{1}{n}$이다. 그러므로 모든 양의 정수 n에 대하여 $0<n\le\frac{1}{p}$이다. 이것은 아르키미디언 성질과 모순이다. 그러므로 $\cap_{n=1}^{\infty}I_n=\{0\}$이다.

5. $x_1>1$이다. $x_k>1$이라 가정하자. 그러면

$$x_{k+1}=2-\frac{1}{x_k}>1$$

이다. 수학적 귀납법에 의하여 모든 자연수 n에 대하여 $x_n>1$이다. 즉, x_n은 아래로 유계인 수열이다.

$x_2>x_1$이라 하면

$$(x_1-1)^2=x_1^2-2x_1+1<x_1x_2-2x_1+1=0$$

이 되어 모순이 일어나 $x_1 \geq x_2$이다. $x_{k-1} \geq x_k$이라 가정하자.

$$x_k - x_{k+1} = 2 - \frac{1}{x_{k-1}} - (2 - \frac{1}{x_k}) = \frac{1}{x\,k} - \frac{1}{x_{k-1}} = \frac{x_{k-1} - x_k}{x_{k-1}x_k} \geq 0$$

이 되어 $x_k \geq x_{k+1}$이다. 수학적 귀납법에 의하여 x_n은 감소 수열이다.

그러므로 x_n은 수렴한다. $\lim_{n\to\infty} x_n = x$라 하자. 그러면

$$\lim_{n\to\infty} x_{n+1} = 2 - \lim_{n\to\infty} \frac{1}{x_n}$$

이 되어 $x = 2 - \frac{1}{x}$가 되어 $x = 1$이다.

6. $\epsilon > 0$이 주어졌다 하자. $\frac{1}{3^n} < \epsilon$을 n에 대하여 풀면 $-n \ln 3 < \ln \epsilon$이다.

즉, $n > -\frac{\ln \epsilon}{\ln 3} = -\ln_3 \epsilon$이다. 그러므로

$$n \geq N \Rightarrow |\frac{1}{3^n} - 0| = \frac{1}{3^n} \leq \frac{1}{3^N} < \frac{1}{3^{-\ln_3 \epsilon}} = \epsilon$$

을 만족하는 양의 정수 $N > -\ln_3 \epsilon$이 존재한다.

연습 문제 2.3

1. 1

2. -1

3. 4

4. $a_n = \sup[x_n + y_n, x_{n+1} + y_{n+1}, \ldots]$, $b_n = \sup[x_n, x_{n+1}, \ldots]$, $c_n = \sup[y_n, y_{n+1}, \ldots]$

라 하자. 그러면 $a_n \le b_n + c_n$이다. 그러므로

$$\lim_{n\to\infty} \sup(x_n + y_n) = \lim_{n\to\infty} a_n \le \lim_{n\to\infty} (b_n + c_n) = \lim_{n\to\infty} \sup x_n + \lim_{n\to\infty} \sup y_n$$

이다.

5. $a_n = \sup[x_n, x_{n+1}, \ldots]$, $b_n = \inf[-x_n, -x_{n+1}, \ldots]$라 하자. 그러면 $b_n = \inf[-x_n, -x_{n+1}, \ldots] = -\sup[x_n, x_{n+1}, \ldots] = -a_n$이다. 그러므로

$$\lim_{n\to\infty} \sup x_n = \lim_{n\to\infty} a_n = -b_n = -\lim_{n\to\infty} \inf\ (-x_n)$$

이다.

6. x_n이 유계 수열 이므로 Bolzano-Weierstrass 정리로부터 수열 x_n이 적어도 하나의 수렴하는 부분 수열을 갖는다. 그러므로 B는 적어도 하나의 원소를 갖는다. B가 하나의 원소를 갖는 집합이라 가정하자. 그러면 x_n의 모든 부분 수열이 한 점 x로 수렴한다. 즉, x_n이 x로 수렴한다. 이 문제의 전제와 모순이 일어나 B가 적어도 2개의 원소를 갖는다.

연습 문제 2.4

1. $\epsilon > 0$이 주어졌다 하자.

$$k, l \ge K_1 \Rightarrow |x_k - x_l| < \frac{\epsilon}{2}$$

을 만족하는 양의 정수 K_1이 존재한다.

$$k, l \geq K_2 \Rightarrow |y_k - y_l| < \frac{\epsilon}{2}$$

을 만족하는 양의 정수 K_2이 존재한다. $K = \max(K_1, K_2)$라 하자.

그러면

$$k, l \geq K \Rightarrow |(x_k + y_k) - (x_l + y_l)| \leq |x_k - x_l| + |y_k - y_l| < \frac{\epsilon}{2} + \frac{\epsilon}{2} = \epsilon$$

을 만족하는 양의 정수 K가 존재한다.

2. $\epsilon > 0$이 주어졌다 하자.

$$m, l \geq L \Rightarrow |x_m - x_l| < \frac{\epsilon}{|k|}$$

을 만족하는 양의 정수 L가 존재한다. 그러면

$$m, l \geq L \Rightarrow |kx_m - kx_l| = |k|\ |x_m - x_l| < |k|\frac{\epsilon}{|k|} = \epsilon$$

을 만족하는 양의 정수 L이 존재한다.

3. $\epsilon > 0$이 주어졌다 하자. x_n이 코시수열이므로

$$n, m \geq L \Rightarrow |x_n - x_m| < \frac{\epsilon}{2}$$

을 만족하는 양의 정수 L가 존재한다. $\delta > 0$가

$$\delta < \frac{1}{L},\ \ \delta < \frac{\epsilon}{2}$$

를 만족한다 하자. 문제의 전제에 의하면

$$|x_n| < \delta < \frac{\epsilon}{2}, \quad n > \frac{1}{\delta} > L$$

을 만족하는 n이 존재한다. $n, m \geq L \Rightarrow |x_n - x_m| < \frac{\epsilon}{2}$이고 $|x_n| < \frac{\epsilon}{2}$을 만족하는 n이 존재하므로

$$m \geq L \Rightarrow |x_m| \leq |x_m - x_n| + |x_n| < \frac{\epsilon}{2} + \frac{\epsilon}{2} < \epsilon$$

을 만족하는 양의 정수 L이 존재한다.

4.

$$|x_n - x_m| = \left|\frac{n+1}{n} - \frac{m+1}{m}\right| = \left|\frac{1}{n} - \frac{1}{m}\right| \leq \frac{1}{n} + \frac{1}{m}$$

$\epsilon > 0$이 주어졌다 하자.

$$n \geq K \Rightarrow \frac{1}{n} < \frac{\epsilon}{2}$$

을 만족하는 양의 정수 K가 존재한다. 그러므로

$$n, m \geq K \Rightarrow |x_n - x_m| = \left|\frac{n+1}{n} - \frac{m+1}{m}\right| \leq \frac{1}{n} + \frac{1}{m} < \frac{\epsilon}{2} + \frac{\epsilon}{2} = \epsilon$$

을 만족하는 양의 정수 K가 존재한다.

5. 수열 x_n의 최소 상계를 x라 하자. $\epsilon > 0$이 주어졌다 하자. $x - \epsilon < x_N$를 만족하는 $x_N \in \{x_1, x_2, \ldots\}$가 존재한다. x_n의 최소 상계가 x이고 x_n이 증

가 수열이므로 $k, l \geq N \Rightarrow |x_k - x_l| < \epsilon$을 만족하는 양의 정수 N이 존재한다.

연습 문제 3.1

1. (1) $\langle f, f\rangle = \int_a^b (f(x))^2 dx \geq 0$

(2) $\langle f, f\rangle = 0 \Leftrightarrow \int_a^b (f(x))^2 dx = 0 \Leftrightarrow f = 0$

(3) $\langle kf, g\rangle = \int_a^b (kf)(x)g(x)dx = k\int_a^b f(x)g(x)dx = k\langle f, g\rangle$

(4) $\langle f, g+h\rangle = \int_a^b f(x)(g(x)+h(x))dx = \int_a^b f(x)g(x)dx + \int_a^b f(x)h(x)dx$

$= \langle f, g\rangle + \langle f, h\rangle$

(5) $\langle f, g\rangle = \int_a^b f(x)g(x)dx = \int_a^b g(x)f(x)dx = \langle g, f\rangle$

2. (1) $\langle x, x\rangle = x_1^2 + x_2^2 + \cdots + x_n^2 \geq 0.$

(2) $\langle x, x\rangle = 0$ iff $x_1^2 + x_2^2 + \cdots + x_n^2 = 0$ iff $x_1 = x_2 = \cdots = x_n = 0$ iff $x = 0.$

(3) $\langle \alpha x, y\rangle = \alpha x_1y_1 + \alpha x_2y_2 + \cdots + \alpha x_ny_n = \alpha(x_1y_1 + x_2y_2 + \cdots + x_ny_n)$

$= \alpha\langle x, y\rangle.$

(4) $\langle x, y+z\rangle = x_1(y_1+z_1) + x_2(y_2+z_2) + \cdots + x_n(y_n+z_n) = (x_1y_1 + x_2y_2 + \cdots + x_ny_n) + (x_1z_1 + x_2z_2 + \cdots + x_nz_n) = \langle x, y\rangle + \langle x, z\rangle.$

(5) $\langle x, y\rangle = x_1y_1 + x_2y_2 + \cdots + x_ny_n = y_1x_1 + y_2x_2 + \cdots + y_nx_n = \langle y, x\rangle.$

그러므로 $(\mathbb{R}^n, \langle\cdot,\cdot\rangle)$은 내적 공간이다.

연습 문제 3.2

1. $\|x+y\|^2 - \|x-y\|^2 = \langle x+y, x+y\rangle - \langle x-y, x-y\rangle = \langle x,x\rangle + 2\langle x,y\rangle +$

   $\langle y,y\rangle - (\langle x,x\rangle - 2\langle x,y\rangle + \langle y,y\rangle) = 4\langle x,y\rangle$

2. $\|x+y\|^2 + \|x-y\|^2 = \langle x+y, x+y\rangle + \langle x-y, x-y\rangle = \langle x,x\rangle + 2\langle x,y\rangle +$

   $\langle y,y\rangle + (\langle x,x\rangle - 2\langle x,y\rangle + \langle y,y\rangle) = 2\langle x,x\rangle + 2\langle y,y\rangle = 2\|x\|^2 + \|y\|^2$

3. $\|x+y\|^2\ \|x-y\|^2 = (\langle x,x\rangle + 2\langle x,y\rangle + \langle y,y\rangle)(\langle x,x\rangle - 2\langle x,y\rangle + \langle y,y\rangle) =$

   $(\|x\|^2 + 2\langle x,y\rangle + \|y\|^2)(\|x\|^2 - 2\langle x,y\rangle + \|y\|^2) = (\|x\|^2 + \|y\|^2)^2 - 4\langle x,y\rangle$

   $\le (\|x\|^2 + \|y\|^2)^2$. 그러므로 $\|x+y\|\ \|x-y\| \le \|x\|^2 + \|y\|^2$이다.

4. $\epsilon > 0$이 주어졌다 하자. $x_k \to x$이므로

$$k \ge L \Rightarrow \|x_k - x\| < \frac{\epsilon}{|\alpha|}$$

   를 만족하는 양의 정수 L이 존재한다. 그러므로

$$k \ge L \Rightarrow \|\alpha x_k - \alpha x\| = |\alpha|\|x_k - x\| < |\alpha|\frac{\epsilon}{|\alpha|} = \epsilon$$

   을 만족하는 양의 정수 L이 존재한다.

연습 문제 4.1

1. $\frac{1}{(n+1)(n+2)} \le \frac{1}{n^2}$ 이다. p-급수 판정법에 의하여 $\sum_{n=1}^{\infty} \frac{1}{n^2}$ 이 수렴한다.

   비교 판정법에 의하여 $\sum_{n=1}^{\infty} \frac{1}{(n+1)(n+2)}$ 이 수렴한다.

2. $a_n = \frac{1}{n^2+1}$ 라 하자. 그러면 $\lim_{n\to\infty} \frac{1}{n^2+1} = 0$ 이고 a_n이 감소 수열이다.

그러므로

$$\sum_{n=1}^{\infty} \frac{(-1)^{n+1}}{n^2+1}$$

이 교대 급수 판정법에 의하여 수렴한다.

3.

$$\frac{n}{n^2+1} \geq \frac{n}{2n^2} = \frac{1}{2n}$$

이다. p-급수 판정법에 의하여 $\sum_{n=1}^{\infty} \frac{1}{2n}$ 이 발산한다.

비교 판정법에 의하여 $\sum_{n=1}^{\infty} \frac{n}{n^2+1}$ 이 발산한다.

4.

$$\lim_{n\to\infty} \frac{\frac{n+1}{2^{n+1}}}{\frac{n}{2^n}} = \lim_{n\to\infty} \frac{n+1}{n}\frac{1}{2} = \frac{1}{2}$$

이다. 비 판정법에 의하여 $\sum_{n=1}^{\infty} \frac{n}{2^n}$ 이 수렴한다.

5.

$$\lim_{n\to\infty} \frac{\frac{3^{n+1}}{(n+1)!}}{\frac{3^n}{n!}} = \lim_{n\to\infty} \frac{3}{n+1} = 0$$

이다. 비 판정법에 의하여

$$\sum_{n=1}^{\infty} \frac{3^n}{n!}$$

이 수렴한다.

연습 문제 4.2

1.

$$\frac{1}{R} = \lim_{n\to\infty} (\frac{1}{n^n})^{\frac{1}{n}} = \lim_{n\to\infty} \frac{1}{n} = 0$$

이므로 수렴 반경이 ∞이다.

2.

$$R = \lim_{n\to\infty} \frac{\frac{n^n}{n!}}{\frac{(n+1)^{n+1}}{(n+1)!}} = \lim_{n\to\infty} \frac{n^n}{(n+1)^n} = \lim_{n\to\infty} \frac{1}{(\frac{n+1}{n})^n} = \frac{1}{e}$$

3.

$$\frac{1}{R} = \lim_{n\to\infty} (n^{\frac{1}{2}})^{\frac{1}{n}} = \lim_{n\to\infty} (n^{\frac{1}{n}})^{\frac{1}{2}} = 1$$

이므로 수렴 반경이 1이다.

4.

$$R = \lim_{n\to\infty} \frac{\frac{2^n}{n^2}}{\frac{2^{n+1}}{(n+1)^2}} = \lim_{n\to\infty} \frac{(n+1)^2}{2n^2} = \frac{1}{2}$$

5.

$$R = \lim_{n\to\infty} \frac{\frac{2^n}{n!}}{\frac{2^{n+1}}{(n+1)!}} = \lim_{n\to\infty} \frac{n+1}{2} = \infty$$

연습 문제 5.1

1. (1) $d(x, y) \geq 0$이므로

$$p(x, y) = \frac{d(x, y)}{1 + d(x, y)} \geq 0.$$

(2)

$$p(x,y) = \frac{d(x,y)}{1+d(x,y)} = 0 \Longleftrightarrow d(x,y) = 0 \Longleftrightarrow x = y.$$

(3)

$$p(x,y) = \frac{d(x,y)}{1+d(x,y)} = \frac{d(y,x)}{1+d(y,x)} = p(y,x).$$

(4)

$$p(x,z) + p(z,y) - p(x,y) = \frac{d(x,z)}{1+d(x,z)} + \frac{d(z,y)}{1+d(z,y)} - \frac{d(x,y)}{1+d(x,y)}$$

$$= \frac{d(x,z)+d(z,y)-d(x,y)+d(x,z)d(z,y)+d(z,y)d(x,z)+d(z,y)d(x,z)d(x,y)}{[1+d(x,z)][1+d(z,y)][1+d(x,y)]} \geq 0.$$

그러므로 $p(x,y) \leq p(x,z) + p(z,y)$이다. 또한

$$0 \leq p(x,y) = \frac{d(x,y)}{1+d(x,y)} < 1$$

이다.

2. $x = 5, y = 2, z = 1$이라 하자. 그러면 $d(x,y) = 3^2 = 9$, $d(y,z) = 1^2 = 1$, $d(x,z) = 4^2 = 16$이다. 그러므로 $d(x,y) + d(y,z) \geq d(x,z)$가 성립되지 않아 d는 거리 함수가 아니다.

3. $d(x,y) = 0 \Leftrightarrow |x^2 - y^2| = 0 \Leftrightarrow x = y \text{ or } x = -y$이므로 d가 거리 함수가 아니다.

4. $d(x,y) = 0 \Leftrightarrow |x - 2y| = 0 \Leftrightarrow x = 2y$이므로 d가 거리 함수가 아니다.

5. (1) $d(x,y) = \|x - y\| \geq 0$

(2) $d(x,y)=0 \Leftrightarrow \|x-y\|=0 \Leftrightarrow x=y$

(3) $d(x,y)=\|x-y\|=\|(-1)(y-x)\|=|-1|\|y-x\|=\|y-x\|=d(y,x)$

(4) $d(x,z)=\|x-z\|=\|(x-y)+(y-z)\|\le\|x-y\|+\|y-z\|=$
$d(x,y)+d(y,z)$

연습 문제 5.2

1. $(p,q)\in T$라 하자. 그러면 $p\in S$이다. S가 열린 집합이므로
$p\in(p-\epsilon,p+\epsilon)\subseteq S\subseteq\mathbb{R}$를 만족하는 $\epsilon>0$이 존재한다.
그러므로 임의의 $(p,q)\in T$에 대하여 $(p,q)\in B((p,q),\epsilon)\subseteq T$를 만족하는 $\epsilon>0$이 존재한다.

2. $S^\circ=\{(x,y)\in\mathbb{R}^2 : x^2+y^2<3\}$

3. $p\in S^\circ$라 하자. 그러면 $p\in U\subseteq S$를 만족하는 열린 집합 U가 존재한다.
$S\subseteq T$이므로 $p\in U\subseteq T$를 만족하는 열린 집합 U가 존재한다. 즉,
$p\in T^\circ$이다. 그러므로 $S^\circ\subseteq T^\circ$이다.

4. $p\in S^\circ\cup T^\circ$라 하자. 그러면 $p\in S^\circ$이거나 또는 $p\in T^\circ$이다.
$p\in S^\circ$이면 $p\in U\subseteq S$를 만족하는 열린 집합 U가 존재한다. $S\subseteq S\cup T$이므로 $p\in U\subseteq S\cup T$를 만족하는 열린 집합 U가 존재한다. 즉,
$p\in(S\cup T)^\circ$이다. 그러므로 $S^\circ\cup T^\circ\subseteq(S\cup T)^\circ$이다.

$p \in T^\circ$이면 $p \in U \subseteq T$를 만족하는 열린 집합 U가 존재한다. $S \subseteq S \cup T$이므로 $p \in U \subseteq S \cup T$를 만족하는 열린 집합 U가 존재한다. 즉, $p \in (S \cup T)^\circ$이다. 그러므로 $S^\circ \cup T^\circ \subseteq (S \cup T)^\circ$이다.

연습 문제 5.3

1. $(x,y) \in S^c$라 하자. $\epsilon = \frac{\sqrt{x^2+y^2}-1}{2}$라 하면 $\epsilon > 0$이고 $B((x,y),\epsilon) \subseteq S^c$이다. 그러므로 임의의 $(x,y) \in S^c$에 대하여 $B((x,y),\epsilon) \subseteq S^c$을 만족하는 $\epsilon = \frac{\sqrt{x^2+y^2}-1}{2} > 0$이 존재한다. 즉, S^c가 열린 집합이다. 그러므로 S는 닫힌 집합이다.

2. 각 $\{x_i\} \subseteq \mathbb{R}$가 닫힌 집합이다. $S = \cup_{i=1}^k \{x_i\}$이므로 S는 닫힌 집합이다.

3. $B' = \{(x,y) \in \mathbb{R}^2 : y \leq x+1\}$

4. 3

5. $S = \{y_1, y_2, \ldots, y_N\}$라 하자.

$$p \in T^c = \{x \in X : d(x,y) > 1 \quad for\ all\ y \in S\}$$

라 하자. 그러면 모든 $i = 1, 2, \ldots, N$에 대하여 $d(p, y_i) > 1$이다.

$$\epsilon = \min \{\frac{d(p,y_1)-1}{2}, \ldots, \frac{d(p,y_N)-1}{2}\}$$

라 하자. 그러면 $\epsilon > 0$이다.

$B(p,\epsilon) \subseteq T^c$를 보이기 위하여 $z \in B(p,\epsilon)$이라 하자. 그러면

$$d(p,z) < \epsilon \le \frac{d(p,y_i)-1}{2}$$

이다. 거리 함수(metric)의 삼각부등식(triangle inequality)에 의하여 모든 $i = 1, 2, \ldots, N$에 대하여

$$d(z,y_i) \ge d(p,y_i) - d(z,p) > d(p,y_i) - \frac{d(p,y_i)-1}{2} = \frac{d(p,y_i)}{2} + \frac{1}{2} > 1$$

이다. 즉, $z \in T^c$이다. 그러므로 임의의 $p \in T^c$에 대하여 $B(p,\epsilon) \subseteq T^c$을 만족하는 $\epsilon > 0$이 존재한다. 따라서 T^c가 열린 집합이다. 즉, T가 닫힌 집합이다.

6. x_n이 유계수열이므로 Bolzano-Weierstrass 정리에 의하여 x_n은 $\mathbb{R}$내의 한 점으로 수렴하는 부분수열을 갖는다. x_{n_k}가 x로 수렴한다 하자. 그러면 임의의 $\epsilon > 0$에 대하여

$$k \ge N \Rightarrow |x - x_{n_k}| < \epsilon$$

을 만족하는 양의 정수 N이 존재한다. 즉, 임의의 $\epsilon > 0$에 대하여

$$k \ge N \Rightarrow x_{n_k} \in B(x,\epsilon)$$

을 만족하는 양의 정수 N이 존재한다. x_i들이 모두 다르므로 임의의 $\epsilon > 0$에 대하여

$$B(x,\epsilon) \cap (\{x_1, x_2, x_3, \ldots\} \setminus \{x\}) \ne \emptyset$$

이다. 그러므로 x는 $\{x_1, x_2, x_3, \ldots\}$의 쌓인점이다.

연습 문제 5.4

1. $\overline{B} = \{(x,y) \in \mathbb{R}^2 : y \geq x^2 + 3\}$

2. $bd(B) = \{(x,y) \in \mathbb{R}^2 : y = x^2 + 3\}$

3. $\overline{S \cap T}$은 $S \cap T$를 포함하는 가장 작은 닫힌 집합이고 $\overline{S} \cap \overline{T}$은 $S \cap T$를 포함하는 닫힌 집합이다. 그러므로 $\overline{S \cap T} \subseteq \overline{S} \cap \overline{T}$이다.

4.
$$p \in (S \cup T)' \Leftrightarrow \forall \epsilon > 0,\ B(p,\epsilon) \cap ((S \cup T) \setminus \{p\}) \neq \emptyset$$
$$\Leftrightarrow \forall \epsilon > 0,\ [B(p,\epsilon) \cap (S \setminus \{p\})] \cup [B(p,\epsilon) \cap (T \setminus \{p\})] \neq \emptyset$$
$$\Leftrightarrow \forall \epsilon > 0,\ B(p,\epsilon) \cap (S \setminus \{p\}) \neq \emptyset \ \vee \ B(p,\epsilon) \cap (T \setminus \{p\}) \neq \emptyset$$
$$\Leftrightarrow p \in S' \ \vee \ p \in T' \Leftrightarrow p \in S' \cup T'$$

그러므로 $(S \cup T)' = S' \cup T'$이다.

$\overline{S \cup T} = (S \cup T) \cup (S \cup T)' = (S \cup T) \cup (S' \cup T') = (S \cup S') \cup (T \cup T') = \overline{S} \cup \overline{T}$

5. $\epsilon > 0$이 주어졌다 하자. $\inf B = p$이므로 $p + \epsilon > s$를 만족하는 $s \in B$가 존재하고 $p \leq s$이다. 그러므로 $B(p,\epsilon) \cap (B \setminus \{p\}) \neq \emptyset$이다.

즉, $p \in B' \subseteq \overline{B}$이다.

6.

$$p \in bd(A \cup B) \Rightarrow \forall\, \epsilon > 0,\ [B(p,\epsilon) \cap (A \cup B) \neq \emptyset]\ \wedge\ [B(p,\epsilon) \cap (A \cup B)^c \neq \emptyset]$$

$$\Rightarrow \forall\, \epsilon > 0,\ [(B(p,\epsilon) \cap A) \cup (B(p,\epsilon) \cap B) \neq \emptyset]\ \wedge [B(p,\epsilon) \cap A^c \cap B^c \neq \emptyset]$$

$$\Rightarrow \forall\, \epsilon > 0,\ [(B(p,\epsilon) \cap A) \neq \emptyset\ \vee\ (B(p,\epsilon) \cap B) \neq \emptyset]\ \wedge\ [B(p,\epsilon) \cap A^c \cap B^c \neq \emptyset]$$

$$\Rightarrow \forall\, \epsilon > 0,\ [(B(p,\epsilon) \cap A) \neq \emptyset \wedge (B(p,\epsilon) \cap A^c) \neq \emptyset] \vee [(B(p,\epsilon) \cap B) \neq \emptyset \wedge B(p,\epsilon) \cap B^c \neq \emptyset]$$

$$\Rightarrow p \in bd(A)\ \vee\ p \in bd(B) \Rightarrow p \in bd(A) \cup bd(B)$$

다른 증명 방법은

$$bd(A \cup B) = \overline{A \cup B} \cap \overline{(A \cup B)^c} = (\overline{A} \cup \overline{B}) \cap \overline{A^c \cap B^c} \subseteq (\overline{A} \cup \overline{B}) \cap (\overline{A^c} \cap \overline{B^c})$$

$$= (\overline{A} \cap \overline{A^c} \cap \overline{B^c}) \cup (\overline{B} \cap \overline{A^c} \cap \overline{B^c}) \subseteq (\overline{A} \cap \overline{A^c}) \cup (\overline{B} \cap \overline{B^c}) = bd(A) \cup bd(B)$$

7. $bd(B) \cup B = (\overline{B} \cap \overline{B^c}) \cup B = (\overline{B} \cup B) \cap (B \cup \overline{B^c}) = \overline{B} \cap M = \overline{B}$

8. $bd(B) = \overline{B} \cap \overline{B^c} = \overline{(B^c)^c} \cap \overline{B^c} = bd(B^c)$

9. $B \setminus bd(B) = B \cap (bd(B))^c = B \cap (B^\circ \cup (B^c)^\circ) = (B \cap B^\circ) \cup (B \cap (B^c)^\circ) = B^\circ$

10. $B \subseteq C$이므로 $B' \subseteq C'$이다. 그러므로 $\overline{B} = B \cup B' \subseteq C \cup C' = \overline{C}$이다.

연습 문제 5.5

1. x_n이 x로 수렴하므로 x_n의 모든 부분 수열도 x로 수렴한다.

$x \in B$이므로 B가 닫힌 집합이다.

2. x_n을 S에 있는 코시 수열이라 하자. 그러면 x_n은 X에 있는 코시 수열이다. X가 완비 공간이므로 $x_n \to x \in X$이다. $x_n \in S$, $x_n \to x$이고 S가 닫힌 집합이므로 $x \in S$이다. 그러므로 S가 완비 집합이다.

3. $(x_n, y_n) \in X \times Y$을 (x, y)로 수렴하는 수열이라 하자. 그러면 $x_n \to x$이고 $y_n \to y$이다. $x_n \in X$이고 X가 닫힌 집합이므로 $x \in X$이다. $y_n \in Y$이고 Y가 닫힌 집합이므로 $y \in Y$이다. 그러므로 $(x, y) \in X \times Y$이다. 따라서 $X \times Y$가 닫힌 집합이다.

4.

$$For\ \forall \epsilon > 0,\ \exists\ L\ s.t.\ n, m \geq L \Rightarrow d(x_n, x_m) < \epsilon$$

$$\Leftrightarrow For\ \forall \epsilon > 0,\ \exists\ L\ s.t.\ DM(S_L) = \sup\{d(p, q) : p, q \in \{x_L, x_{L+1}, \dots\} < \epsilon$$

$$\Leftrightarrow For\ \forall \epsilon > 0, \exists\, L\, s.t.\ N \geq L \Rightarrow |DM(S_N) - 0| = \sup\{d(p, q) : p, q \in S_N\} < \epsilon$$

5. $(\Rightarrow)$ $U \subseteq \mathbb{R}^n$를 0를 포함하는 열린 집합이라 하자. 그러면 $B(0, \epsilon) \subseteq U$를 만족하는 $\epsilon > 0$이 존재한다. x_n이 코시 수열이므로

$$k, l \geq N \Rightarrow \|x_k - x_l\| < \epsilon$$

을 만족하는 양의 정수 N가 존재한다. $x_k - x_l \in B(0, \epsilon) \subseteq U$이므로

$$k, l \geq N \Rightarrow x_k - x_l \in U$$

을 만족하는 양의 정수 N가 존재한다.

($\Leftarrow$) $\epsilon > 0$이 주어졌다 하자. $B(0, \epsilon)$은 0을 포함하는 열린 집합이므로

$$k, l \geq N \Rightarrow x_k - x_l \in B(0, \epsilon)$$

을 만족하는 양의 정수 N가 존재한다. 그러므로

$$k, l \geq N \Rightarrow \|x_k - x_l\| < \epsilon$$

을 만족하는 양의 정수 N가 존재한다. 즉, x_n은 코시 수열이다.

6. 정리 2.1.15의 증명과 유사하다.

7. 정리 2.1.16의 증명과 유사하다.

8. 정리 2.1.13의 증명과 유사하다.

연습 문제 5.6

1. $S \subseteq \mathbb{R}^2$는 유계이고 닫힌 집합이다. 하이네-보렐 정리에 의하여 S는 컴팩트 집합이다.

2. 거리 공간에서 컴팩트 집합 S는 수열 컴팩트 집합이다. 그러므로 수열 x_n은 S내의 한 점으로 수렴하는 부분 수열을 갖는다. x_n이 코시 수열이므로 x_n은 S내의 한 점으로 수렴한다.

3.

$$(0,1) \subseteq \bigcup_{n=1}^{\infty} \left(\frac{1}{n}, \frac{3}{2}\right)$$

이므로 $\{(\frac{1}{n}, \frac{3}{2}) : n = 1, 2, \dots\}$는 (0,1)의 열린 덮개이다. 이 열린 덮개는 유한 부분 덮개를 갖을 수 없다. 그러므로 $(0,1)$은 컴팩트 집합이 아니다.

4. $p \in S$라 하자. S가 유계이므로 모든 $q \in S$에 대하여 $d(p,q) < L < \infty$.

$t \in \overline{S}$라 하자. 그러면 $t \in S$ 또는 $t \in S'$이다.

$t \in S$이면 $d(p,t) < L$이다.

$t \in S'$이면 $B(t,1) \cap (S \setminus \{t\}) \neq \emptyset$이다. 즉, $d(r,t) < 1$을 만족하는 $r \in S$가 존재한다. 그러므로 $d(p,t) \leq d(p,r) + d(r,t) < L + 1$이다.

따라서 $\overline{S}$는 유계이다.

5.

$$\mathbb{Z} \subseteq \bigcup_{n \in \mathbb{Z}} (n, n+2)$$

이므로 $\{(n, n+2) \subseteq \mathbb{R} : n \in \mathbb{Z}\}$가 $\mathbb{Z}$의 열린 덮개이다. 이 열린 덮개의 원소인 열린 구간 중 어느 하나만 제거해도 $\mathbb{Z}$의 열린 덮개가 되지 못한다. 즉, 열린 덮개 $\{(n, n+2) \subseteq \mathbb{R} : n \in \mathbb{Z}\}$는 부분 덮개를 갖지 못한다. 그러므로 $\mathbb{Z}$는 컴팩트 집합이 아니다.

6. $x_n = \cos n \in [-1, 1] \subseteq \mathbb{R}$이고 $[-1, 1]$은 수열 컴팩트 집합이므로 $x_n = \cos n$이 수렴하는 부분 수열 $x_{n_k} = \cos n_k$를 갖는다.

7. $S = \{x \in \mathbb{R}^n : \|x\| \leq 5\}$라 하면 S가 유계인 닫힌 집합이다.

하이네-보렐 정리에 의하여 $S \subseteq \mathbb{R}^n$는 컴팩트 집합이다. $\mathbb{R}^n$은 거리 공간이므로 S는 수열 컴팩트 집합이다. $x_k \in S$이므로

수열 x_k가 수렴하는 부분 수열을 갖는다.

연습 문제 5.7

1. $U = (1, 4),\ V = (5, 10)$라 하자. 그러면

$S \subseteq U \cup V,\ S \cap U \cap V = \emptyset,\ S \cap U \neq \emptyset,\ S \cap V \neq \emptyset$이다.

그러므로 S는 연결 집합이 아니다.

2. $\{(x, y) \in \mathbb{R}^2 : y \geq x + 3\}$내의 임의의 점을 p라 하고

$\{(x, y) \in \mathbb{R}^2 : x^2 + y^2 \leq 1\}$내의 임의의 점을 q라 하면

두 점을 연결하는 모든 패스는 S안에 있지 않다.

그러므로 S는 패스-연결 집합이 아니다.

3. T가 연결 집합이 아니라고 가정하자. 그러면

$T \subseteq U \cup V,\ T \cap U \cap V = \emptyset,\ T \cap U \neq \emptyset,\ T \cap V \neq \emptyset$을 만족하는

열린 집합 U, V가 존재한다.

$U \cap T \neq \emptyset$이므로 $x \in U \cap T$가 존재한다. 즉, $x \in U$이고 $x \in T$이다.

$x \in S$이면 $U \cap S \neq \emptyset$이다.

$x \notin S$이면 $x \in T \subseteq \overline{S}$이므로 $x \in S'$이다. $x \in U$이므로 $U \cap S \neq \emptyset$이다.

$V \cap T \neq \emptyset$이므로 $x \in V \cap T$가 존재한다. 즉, $x \in V$이고 $x \in T$이다.

$x \in S$이면 $V \cap S \neq \emptyset$이다.

$x \notin S$이면 $x \in T \subseteq \overline{S}$이므로 $x \in S'$이다. $x \in V$이므로 $V \cap S \neq \emptyset$이다.

$S \subseteq T$이므로 $S \subseteq U \cup V$, $S \cap U \cap V = \emptyset$이다.

그러므로 $S \subseteq U \cup V$, $S \cap U \cap V = \emptyset$, $S \cap U \neq \emptyset$, $S \cap V \neq \emptyset$을 만족하는 열린 집합 U, V가 존재한다. 따라서 S가 연결 집합이 아니다.

4. $(p, q), (v, w) \in S_1 \times S_2$라 하자. 그러면 $p, v \in S_1$이고 $q, w \in S_2$이다.

   S_1이 패스-연결 집합이므로 $\phi(a) = p$, $\phi(b) = v$를 만족하는 연속 패스 $\phi : [a, b] \to M$가 존재하고 $\phi([a, b]) \subseteq S_1$이다.

   S_2가 패스-연결 집합이므로 $\theta(a) = q$, $\theta(b) = w$를 만족하는 연속 패스 $\theta : [a, b] \to M$가 존재하고 $\theta([a, b]) \subseteq S_2$이다.

   $\psi : [a, b] \times [a, b] \to M \times M$을 $\psi(x, y) = (\phi(x), \theta(y))$로 정의된 함수라 하면 ψ가 연속이고, $\psi(a, a) = (p, q)$, $\psi(b, b) = (v, w)$이며, $\psi([a, b] \times [a, b]) \subseteq S_1 \times S_2$이다.

   따라서 $S_1 \times S_2$는 패스-연결 집합이다.

연습 문제 6.1

1. $\epsilon > 0$이 주어졌다 하고 $p \in \mathbb{R}$이라 하자. 그러면

$$|x - p| < \delta \Rightarrow |f(x) - f(p)| = |(5x - 3) - (5p - 3)| = 5|x - p| < 5\delta = \epsilon$$

을 만족하는 $\delta = \frac{\epsilon}{5}$가 존재한다. 그러므로 f가 p에서 연속이다.

p가 $\mathbb{R}$의 임의의 점이므로 f가 $\mathbb{R}$에서 연속이다.

2. $|x-1| = |(x-p)+(p-1)| \leq |x-p|+|p-1|$이다.

   $|p-1| = |(p-x)+(x-1)| \leq |x-p|+|x-1|$이다.

   그러므로 $|f(x)-f(p)| = |\,|x-1|-|p-1|\,| \leq |x-p|$이다.

   $\epsilon > 0$이 주어졌다 하자.

$$|x-p| < \delta \Rightarrow |f(x)-f(p)| = |\,|x-1|-|p-1|\,| \leq |x-p| < \delta = \epsilon$$

   을 만족하는 $\delta = \epsilon$가 존재한다. 그러므로 f가 p에서 연속이다.

   p가 $\mathbb{R}$의 임의의 점이므로 f가 $\mathbb{R}$에서 연속이다.

3. $-|x| \leq x\sin\frac{1}{x} \leq |x|$이고 $\lim_{x\to 0}|x| = 0$이므로

$$\lim_{x\to 0} x\sin(\frac{1}{x}) = 0$$

   이다. 그러므로 f는 $\mathbb{R}$에서 연속이다.

4. $B = \{y \in \mathbb{R} : y < 5\}$라 하자. 그러면 B는 열린 집합이고

   $\{x \in \mathbb{R} : f(x) < 5\} = f^{-1}(B)$이다. f가 연속이고 B가 열린 집합이므로

   $\{x \in \mathbb{R} : f(x) < 5\}$가 열린 집합이다.

5. $B = \{y \in \mathbb{R} : y \geq -2\}$라 하자. 그러면 B는 닫힌 집합이고

   $\{(x,y) \in \mathbb{R}^2 : f(x,y) \geq -2\} = f^{-1}(B)$이다. f가 연속이고 B가 닫힌

집합이므로 $\{(x,y) \in \mathbb{R}^2 : f(x,y) \geq -2\}$가 닫힌 집합이다.

6. $(x_n, y_n, z_n) \in \mathbb{R}^3$를 $(x_n, y_n, z_n) \to (x, y, z)$인 수열이라 하자. 그러면 $x_n \to x,\ y_n \to y,\ z_n \to z$이다. 그러므로 $(y_n, z_n) \to (y, z)$이다. 즉, $f(x_n, y_n, z_n) \to f(x, y, z)$이다. 따라서 f는 $\mathbb{R}^3$에서 연속이다.

7. $\epsilon > 0$이 주어졌다 하고 $p \in \mathbb{R}^3$이라 하자. 그러면

$$\|x - p\| < \delta \Rightarrow \|f(x) - f(p)\| \leq 6\|x - p\| < 6\delta = \epsilon$$

을 만족하는 $\delta = \frac{\epsilon}{6}$가 존재한다. 그러므로 f가 p에서 연속이다.
p가 $\mathbb{R}^3$의 임의의 점이므로 f가 $\mathbb{R}^3$에서 연속이다.

8. $p \in \mathbb{Q}$라 하자. 그러면 $p_n \to p$를 만족하는 무리수들의 수열 p_n이 존재한다. f가 연속이므로 $\lim_{n\to\infty} f(p_n) = f(p)$이다.
모든 $n \in \mathbb{N}$에 대하여 $f(p_n) = 5$이므로 $f(p) = 5$이다.
따라서 f는 모든 유리수에서 5이다.

9. $\epsilon = \frac{f(p)}{2} > 0$라 하자. f가 p에서 연속이므로

$$|x - p| < \delta \Rightarrow |f(x) - f(p)| < \frac{f(p)}{2}$$

를 만족하는 $\delta > 0$가 존재한다. 즉,

$$|x - p| < \delta \Rightarrow 0 < \frac{f(p)}{2} < f(x) < \frac{3f(p)}{2}$$

를 만족하는 $\delta > 0$가 존재한다.

그러므로 모든 $r \in I = (p-\delta, p+\delta)$에서 $f(r) > 0$이다.

10. $x_n = \frac{2}{n\pi}$라 하자. 그러면 $x_n \to 0$이다.

$$\lim_{n\to\infty} f(x_n) = \lim_{n\to\infty} \sin\frac{n\pi}{2}$$

가 수렴하지 않으므로 $\lim_{n\to\infty} f(x_n) \neq f(0) = 0$이다. 따라서 f는 0에서 연속이 아니다.

연습 문제 6.2

1. $h : \mathbb{R} \to \mathbb{R}$를 $h(x) = x^3 - 2x^2 + x - 5$로 정의된 함수라 하고

   $g : \mathbb{R} \to \mathbb{R}$를 $g(x) = \cos x$로 정의된 함수라 하자. 그러면 h와 g는 연속

   함수이고 $f(x) = (g \circ h)(x)$이다. 그러므로 f는 $\mathbb{R}$에서 연속이다.

2. $h : \mathbb{R}^2 \to \mathbb{R}$를 $h(x,y) = f(x,y) - g(x,y)$로 정의된 함수라 하자.

   그러면 h는 연속 함수이다.

   $\{(x,y) \in \mathbb{R}^2 : f(x,y) < g(x,y)\} = \{(x,y) \in \mathbb{R}^2 : h(x,y) < 0\}$이다.

   $B = \{y \in \mathbb{R} : y < 0\}$라 하자. 그러면

   $h^{-1}(B) = \{(x,y) \in \mathbb{R}^2 : h(x,y) < 0\}$이다.

   h가 연속이고 B가 열린 집합이므로 $h^{-1}(B)$가 열린 집합이다.

   따라서 $\{(x,y) \in \mathbb{R}^2 : f(x,y) < g(x,y)\}$가 열린 집합이다.

3. $S = [3,7] \subseteq \mathbb{R}$이라 하자. 그러면 $B = f(S)$이다. f가 연속이고 S가

컴팩트 집합이므로 $B \subseteq \mathbb{R}$가 컴팩트 집합이다.

하이네-보렐 정리에 의하여 B은 닫힌 집합이다.

4. $h : \mathbb{R} \to \mathbb{R}$를 $h(x) = f(x) - g(x)$로 정의된 함수라 하자.

   그러면 h는 연속 함수이다.

   $\{x \in \mathbb{R} : f(x) \geq g(x)\} = \{x \in \mathbb{R} : h(x) \geq 0\}$이다.

   $S = \{y \in \mathbb{R} : y \geq 0\}$라 하자. 그러면

   $h^{-1}(S) = \{x \in \mathbb{R} : h(x) \geq 0\}$이다.

   h가 연속이고 S가 닫힌 집합이므로 $h^{-1}(S)$가 닫힌 집합이다.

   따라서 $\{x \in \mathbb{R} : f(x) \geq g(x)\}$가 닫힌 집합이다.

   $x_n \in B$이고 $x_n \to x$이므로 $x \in B$이다.

5. $g : \mathbb{R} \to \mathbb{R}$를 $g(x) = f(x) - f(x + \frac{1}{2})$로 정의하자. 그러면

   $g(0) = f(0) - f(\frac{1}{2})$이고 $g(\frac{1}{2}) = f(\frac{1}{2}) - f(1)$이다. $f(0) = f(1)$이므로

   $g(0) = -g(\frac{1}{2})$이다. 그러므로 $g(p) = 0$을 만족하는 $p \in [0, \frac{1}{2}]$가 존재한다.

   즉, $f(p) = f(p + \frac{1}{2})$를 만족하는 $p \in [0, \frac{1}{2}]$가 존재한다.

6. $S = f^{-1}[\sup(f(C))]$이다. C가 유계이고 $S \subseteq C$이므로 S가 유계이다.

   $\sup(f(C)) \subseteq \mathbb{R}$가 닫힌 집합이고 f가 연속이므로 $S = f^{-1}[\sup(f(C))]$가

   닫힌 집합이다. 하이네-보렐 정리에 의하여 S가 컴팩트 집합이다.

7. $(x_n, f(x_n)) \in S$을 (x, y)로 수렴하는 수열이라 하자. 그러면 $x_n \to x$이고

   $f(x_n) \to y$이다. f가 연속이고 $x_n \to x$이므로 $f(x_n) \to f(x)$이다. 그러

므로 $y = f(x)$이다. 즉, $(x, y) = (x, f(x)) \in S$이다. 따라서 S가 닫힌 집합이다.

8. $(p, f(p)), (q, f(q)) \in S$라 하자. 그러면 $p, q \in B$이다. B가 패스-연결 집합이므로 $\phi(a) = p, \phi(b) = q$와 $\phi([a, b]) \subseteq B$를 만족하는 연속 패스 $\phi : [a, b] \to M_1$가 존재한다. $\psi : [a, b] \to M_1 \times M_2$를 $\psi(x) = (\phi(x), (f \circ \phi)(x))$로 정의된 함수라 하자.
그러면 $\psi(a) = (p, f(p)),\ \psi(b) = (q, f(q)),\ \psi([a, b]) \subseteq S$이고 연속 함수이다. 즉, S가 패스-연결 집합이다. 따라서 S가 연결 집합이다.

9. f가 전사이므로 $f([1, 2]) = [0, \infty)$이다. f가 연속이고 $[1, 2]$가 컴팩트 집합이므로 $f([1, 2]) = [0, \infty)$가 컴팩트 집합이다. 그러나 $[0, \infty)$가 컴팩트 집합이 아니므로 연속이고 전사인 함수 $f : [1, 2] \to [0, \infty)$가 존재할 수 없다.

연습 문제 6.3

1. $\epsilon > 0$이 주어졌다 하자. f가 S에서 균등 연속이므로

$$(x, y \in S \ \wedge \ d(x, y) < \delta_1) \Rightarrow |f(x) - f(y)| < \frac{\epsilon}{2(|g(y)| + 1)}$$

를 만족하는 $\delta_1 > 0$이 존재한다. f가 S에서 균등 연속이므로

$$(x, y \in S \ \wedge \ d(x, y) < \delta_2) \Rightarrow |f(x)| - |f(y)| \leq |f(x) - f(y)| < 1$$

를 만족하는 $\delta_2 > 0$가 존재한다. g가 S에서 균등 연속이므로

$$(x, y \in S \ \wedge \ d(x,y) < \delta_3) \Rightarrow |g(x) - g(y)| < \frac{\epsilon}{2(|f(y)|+1)}$$

를 만족하는 $\delta_3 > 0$가 존재한다. $\delta = \min(\delta_1, \delta_2, \delta_3)$라 하자. 그러면

$$(x, y \in S \ \wedge \ d(x,y) < \delta) \Rightarrow |(f \cdot g)(x) - (f \cdot g)(y)| = |f(x)g(x) - f(y)g(y)|$$

$$= |f(x)g(x) - f(x)g(y) + f(x)g(y) - f(y)g(y)|$$

$$\leq |f(x)|\ |g(x) - g(y)| + |f(x) - f(y)|\ |g(y)|$$

$$< \frac{\epsilon(|f(y)|+1)}{2(|f(y)|+1)} + \frac{\epsilon|g(y)|}{2(|g(y)|+1)} < \frac{\epsilon}{2} + \frac{\epsilon}{2} = \epsilon$$

를 만족하는 $\delta > 0$이 존재한다. 따라서 $f \cdot g$가 S에서 균등 연속 함수이다.

2. $\epsilon > 0$이 주어졌다 하자. f가 S에서 균등 연속이므로

$$(x, y \in S \ \wedge \ d(x,y) < \delta_1) \Rightarrow |f(x) - f(y)| < \frac{\epsilon}{2}$$

를 만족하는 $\delta_1 > 0$이 존재한다. g가 S에서 균등 연속이므로

$$(x, y \in S \ \wedge \ d(x,y) < \delta_2) \Rightarrow |g(x) - g(y)| < \frac{\epsilon}{2}$$

를 만족하는 $\delta_2 > 0$가 존재한다. $\delta = \min(\delta_1, \delta_2)$라 하자. 그러면

$$(x, y \in S \ \wedge \ d(x,y) < \delta) \Rightarrow |(f+g)(x) - (f+g)(y)|$$

$$= |(f(x) + g(x)) - (f(y) + g(y))|$$

$$\leq |f(x) - f(y)| + |g(x) - g(y)| \leq \frac{\epsilon}{2} + \frac{\epsilon}{2} = \epsilon$$

을 만족하는 $\delta > 0$가 존재한다.

3. $\epsilon > 0$이 주어졌다 하자. $x, y \in [b, \infty)$이면 $x \geq b,\ y \geq b$이다.

$$(x, y \in [b, \infty)\ \wedge\ |x - y| < \delta) \Rightarrow$$

$$|f(x) - f(y)| < \left|\frac{1}{x} - \frac{1}{y}\right| = \left|\frac{y - x}{xy}\right| \leq \frac{|y - x|}{b^2} < \epsilon$$

를 만족하는 $\delta = b^2\epsilon > 0$이 존재한다.

4. $\epsilon > 0$이 주어졌다 하자. $x, y \in [1, \infty)$이면 $x \geq 1,\ y \geq 1$이다. 그러므로

$$2x^2y^2 - (x + y) = (x^2y^2 - x) + (x^2y^2 - y) \geq 0,\ that\ is,\ \frac{x + y}{x^2y^2} \leq 2$$

이다.

$$(x, y \in [1, \infty)\ \wedge\ |x - y| < \delta) \Rightarrow$$

$$|f(x) - f(y)| < \left|\frac{1}{x^2} - \frac{1}{y^2}\right| = |x - y|\frac{(x + y)}{x^2y^2} \leq 2|y - x| < \epsilon$$

를 만족하는 $\delta = \frac{\epsilon}{2} > 0$이 존재한다.

5. $\epsilon > 0$이 주어졌다 하자. f가 X에서 균등 연속이므로

$$(a, b \in X\ \wedge\ d(a, b) < \delta) \Rightarrow \rho(f(a), f(b)) < \epsilon$$

를 만족하는 $\delta > 0$가 존재한다. $x_n \in X$을 코시 수열이라 하자.

$$n, m \geq K \Rightarrow d(x_n, x_m) < \delta$$

를 만족하는 양의 정수 K가 존재한다. 그러므로

$$n, m \geq K \Rightarrow (x_n, x_m \in X \ \wedge \ d(x_n, x_m) < \delta) \Rightarrow \rho(f(x_n), f(x_m)) < \epsilon$$

를 만족하는 양의 정수 K가 존재한다.

연습 문제 7.1

1.

$$P_n = \left(1,\ 1+\frac{1}{n},\ 1+\frac{2}{n},\ \ldots,\ 1+\frac{n}{n}=2\right)$$

은 $[1,2]$의 파티션이다.

$$\begin{aligned}
U(P_n, f) &= \left[2\left(1+\frac{1}{n}\right)+2\left(1+\frac{2}{n}\right)+\cdots+2\left(1+\frac{n}{n}\right)\right]\frac{1}{n} \\
&= 2\left(1+\frac{\frac{n(n+1)}{2}}{n^2}\right) = 3+\frac{1}{n} \\
L(P_n, f) &= \left[2\,(1)+2\left(1+\frac{1}{n}\right)+\cdots+2\left(1+\frac{n-1}{n}\right)\right]\frac{1}{n} \\
&= 2\left(1+\frac{\frac{(n-1)n}{2}}{n^2}\right) = 3-\frac{1}{n} \\
\overline{\int_1^2} f(x)dx &= \inf_P U(P,f) \leq \inf_{n\in\mathbb{N}} U(P_n, f) = 3 \\
\underline{\int_1^2} f(x)dx &= \sup_P U(P,f) \geq \sup_{n\in\mathbb{N}} L(P_n, f) = 3
\end{aligned}$$

이므로

$$3 \leq \underline{\int_1^2} f(x)dx \leq \overline{\int_1^2} f(x)dx \leq 3$$

이다. 즉,

$$\underline{\int_1^2} f(x)dx = \overline{\int_1^2} f(x)dx = 3$$

이다.

2. $\phi : \mathbb{R} \to \mathbb{R}$를 $\phi(t) = |t|$로 정의된 함수라 하자.

그러면 ϕ는 연속 함수이고 $|f(x)| = (\phi \circ f)(x)$이다.

정리 7.1.10에 의하여 $|f|$는 리만 스틸체스 적분 가능하다.

연습 문제 7.2

1. $-|f| \leq f \leq |f|$이므로

$$-\int_B |f(x)|dx \leq \int_B f(x)dx \leq \int_B |f(x)|dx$$

이다. 즉,

$$-\int_B f(x)dx \leq \int_B |f(x)|dx$$

이고

$$\int_B f(x)dx \leq \int_B |f(x)|dx$$

이다. 따라서

$$\left|\int_B f(x)dx\right| \leq \int_B |f(x)|dx$$

2.

$$\int_0^2 x^2 d\alpha(x) = \int_0^1 x^2 dx + 2\int_1^2 x^2 dx = 5$$

3.

$$h(x) = \max(f(x), g(x)) = \frac{1}{2}(f(x) + g(x) + |f(x) - g(x)|)$$

이고 리만 적분 가능한 함수들의 합이 리만 적분 가능하고 리만 적분 가능 함수의 절대 값 함수도 리만 적분 가는하므로 h가 리만 적분 가능 하다.

4. $H(x) = f(x)h(x)$라 하자. 그러면 $H'(x) = f(x)h'(x) + f'(x)h(x)$이다. 미적분의 기본 정리(Fundamental theorem of calculus)에 의하여

$$\int_a^b [f(x)h'(x) + f'(x)h(x)]dx = H(b) - H(a) = f(b)h(b) - f(a)h(a)$$

가 된다. 그러므로

$$\int_a^b f(x)h'(x)dx = f(b)h(b) - f(a)h(a) - \int_a^b f'(x)h(x)dx$$

이다.

5. (i) f가 $[a, b]$에서 0보다 크거나 같으면 $f = 0$이다.

(ii) $[a, b]$에서 $f(x) < 0$이면 $\int_a^b f(x)dx < 0$이 되어 문제의 전제와 달라 이 경우가 일어날 수가 없다.

(iii) $f(p) > 0$이고 $f(q) < 0$를 만족하는 $p, q \in [a, b]$가 존재하는 경우는

중간값 정리에 의하여 $f(c) = 0$를 만족하는 $c \in (p, q) \subseteq [a, b]$가 존재한다.

연습 문제 8.1

1.

$$\lim_{n\to\infty} f_n(x) = \lim_{n\to\infty} (2x + \frac{2}{n^2}) = 2x$$

이므로 $f(x) = 2x$이다.

$$\lim_{n\to\infty} \sup_{x\in\mathbb{R}} |f_n(x) - f(x)| = \lim_{n\to\infty} \frac{2}{n^2} = 0$$

이므로 f_n이 $\mathbb{R}$에서 균등 수렴한다.

2.

$$\lim_{n\to\infty} f_n(x) = \lim_{n\to\infty} \frac{x^2 + nx}{n} = x$$

이므로 $f(x) = x$이다.

$$\lim_{n\to\infty} \sup_{x\in[0,2]} |f_n(x) - f(x)| = \lim_{n\to\infty} \sup_{x\in[0,2]} \frac{x^2}{n} = \lim_{n\to\infty} \frac{4}{n} = 0$$

이므로 f_n이 $[0, 2]$에서 균등 수렴한다.

3.

$$\lim_{n\to\infty} f_n(x) = \lim_{n\to\infty} x^2 e^{-nx} = 0$$

이므로 $f(x)=0$이다.

$$\lim_{n\to\infty}\sup_{x\in[0,\infty)}|f_n(x)-f(x)| = \lim_{n\to\infty}\sup_{x\in[0,\infty)} x^2e^{-nx} = \lim_{n\to\infty}(\frac{2}{n})^2 e^{-2} = 0$$

이므로 f_n이 $[0,\infty)$에서 균등 수렴한다.

4.

$$\lim_{n\to\infty} f_n(x) = \lim_{n\to\infty}\frac{x}{1+nx^2} = 0$$

이므로 $f(x)=0$이다.

$$\lim_{n\to\infty}\sup_{x\in[-1,1]}|f_n(x)-f(x)| = \lim_{n\to\infty}\sup_{x\in[-1,1]}\frac{x}{1+nx^2} = \lim_{n\to\infty}\frac{1}{2\sqrt{n}} = 0$$

이므로 f_n이 $[-1,1]$에서 균등 수렴한다.

5.

$$\lim_{n\to\infty} f_n(x) = \lim_{n\to\infty}\frac{x}{n} = 0$$

이므로 $f(x)=0$이다.

$$\lim_{n\to\infty}\sup_{x\in[0,1]}|f_n(x)-f(x)| = \lim_{n\to\infty}\sup_{x\in[0,1]}\frac{x}{n} = \lim_{n\to\infty}\frac{1}{n} = 0$$

이므로 f_n이 $[0,1]$에서 균등 수렴한다.

6.

$$\lim_{n\to\infty} f_n(x) = \lim_{n\to\infty} 1-x^n = 1$$

이므로 $f(x)=1$이다.

$$\lim_{n\to\infty}\sup_{x\in[0,0.5]}|f_n(x)-f(x)| = \lim_{n\to\infty}\sup_{x\in[0,0.5]} x^n = \lim_{n\to\infty} 0.5^n = 0$$

이므로 f_n이 $[0, 0.5]$에서 균등 수렴한다.

7.

$$\lim_{n\to\infty} f_n(x) = f(x)$$

라 하면

$$f(x) = \begin{cases} 1, & if\ x \neq 1 \\ 0, & if\ x = 1 \end{cases}$$

이다. f_n이 $[0, 1]$에서 f로 균등 수렴한다 가정하자. f_n이 연속이므로 f도 연속이다. 그러나 f는 연속이 아니다. 모순이 일어나 f_n이 $[0, 1]$에서 f로 균등 수렴하지 않는다.

8.

$$\lim_{n\to\infty} f_n(x) = \lim_{n\to\infty} \frac{n}{1+nx^2} = \frac{1}{x^2}$$

이므로 $f(x) = \frac{1}{x^2}$이다.

$$\lim_{n\to\infty} \sup_{x\in[1,2]} |f_n(x) - f(x)| = \lim_{n\to\infty} \sup_{x\in[1,2]} \frac{1}{(1+nx^2)x^2} = \lim_{n\to\infty} \frac{1}{1+n} = 0$$

이므로 f_n이 $[1, 2]$에서 균등 수렴한다.

연습 문제 8.2

1. $x \in [2, 5]$에 대하여

$$\frac{x^2+x}{n^3+n} \le \frac{30}{n^3}$$

이다. p-급수 판정법에 의하여

$$\sum_{n=1}^{\infty} \frac{30}{n^3}$$

는 수렴한다. Weierstrass M 판정법에 의하여

$$\sum_{n=1}^{\infty} \frac{x^2+x}{n^3+n}$$

는 [2,5]에서 균등 수렴한다.

2. $x \in [1,2]$에서

$$\frac{x^n}{e^{nx}} \leq \frac{1}{e^n}$$

이다. 그러므로

$$\frac{x^n}{n!}e^{-nx} \leq \frac{1}{e^n n!}$$

이다.

$$\lim_{n\to\infty} \frac{\frac{1}{e^{n+1}(n+1)!}}{\frac{1}{e^n n!}} = \lim_{n\to\infty} \frac{e^n n!}{e^{n+1}(n+1)!} = \lim_{n\to\infty} \frac{1}{e(n+1)} = 0$$

이므로 비 판정법에 의하여

$$\sum_{n=1}^{\infty} \frac{1}{e^n n!}$$

는 수렴한다. Weierstrass M 판정법에 의하여

$$\sum_{n=1}^{\infty} \frac{x^n}{n!}e^{-nx}$$

는 [1,2]에서 균등 수렴한다.

3. $x \in [0,1]$에 대하여

$$\left|\frac{(-1)^n}{n^2}x^n\right| \leq \frac{1}{n^2}$$

이다. p-급수 판정법에 의하여

$$\sum_{n=1}^{\infty}\frac{1}{n^2}$$

는 수렴한다. Weierstrass M 판정법에 의하여

$$\sum_{n=1}^{\infty}\frac{(-1)^n}{n^2}x^n$$

는 [0,1]에서 균등 수렴한다.

4. $x \in [0, \frac{1}{2}]$에서 함수

$$y = \frac{x^n}{1+x^n}$$

는 증가 함수이다. 그러므로 $x \in [0, \frac{1}{2}]$에서

$$\frac{x^n}{1+x^n} \leq x^n \leq \frac{1}{2^n}$$

이다.

$$\sum_{n=1}^{\infty}\frac{1}{2^n} = 1$$

로 수렴한다. Weierstrass M 판정법에 의하여

$$\sum_{n=1}^{\infty}\frac{x^n}{1+x^n}$$

는 $[0, \frac{1}{2}]$에서 균등 수렴한다.

5. $x \in [-5, 5]$에 대하여

$$\left| \frac{\cos nx}{n^3 + n}\, x^2 \right| \le \frac{25}{n^3}$$

이다. p-급수 판정법에 의하여

$$\sum_{n=1}^{\infty} \frac{25}{n^3}$$

는 수렴한다. Weierstrass M 판정법에 의하여

$$\sum_{n=1}^{\infty} \frac{\cos nx}{n^3 + n} x^2$$

는 $[-5, 5]$에서 균등 수렴한다.

$$S_k(x) = \sum_{n=1}^{k} \frac{\cos nx}{n^3 + n} x^2$$

라 하자. 그러면 S_k는 $[-5, 5]$에서 연속이고

$$\sum_{n=1}^{\infty} \frac{\cos nx}{n^3 + n} x^2$$

로 균등 수렴한다. 따라서

$$\sum_{n=1}^{\infty} \frac{\cos nx}{n^3 + n} x^2$$

는 $[-5, 5]$에서 연속이다.

연습 문제 8.3

1. 임의의 $\epsilon > 0$이 주어졌다 하자.

f_n이 유계이므로 모든 n과 $x \in S$에 대하여 $|f_n(x)| \le M_1 < \infty$이다.

h_n이 유계이고 $h_n \to h$이므로 모든 n과 $x \in S$에 대하여 $|h(x)| \le M_2$ 이다. f_n이 S에서 f로 균등 수렴하므로

$$(x \in S \ \wedge \ n \ge N_1) \Rightarrow |f_n(x) - f(x)| < \frac{\epsilon}{2M_2}$$

을 만족하는 양의 정수 N_1이 존재한다.

h_n이 S에서 h로 균등 수렴하므로

$$(x \in S \wedge \ n \ge N_2) \Rightarrow |h_n(x) - h(x)| < \frac{\epsilon}{2M_1}$$

을 만족하는 양의 정수 N_2가 존재한다. $N = \max\,(N_1, N_2)$이라 하면

$$(x \in S \ \wedge \ n \ge N) \Rightarrow |(f_n h_n)(x) - (fh)(x)|$$

$$= |f_n(x)h_n(x) - f_n(x)h(x)| + |f_n(x)h(x) - f(x)h(x)|$$

$$= |f_n(x)||h_n(x) - h(x)| + |h(x)||f_n(x) - f(x)| \le \frac{M_1\epsilon}{2M_1} + \frac{\epsilon M_2}{2M_2} = \epsilon$$

을 만족하는 양의 정수 N이 존재한다.

2. $\epsilon > 0$이 주어졌다 하자. f가 $\mathbb{R}$에서 균등 연속이므로

$$(x, y \in \mathbb{R} \ \wedge \ |x - y| < \delta) \Rightarrow |f(x) - f(y)| < \epsilon$$

을 만족하는 $\delta > 0$가 존재한다. $K > \frac{1}{2\delta}$라 하자. 그러면

$$(x \in S \ \wedge \ n \ge K) \Rightarrow (x \in S \ \wedge \ \frac{1}{2n} < \delta)$$

$$\Rightarrow |f_n(x) - f(x)| = |f(x + \frac{1}{2n}) - f(x)| < \epsilon$$

을 만족하는 양의 정수 K가 존재한다.

3. f_n이 S에서 유계이므로 모든 n과 $x \in S$에 대하여 $|f_n(x)| < M$이다.

   f_n이 f로 균등 수렴하므로

$$(x \in S \ \wedge \ n \geq K) \Rightarrow |f_n(x) - f(x)| < 1$$

   을 만족하는 양의 정수 K가 존재한다. 즉, 모든 $x \in S$에 대하여

$$|f(x)| < |f_K(x)| + 1 < M + 1$$

   이다.

4. $h(x) = \lim_{n\to\infty} f_n'(x)$라 하자. $f_n'(x) = x^{n-1}$이므로

$$h(x) = \begin{cases} 0, & if \ \ 0 \leq x < 1 \\ 1, & if \ \ x = 1 \end{cases}$$

   이다. $f(x) = \lim_{n\to\infty} f_n(x) = \lim_{n\to\infty} \frac{x^n}{n} = 0$이므로 $f'(x) = 0$이다.

   그러므로 f_n'가 f'로 수렴하지 않는다.

5. 정리 8.3.3과 미적분의 기본 정리에 의하여 증명된다.

6.

$$\sin x = \sum_{n=0}^{\infty} (-1)^n \frac{x^{2n+1}}{(2n+1)!}, \quad \cos x = \sum_{n=0}^{\infty} (-1)^n \frac{x^{2n}}{(2n)!}$$

   이다.

$$f_n(x) = (-1)^n \frac{x^{2n}}{(2n)!}$$

라 하자. 그러면 f_n은 미분 가능하고

$$f_n'(x) = (-1)^n \frac{x^{2n-1}}{(2n-1)!}$$

이므로 f_n'가 연속이다. $\sum_{n=0}^{\infty} f_n(x)$는 수렴한다. $[-a, a]$에서

$$\sum_{n=1}^{\infty} f_n'(x) = \sum_{n=1}^{\infty} (-1)^n \frac{x^{2n-1}}{(2n-1)!}$$

의 균등 수렴을 증명하자. $[-a, a]$에서

$$\left| (-1)^n \frac{x^{2n-1}}{(2n-1)!} \right| \le \frac{a^{2n-1}}{(2n-1)!}$$

이다.

$$\lim_{n\to\infty} \frac{\frac{a^{2n+1}}{(2n+1)!}}{\frac{a^{2n-1}}{(2n-1)!}} = \lim_{n\to\infty} \frac{a^2}{2n(2n+1)} = 0$$

이므로 비 판정법에 의하여

$$\sum_{n=1}^{\infty} \frac{a^{2n-1}}{(2n-1)!}$$

이 수렴한다. Weierstrass M 판정법에 의하여 $[-a, a]$에서

$$\sum_{n=1}^{\infty} f_n'(x) = \sum_{n=0}^{\infty} (-1)^n \frac{x^{2n-1}}{(2n-1)!}$$

이 균등 수렴한다. a가 임의의 수이므로

$$\sum_{n=1}^{\infty} f_n'(x) = \sum_{n=1}^{\infty} (-1)^n \frac{x^{2n-1}}{(2n-1)!}$$

이 $\mathbb{R}$에서 균등 수렴한다. 정리 8.3.5에 의하여

$$\frac{d}{dx}\cos x = \frac{d}{dx}\left(\sum_{n=0}^{\infty}(-1)^n\frac{x^{2n}}{(2n)!}\right) = \sum_{n=1}^{\infty}(-1)^n\frac{x^{2n-1}}{(2n-1)!} = -\sin x$$

이다.

연습 문제 9.1

1. $f \in A$라 하자. 그러면 $[1,2]$이 $\mathbb{R}$에서 컴팩트 집합이고 f가 연속이므로 정리 6.2.11에 의해 f가 $[1,2]$내의 한 점에서 최대값 $-M < 0$을 갖는다. 즉, 모든 $x \in [1,2]$에 대하여 $f(x) \leq -M < 0$이다. $\epsilon = \frac{M}{2} > 0$이라 하고

$$g \in B(f,\epsilon) = \{h : \|f-h\|_* < \epsilon\}$$

이라 하자. 그러면

$$\|f-g\|_* = \sup_{x\in[1,2]} |f(x)-g(x)| < \epsilon = \frac{M}{2}$$

이다. 즉, 모든 $x \in [1,2]$에 대하여

$$|f(x)-g(x)| < \frac{M}{2}$$

이다. 그러므로 $g(x) \leq \frac{-M}{2} < 0$이다. 즉, $g \in A$이다.

따라서 $B(f,\epsilon) \subseteq A$이다. 즉, 임의의 $f \in A$에 대하여 $B(f,\epsilon) \subseteq A$를 만족하는 $\epsilon = \frac{M}{2} > 0$이 존재한다. 즉, A가 열린 집합이다.

2.

$$F = \{f \in C : f(x) \le 0 \ for \ all \ x \in [1,2]\}$$

라 하자. $h_n \in F$을 h로 수렴하는 수열이라 하자. 그러면 $h_n(x) \le 0$이다. 즉, $h_n(x) \in (-\infty, 0]$이다. 또한 $h_n \to h \ in \ C$이므로 정리 9.1.9와 정리 8.1.6에 의하여 h는 $[1,2]$에서 연속이다. $h_n(x) \to h(x)$이고 $(-\infty, 0]$이 닫힌 집합이므로, $h(x) \in (-\infty, 0]$이다. 즉, $h \in F$이다. 그러므로 정리 5.5.3에 의하여 F가 닫힌 집합이다. $g \in F$라 하고 $g_n = g - \frac{1}{n}$라 하자. 그러면 모든 양의 정수 n에 대하여 $g_n(x) < 0$이다. 즉, $g_n \in A$이다.

$$\lim_{n\to\infty} \sup_{x\in[1,2]} |g_n(x) - g(x)| = \lim_{n\to\infty} \frac{1}{n} = 0$$

이다. 그러므로 정리 8.1.3에 의하여 g_n이 $[1,2]$에서 g로 균등 수렴한다. 정리 9.1.9에 의하여 g_n이 C에서 g로 수렴한다. 정리 5.5.4에 의하여 $g \in \overline{A}$이다. 따라서 $F \subseteq \overline{A}$이다. $A \subseteq F$이고 F가 닫힌 집합이므로 $\overline{A} \subseteq \overline{F} = F$이다. 그러므로 $F = \overline{A}$이다.

3. $S_n = \sum_{k=1}^{n} w_k$라 하자. $\sum_{k=1}^{\infty} w_k$가 수렴하므로 S_n이 $S = \sum_{k=1}^{\infty} w_k$로 수렴한다. 그러므로 $S - S_{n-1} = \sum_{k=n}^{\infty} w_k$가 0으로 수렴한다. 또한

$$\|f_n - f_{n+k}\|_* \le \|f_n - f_{n+1}\|_* + \|f_{n+1} - f_{n+2}\|_* + \cdots + \|f_{n+k-1} - f_{n+k}\|_*$$

$$\le w_n + w_{n+1} + \cdots + w_{n+k}$$

이다.

$$w_n + w_{n+1} + \cdots + w_{n+k} \le \sum_{k=n}^{\infty} w_k$$

이므로

$$\lim_{n\to\infty} \|f_n - f_{n+k}\|_* \le \lim_{n\to\infty} (w_n + w_{n+1} + \cdots + w_{n+k}) = 0$$

이다. 따라서 임의의 $\epsilon > 0$에 대하여

$$n, l \ge N \Rightarrow \|f_n - f_l\|_* < \epsilon$$

을 만족하는 양의 정수 N이 존재한다. 즉, f_n가 C_b에 있는 코시 수열이다. 정리 9.1.11에 의하여 C_b가 바나하 공간이므로 f_n이 수렴한다.

연습 문제 9.2

1. $\epsilon > 0$이 주어졌다 하자. f_n이 $[0,1]$에서 균등 수렴하므로

$$n, m \ge K \Rightarrow \sup_{x\in[0,1]} |f_n(x) - f_m(x)| = \|f_n - f_m\| < \frac{\epsilon}{3}$$

을 만족하는 양의 정수 K가 존재한다.

f_n이 컴팩트 집합 $[0,1]$에서 연속이므로 f_n이 균등 연속이다. 그러므로 각 $n \in \mathbb{N}$에 대하여

$$(x, y \in [0,1] \ \wedge \ |x - y| < \delta_n) \Rightarrow |f_n(x) - f_n(y)| < \frac{\epsilon}{3}$$

을 만족하는 $\delta_n > 0$가 존재한다. $\delta = \min(\delta_1, \delta_2, \ldots, \delta_{K-1})$라 하자.

그러면 모든 $i = 1, 2, \ldots, K-1$에 대하여

$$(x, y \in [0,1] \ \wedge \ |x-y| < \delta) \Rightarrow |f_i(x) - f_i(y)| < \frac{\epsilon}{3} < \epsilon$$

이다. 또한

$$(n \geq K \ \wedge \ x, y \in [0,1] \ \wedge \ |x-y| < \delta_K) \Rightarrow |f_n(x) - f_n(y)|$$

$$\leq |f_n(x) - f_K(x)| + |f_K(x) - f_K(y)| + |f_K(y) - f_n(y)|$$

$$< \frac{\epsilon}{3} + \frac{\epsilon}{3} + \frac{\epsilon}{3} = \epsilon$$

을 만족하는 $\delta_K > 0$가 존재한다. $\delta^* = \min(\delta, \delta_K)$라 하자.

그러면 모든 $n \in \mathbb{N}$에 대하여

$$(x, y \in [0,1] \ \wedge \ |x-y| < \delta^*) \Rightarrow |f_n(x) - f_n(y)| < \epsilon$$

이다.

2. 모든 양의 정수 n과 모든 $x \in [1,2]$에 대하여 $|f_n'(x)| \leq M_2$이므로 평균값 정리에 의하여

$$|f_n(x) - f_n(y)| = |f_n'(c)| \ |x-y| \leq M_2 \ |x-y|$$

이다. $\epsilon > 0$이 주어졌다 하자.

그러면 모든 양의 정수 n과 모든 $x \in [1,2]$에 대하여

$$|x-y| < \delta \Rightarrow |f_n(x) - f_n(y)| = |f_n'(c)| \ |x-y|$$

$$\leq M_2\,|x-y| < M_2\delta = M_2\frac{\epsilon}{M_2} = \epsilon$$

을 만족하는 $\delta = \frac{\epsilon}{M_2}$가 존재한다. 그러므로 $\{f_1, f_2, \ldots\}$가 동등 연속이다.

$$\|f_n\| = \sup_{x\in[1,2]} \|f_n(x)\| \leq M_1$$

이다. 그러므로 $\{f_1, f_2, \ldots\}$가 유계이다. 정리 9.2.5에 의하여 f_n은 균등 수렴하는 부분 수열을 갖는다.

3. 모든 $t \in [a,b]$에 대하여 $|f_n(t)| \leq M$이라 하자.

   그러면 모든 $n \in \mathbb{N}$에 대하여

$$|A_n(x)| = \left|\int_a^x f_n(t)dt\right| \leq \int_a^x |f_n(t)|dt \leq M\int_a^x dt \leq M(b-a)$$

   이고

$$A_n'(x) = \frac{d}{dx}\int_a^x f_n(t)dt = f_n(x)$$

   이다. 위의 2번에 의하여 A_n이 균등 수렴하는 부분 수열을 갖는다.

4. 정리 9.2.6에 의하여 S는 컴팩트 집합이다.

   $C([0,1],\mathbb{R})$에서 $f_n \to f$라 하자.

   그러면 f_n은 $[0,1]$에서 f로 균등 수렴한다. 그러므로

$$\lim_{n\to\infty} H(f_n) = \lim_{n\to\infty}\int_0^1 f_n(x)dx = \int_0^1 \lim_{n\to\infty} f_n(x)dx = \int_0^1 f(x)dx = H(f)$$

   이다. 즉, H가 연속 함수이다. 그러므로 $H(S) \subseteq \mathbb{R}$가 컴팩트 집합이다.

따라서 $H(S)$가 닫힌 집합이다.

5. $f(x) = \cos x + e^x$라 하자. 그러면 f는 $[0, \pi]$에서 연속이다.

$\epsilon = \frac{1}{1000}$이라 하자. 그러면 Stone-Weierstrass 정리에 의하여

$$|(\cos x + e^x) - p(x)| < \frac{1}{1000}$$

을 만족하는 다항식 $p(x)$가 존재한다.

6. f가 $[0, 1]$에서 연속이므로 Stone-Weierstrass 정리에 의하여 [0,1]에서 f로 균등 수렴하는 다항식 $p_n(x) = a_0 + a_1 x + \cdots + a_n x^n$가 존재한다. 그러므로

$$\int_0^1 f(x)^2 dx = \int_0^1 [f(x) \lim_{n\to\infty} p_n(x)]dx = \lim_{n\to\infty} \int_0^1 f(x)p_n(x)dx$$

$$= \int_0^1 f(x)(a_0 + a_1 x + \cdots + a_n x^n)dx = 0$$

이다. 그러므로 모든 $x \in [0, 1]$에 대하여 $f(x)^2 = 0$이다.

따라서 모든 $x \in [0, 1]$에 대하여 $f(x) = 0$이다.

연습 문제 10.1

1. $Df = (2xy + 1, x^2 - 1, 2z)$

2.

$$Df(x) = \begin{pmatrix} 2xy & x^2 \\ 1 & -1 \\ 1 & -2y + 1 \end{pmatrix}$$

3.

$$\frac{\partial f}{\partial x} = 2xy - z^2,\ \frac{\partial f}{\partial y} = x^2 + z,\ \frac{\partial f}{\partial z} = y - 2xz$$

4. $\|f(0)\| \le K\|0\|^3 = 0$이므로 $f(0) = 0$이다. $\epsilon > 0$이 주어졌다 하자.

$$\|x\| < \delta \Rightarrow \frac{\|f(x) - f(0) - 0(x-0)\|}{\|x - 0\|} = \frac{\|f(x)\|}{\|x\|} \le K\|x\|^2 < K\frac{\epsilon}{K} = \epsilon$$

을 만족하는 $\delta = \sqrt{\frac{\epsilon}{K}} > 0$가 존재한다.

그러므로 f는 0에서 미분 가능하고 $Df(0) = 0$이다.

연습 문제 10.2

1.

$$\frac{\partial f}{\partial x} = \cos(x+y) - ze^{-x},\ \frac{\partial f}{\partial y} = \cos(x+y),\ \frac{\partial f}{\partial z} = e^{-x}$$

들이 모두 $\mathbb{R}$에서 연속이므로 f가 $\mathbb{R}$에서 미분 가능하다.

2.

$$\begin{aligned}\frac{\partial f}{\partial x} &= \frac{(x^2+y^2) - (x+y)(2x)}{(x^2+y^2)^2} = \frac{y^2 - x^2 - 2xy}{(x^2+y^2)^2} \\ \frac{\partial f}{\partial y} &= \frac{(x^2+y^2) - (x+y)(2y)}{(x^2+y^2)^2} = \frac{x^2 - y^2 - 2xy}{(x^2+y^2)^2}\end{aligned}$$

들이 모두 $\mathbb{R}^2 \setminus \{(0,0)\}$에서 연속이므로

f가 $\mathbb{R}^2 \setminus \{(0,0)\}$에서 미분 가능하다.

3.

$$\lim_{t \to 0} \frac{f((0,0) + t(\frac{1}{\sqrt{2}}, \frac{1}{\sqrt{2}})) - f(0,0)}{t}$$

$$= \lim_{t\to 0} \frac{f(\frac{t}{\sqrt{2}}, \frac{t}{\sqrt{2}}) - f(0,0)}{t} = \lim_{t\to 0} \frac{\frac{t}{\sqrt{2}} + \frac{t}{\sqrt{2}}}{t} = \sqrt{2}$$

4. $f'(t) = (2, 1-2t, -5)$.

연습 문제 10.3

1.

$$\begin{pmatrix} \frac{\partial h}{\partial x} & \frac{\partial h}{\partial y} & \frac{\partial h}{\partial z} \end{pmatrix} = \begin{pmatrix} \frac{\partial f}{\partial u} & \frac{\partial f}{\partial v} & \frac{\partial f}{\partial w} \end{pmatrix} \begin{pmatrix} \frac{\partial u}{\partial x} & \frac{\partial u}{\partial y} & \frac{\partial u}{\partial z} \\ \frac{\partial v}{\partial x} & \frac{\partial v}{\partial y} & \frac{\partial v}{\partial z} \\ \frac{\partial w}{\partial x} & \frac{\partial w}{\partial y} & \frac{\partial w}{\partial z} \end{pmatrix}$$

로부터

$$\begin{pmatrix} \frac{\partial h}{\partial x} & \frac{\partial h}{\partial y} & \frac{\partial h}{\partial z} \end{pmatrix} = \begin{pmatrix} \frac{\partial f}{\partial u} & \frac{\partial f}{\partial v} & \frac{\partial f}{\partial w} \end{pmatrix} \begin{pmatrix} \frac{\partial u}{\partial x} & \frac{\partial u}{\partial y} & 0 \\ \frac{\partial v}{\partial x} & \frac{\partial v}{\partial y} & \frac{\partial v}{\partial z} \\ \frac{\partial w}{\partial x} & 0 & \frac{\partial w}{\partial z} \end{pmatrix}$$

이다. 그러므로

$$\frac{\partial h}{\partial x} = \frac{\partial f}{\partial u}\frac{\partial u}{\partial x} + \frac{\partial f}{\partial v}\frac{\partial v}{\partial x} + \frac{\partial f}{\partial w}\frac{\partial w}{\partial x} = 6u^2\frac{\partial u}{\partial x} + (-5)\frac{\partial v}{\partial x} + 2w\frac{\partial w}{\partial x}$$

$$\frac{\partial h}{\partial y} = \frac{\partial f}{\partial u}\frac{\partial u}{\partial y} + \frac{\partial f}{\partial v}\frac{\partial v}{\partial y} = 6u^2\frac{\partial u}{\partial y} + (-5)\frac{\partial v}{\partial y}$$

$$\frac{\partial h}{\partial z} = \frac{\partial f}{\partial v}\frac{\partial v}{\partial z} + \frac{\partial f}{\partial w}\frac{\partial w}{\partial z} = -5\frac{\partial v}{\partial z} + 2w\frac{\partial w}{\partial z}$$

2.

$$D(f\circ g)(x,y) = Df(g(x,y)) \circ Dg(x,y)$$

$$= \begin{pmatrix} \frac{\partial f_1}{\partial u} & \frac{\partial f_1}{\partial v} \\ \frac{\partial f_2}{\partial u} & \frac{\partial f_2}{\partial v} \end{pmatrix} \begin{pmatrix} \frac{\partial g_1}{\partial x} & \frac{\partial g_1}{\partial y} \\ \frac{\partial g_2}{\partial x} & \frac{\partial g_2}{\partial y} \end{pmatrix}$$

$$= \begin{pmatrix} 1 & 1 \\ 2 & -3 \end{pmatrix} \begin{pmatrix} e^x & 0 \\ 1 & -1 \end{pmatrix} = \begin{pmatrix} e^x+1 & -1 \\ 2e^x-3 & 3 \end{pmatrix}$$

3.

$$\frac{du}{dt} = \begin{pmatrix} \frac{\partial u}{\partial x} & \frac{\partial u}{\partial y} & \frac{\partial u}{\partial z} \end{pmatrix} \begin{pmatrix} \frac{\partial x}{\partial t} \\ \frac{\partial y}{\partial t} \\ \frac{\partial z}{\partial t} \end{pmatrix}$$

그러므로

$$\frac{du}{dt} = \frac{\partial u}{\partial x}\frac{\partial x}{\partial t} + \frac{\partial u}{\partial y}\frac{\partial y}{\partial t} + \frac{\partial u}{\partial z}\frac{\partial z}{\partial t} = (\frac{1}{y} - \frac{1}{z})\cos t + \frac{-x-z}{y^2}e^t + 2\frac{x}{z^2}e^{2t}$$

$$= (\frac{1}{e^t} - \frac{1}{e^{2t}})\cos t + \frac{(-\sin t - e^{2t})e^t}{e^{2t}} + \frac{2e^{2t}\sin t}{e^{4t}}$$

4. $g(x,y,z) = (xyz, x+y-z)$라 하면 $w = f(u,v) = (f \circ g)(x,y,z)$이다.

그러므로

$$\begin{pmatrix} \frac{\partial w}{\partial x} & \frac{\partial w}{\partial y} & \frac{\partial w}{\partial z} \end{pmatrix} = \begin{pmatrix} \frac{\partial w}{\partial u} & \frac{\partial w}{\partial v} \end{pmatrix} \begin{pmatrix} \frac{\partial g_1}{\partial x} & \frac{\partial g_1}{\partial y} & \frac{\partial g_1}{\partial z} \\ \frac{\partial g_2}{\partial x} & \frac{\partial g_2}{\partial y} & \frac{\partial g_2}{\partial z} \end{pmatrix}$$

로부터

$$\begin{pmatrix} \frac{\partial w}{\partial x} & \frac{\partial w}{\partial y} & \frac{\partial w}{\partial z} \end{pmatrix} = \begin{pmatrix} \frac{\partial w}{\partial u} & \frac{\partial w}{\partial v} \end{pmatrix} \begin{pmatrix} yz & xz & xy \\ 1 & 1 & -1 \end{pmatrix}$$

$$= \begin{pmatrix} \frac{\partial w}{\partial u}yz + \frac{\partial w}{\partial v} & \frac{\partial w}{\partial u}xz + \frac{\partial w}{\partial v} & \frac{\partial w}{\partial u}xy - \frac{\partial w}{\partial v} \end{pmatrix}$$

$$= \begin{pmatrix} 6\frac{\partial w}{\partial u} + \frac{\partial w}{\partial v} & 3\frac{\partial w}{\partial u} + \frac{\partial w}{\partial v} & 2\frac{\partial w}{\partial u} - \frac{\partial w}{\partial v} \end{pmatrix}$$

5.

$$D(f \circ g)(x,y) = Df(g(x,y)) \circ Dg(x,y)$$

$$= \begin{pmatrix} \frac{\partial f_1}{\partial u} & \frac{\partial f_1}{\partial v} \\ \frac{\partial f_2}{\partial u} & \frac{\partial f_2}{\partial v} \end{pmatrix} \begin{pmatrix} \frac{\partial g_1}{\partial x} & \frac{\partial g_1}{\partial y} \\ \frac{\partial g_2}{\partial x} & \frac{\partial g_2}{\partial y} \end{pmatrix}$$

$$= \begin{pmatrix} \cos u & 1 \\ 2u & -3 \end{pmatrix} \begin{pmatrix} 1 & 1 \\ 1 & -2 \end{pmatrix} = \begin{pmatrix} \cos u + 1 & \cos u - 2 \\ 2u - 3 & 2u + 6 \end{pmatrix}$$

6.

$$\frac{dv}{dt} = \begin{pmatrix} \frac{\partial v}{\partial x} & \frac{\partial v}{\partial y} \end{pmatrix} \begin{pmatrix} \frac{dx}{dt} \\ \frac{dy}{dt} \end{pmatrix} = \frac{\partial v}{\partial x}\frac{dx}{dt} + \frac{\partial v}{\partial y}\frac{dy}{dt} = \frac{x}{\sqrt{x^2+y^2}}\frac{dx}{dt} + \frac{y}{\sqrt{x^2+y^2}}\frac{dy}{dt}$$

연습 문제 10.4

1. $f(x) = \cos x$라 하자. 평균값 정리에 의하여

$$f(y) - f(x) = f'(c)(y - x)$$

를 만족하는 c가 x와 y 사이에 존재한다. 그러므로

$$|\cos y - \cos x| = |\sin c|\ |y - x| \le |y - x|$$

이다.

2 .

$$f(x) = a_1 x + \frac{a_2}{2}x^2 + \cdots + \frac{a_{n+1}}{n+1}x^{n+1}$$

라 하자. 그러면

$$f'(x) = a_1 + a_2 x + \cdots + a_{n+1}x^n$$

이다. $f(0)=0$이고 $f(1)=a_1+\frac{a_2}{2}+\cdots+\frac{a_{n+1}}{n+1}=0$이다.

평균값 정리에 의하면

$$f(1)-f(0)=f'(c)(1-0)$$

를 만족하는 c가 0와 1 사이에 존재한다.

즉, $f'(c)=0$을 만족하는 c가 0와 1 사이에 존재한다.

연습 문제 10.5

4. 역함수 정리에 의하여

$$g'(y)=\frac{1}{f'(x)}=\frac{1}{\cos x}=\frac{1}{\cos\,(\sin^{-1}y)}$$

이다.

5. 역함수 정리에 의하여

$$g'(y)=\frac{1}{f'(x)}=\frac{1}{nx^{n-1}}=\frac{1}{ny^{\frac{n-1}{n}}}$$

이다.

연습 문제 11.1

1.

$$\sin x\ \cos 2x=\frac{1}{2}[\sin(x+2x)+\sin(x-2x)]$$

$$= \frac{1}{2}(\sin 3x - \sin x) = -\frac{1}{2}\sin x + \frac{1}{2}\sin 3x$$

2.

$$c_n = \frac{1}{2\pi}\int_{-\pi}^{\pi} f(x)\ e^{-inx}\ dx = \frac{1}{2\pi}\int_{-\pi}^{\pi} f(-x)\ e^{-inx}\ dx$$

$$= \frac{1}{2\pi}\int_{\pi}^{-\pi} f(t)\ e^{int}\ (-dt) = \frac{1}{2\pi}\int_{-\pi}^{\pi} f(x)\ e^{int}\ dt = c_{-n}$$

그러므로

$$f(x) = c_0 + \sum_{n=1}^{\infty} (a_n\ \cos nx + b_n\ \sin nx)$$

$$= c_0 + \sum_{n=1}^{\infty} ((c_n + c_{-n})\ \cos nx + (ic_n - ic_{-n})\ \sin nx)$$

$$= c_0 + \sum_{n=1}^{\infty}\ 2c_n\ \cos nx$$

연습 문제 11.2

1. $\epsilon > 0$이 주어졌다 하자.

$$\lim_{|t|\to\infty} \int_a^b f_n(x)\ e^{itx}\ dx = 0$$

이므로

$$|t| \geq M \Rightarrow \left|\int_a^b f_n(x)\ e^{itx}\ dx\right| < \frac{\epsilon}{2}$$

을 만족하는 M이 존재한다. 또한

$$(x \in [a,b]\ \wedge\ n \geq K) \Rightarrow |f(x) - f_n(x)| < \frac{\epsilon}{2(b-a)}$$

을 만족하는 양의 정수 K가 존재한다. 그러므로

$$\begin{aligned}|t| \geq M \Rightarrow \left|\int_a^b f(x)\ e^{itx}\ dx\right| &= \left|\int_a^b [f(x) - f_n(x) + f_n(x)]\ e^{itx}\ dx\right| \\ &\leq \left|\int_a^b [f(x) - f_n(x)]\ e^{itx}\ dx\right| + \left|\int_a^b f_n(x)\ e^{itx}\ dx\right| \\ &\leq \int_a^b |f(x) - f_n(x)|\ \ dx + \left|\int_a^b f_n(x)\ e^{itx}\ dx\right| \\ &< \frac{\epsilon}{2(b-a)}(b-a) + \frac{\epsilon}{2} = \epsilon\end{aligned}$$

을 만족하는 M이 존재한다. 즉, f가 정리 11.1.2를 만족한다.

2. $\epsilon > 0$이 주어졌다 하자.

$$\lim_{|t|\to\infty} \int_a^b f_n(x)\ e^{itx}\ dx = 0$$

이므로

$$|t| \geq M \Rightarrow \left|\int_a^b f_n(x)\ e^{itx}\ dx\right| < \frac{\epsilon}{2}$$

을 만족하는 M이 존재한다. 또한

$$n \geq K \Rightarrow \left|\int_{-\pi}^{\pi} |f(x) - f_n(x)| dx\right| = \int_{-\pi}^{\pi} |f(x) - f_n(x)| dx < \frac{\epsilon}{2}$$

을 만족하는 양의 정수 K가 존재한다. 그러므로

$$\begin{aligned}n \geq K \Rightarrow &\left|\int_{-\pi}^{\pi} f_n(x)\ e^{itx}\ dx - \int_{-\pi}^{\pi} f(x)\ e^{itx}\ dx\right| \\ &= \left|\int_{-\pi}^{\pi} [f_n(x) - f(x)]\ e^{itx}\ dx\right| \\ &\leq \int_{-\pi}^{\pi} |(f(x) - f_n(x))\ e^{itx}|\ dx\end{aligned}$$

$$= \int_{-\pi}^{\pi} |f(x) - f_n(x)| \ dx < \frac{\epsilon}{2}$$

을 만족하는 양의 정수 K가 존재한다.

$$n \geq K \Rightarrow \left| \int_{-\pi}^{\pi} f(x) \ e^{itx} \ dx \right| - \left| \int_{-\pi}^{\pi} f_n(x) \ e^{itx} \ dx \right|$$
$$\leq \left| \int_{-\pi}^{\pi} f_n(x) \ e^{itx} \ dx - \int_{-\pi}^{\pi} f(x) \ e^{itx} \ dx \right| < \frac{\epsilon}{2}$$

을 만족하는 양의 정수 K가 존재한다. 즉,

$$\left| \int_{-\pi}^{\pi} f(x) \ e^{itx} \ dx \right| < \left| \int_{-\pi}^{\pi} f_K(x) \ e^{itx} \ dx \right| + \frac{\epsilon}{2}$$

따라서

$$|t| \geq M \Rightarrow \left| \int_{-\pi}^{\pi} f(x) \ e^{itx} \ dx \right| < \epsilon$$

을 만족하는 M이 존재한다.

$$\lim_{|t| \to \infty} \int_{-\pi}^{\pi} f(x) \ e^{itx} \ dx = 0$$

찾아보기

저자 소개

전인홍

서울대학교 공과대학 화학공학과 공학사
미국 Louisiana state university 수학과 석사
미국 Louisiana state university 수학과 이학박사
미국 Louisiana state university 수학과 강사
호남정유(현재 GS 칼텍스 정유) 사원
한국전자통신연구원 선임연구원
서울여자대학교 수학과 조교수, 부교수, 교수
현재 서울여자대학교 교수
〈저서〉 퍼지 이론과 응용(교학사)
수학의 세계(교우사)
집합론 입문(교우사)

[개정판]
해석학

2006년 8월 21일 1판 1쇄 발행
2012년 2월 25일 개정판 1쇄 발행

저　자 / 전인홍
발행자 / 오판근
발행처 / 교우사

주　소 / 서울 동대문구 약령시로 8 교우빌딩 2층
전　화 / 925-2861~2, 편집부 / 925-2825
팩　스 / 925-2860

E-mail / kyowoo@kyowoo.co.kr
http://www.kyowoo.co.kr

등록 / 1994. 3. 24 제6-0256호

ISBN 978-89-8172-629-4 (93410)

값 24,000 원